向全国青少年推荐百种

生活的化学

SHENGHUO DE HUAXUE

杨金田 谢德明 编著

化学工业出版社

·北京·

本书以化学为主线，围绕吃、穿、住、行、用、学、玩等生活活动展开，包括食品与化学、烹饪与化学、饮料与化学、保健与化学、毒物与化学、穿戴与化学、美化与化学、环境与化学、日用品与化学、文体与化学和娱乐与化学等内容。

书中内容密切结合生活实际，深入浅出、通俗易懂地展开阐述，集知识性、技术性、实用性、趣味性于一体，并配有内容贴切、引人入胜的精美图片。本书可供中学化学教师、中学生、营销人员、管理人员及科普爱好者阅读使用，也可作为大中专院校选修课程教材。

图书在版编目（CIP）数据

生活的化学/杨金田，谢德明编著. 一北京：化学工业出版社，2009.2（2025.2重印）
ISBN 978-7-122-04347-4

Ⅰ. 生… Ⅱ. ①杨…②谢… Ⅲ. 化学-普及读物 Ⅳ. O6-49

中国版本图书馆CIP数据核字（2008）第195937号

责任编辑：成荣霞	文字编辑：谢蓉蓉
责任校对：战河红	装帧设计：王晓宇

出版发行：化学工业出版社（北京市东城区青年湖南街13号　邮政编码100011）
印　　装：北京建宏印刷有限公司
880mm×1230mm　1/32　印张 $8\frac{1}{2}$　字数259千字
2025年2月北京第1版第23次印刷

购书咨询：010-64518888　　　　售后服务：010-64518899
网　　址：http://www.cip.com.cn
凡购买本书，如有缺损质量问题，本社销售中心负责调换。

定　价：29.00元　　　　　　　　　　　　　版权所有　违者必究

化学作为一门研究物质及其变化的科学,属于21世纪的中心学科之一。有人把化学称为现代社会的一根"魔杖",它能从矿石炼出钢铁,能将树皮、木屑化为纤维,能使乌黑的石油变成绚丽的衣料,能使煤炭长出"羊毛",能变废弃物为好东西,能为人类提供赖以生存的各种食物、永葆青春的化妆品和战胜疾病、延年益寿的"灵丹妙药"……人们的生活中"处处有化学,无处无化学"。人类的衣、食、住、行、用、学、玩等各种生活活动都离不开化学。高度发展的化学科学使当代人的生活更加丰富多彩!

为了适应高等学校文科、财经、政法类专业开设化学选修课程的教改要求,笔者曾编著《生活化学》一书,列入浙江省高校重点建设教材。经湖州师范学院、杭州师范大学、浙江工业大学、青岛大学、福建师范大学、上饶师范学院、黄山学院等数十所院校使用,反响很好。为了满足相关专业师生的教学需要,笔者又邀请多年使用《生活化学》的浙江工业大学材料与表面工程研究所谢德明博士联合对原书进行了全面而系统的修改和更新,现推出《生活的化学》一书。

《生活的化学》旨在通过对现代人生活层面化学知识的系统介绍与讨论,使读者达到加深学科理解、拓宽知识领域、提高生活质量的目的。全书以化学为主线,围绕衣、食、住、行、用、学、玩等生活活动展开,包括食品与化学、烹饪与化学、饮料与化学、保健与化学、毒物与化学、穿戴与化学、美化与化学、环境与化学、日用品与化学、文体与化学和娱乐与化学共11章内容。在编写方式上,力求做到集知识性、技术性、实用性、趣味性于一体,既避免化学专著那种复杂多变的化学结构描述,也有别于化工工艺和配方手册的数据罗列,而是密切紧扣生活实际,深入浅出、通俗易懂地展开阐述,并配有一系列引人入胜、内容贴切的彩色图片。书中第1~5章由谢德明执笔,第6~11章由杨金田执笔,并负责全书统稿。笔者的爱子杨铠屹编制了几乎全部插图,本书的责任编辑亦对本书给予了热情的鼓励和具体的指导。

本书可作为大中专院校化学、化工类专业选修课和其他专业公共选修课教材，或作为老年大学"保健"班教材，也可供相关营销人员、管理人员、中学化学教师、中学生和科普爱好者阅读。

限于编者的学识与水平，书中一定还会有不当甚至错误之处，恳请广大读者批评指正。值此本书出版之际，特向书末参考文献的作者和其他给予帮助的同志们表示最衷心的感谢！

杨金田

2009年1月于湖州龙溪苑寓所

喜讯：为了方便广大师生采用本书教学，作者制作了全套课件。凡购书总数≥50册并提供购书发票扫描件者，可免费索取课件及教学大纲、授课计划等教学资料。

（联系电话：010-64519450；E-mail：crxcip@sina.com）

目录 CONTENT

第1章　食品与化学　1

1.1　人体中化学元素概述　2
1.2　营养素　5
1.3　生活中的能量及其来源　15
1.4　常见食物的化学成分　20
1.5　食物的贮存和保鲜　29

第2章　烹饪与化学　35

2.1　厨房化学概述　36
2.2　烹饪基础知识　43
2.3　食物的色香味　50
2.4　风味化学简介　61

第3章　饮料与化学　63

3.1　饮料水　64
3.2　豆浆、奶及其制品　68
3.3　酒　72
3.4　无酒精兴奋饮料　78
3.5　软饮料　81

第4章　保健与化学　85

4.1　合理营养　86
4.2　中国居民膳食指南　90
4.3　食疗学与药膳学　96
4.4　老年保健　103
4.5　减肥问题　107

第5章　毒物与化学　109

5.1　毒物及其对人体的危害　110
5.2　食物中的毒物　115
5.3　烟草　118
5.4　毒品　123

第6章　穿戴与化学　129

6.1　纤维与纺织品　130
6.2　皮革及其制品　139
6.3　橡胶及其制品　141
6.4　塑料及其制品　144

第7章　美化与化学　149

- 7.1　洗涤用品　150
- 7.2　化妆品　158
- 7.3　首饰制品　169
- 7.4　室内装饰物　176

第8章　环境与化学　179

- 8.1　环境问题与环境污染　180
- 8.2　室内环境与化学　188
- 8.3　室外环境与化学　195
- 8.4　汽车与化学　200

第9章　日用品与化学　205

- 9.1　玻璃制品　206
- 9.2　陶瓷制品　210
- 9.3　电池　212
- 9.4　涂料　217
- 9.5　粘接材料　222

第10章　文体与化学　225

- 10.1　文教用品　226
- 10.2　体育用品　232
- 10.3　艺术用品　236
- 10.4　文物考古　244

第11章　娱乐与化学　247

- 11.1　喜庆用品　248
- 11.2　化学游戏　252
- 11.3　化学魔术　253
- 11.4　化学工艺品　256

参考文献　262

第1章
食品与化学

自古以来,食品始终是人类赖以生存、繁衍、维持健康的基本条件之一。随着人类的进步,科技与经济的发展,人们对食品的要求已从温饱、味觉转到了营养、保健的更高层次。了解如何科学地从食品(物)中获取生命活动必需的能量和营养是十分必要的。

1.1 人体中化学元素概述

1.1.1 人体内化学元素的分类

存在于人体内的元素大致可分为必需元素（按其体内的含量不同，又可分为常量元素和微量元素）、非必需元素和有毒（有害）元素三种。人体内大约含30多种元素，其中有11种为常量元素，如碳、氢、氧、氮、硫、磷、氯、钙、镁、钠等，约占99.95%，其余0.05%为微量元素或超微量元素。人体的化合物组成如表1-1所示。

表1-1 人体的化合物组成

项目	水	蛋白质	脂肪	糖类	无机盐	其他
占人体质量的百分比/%	55～67	15～18	10～15	1～2	3～4	1

必需元素主要指以下4类：① 生命过程的某一环节必需的元素；② 生物体具有主动摄入并调节其体内分布和水平的元素；③ 构成体内生物活性化合物的有关元素；④ 缺乏该元素时会引起生化、生理变化，当补充后又能恢复的元素。

人体主要由碳、氢、氧和氮4种元素组成（约占人体体重的96%）。含量居于第5位的元素是磷。将这5种元素的化合物焚烧挥发后会留下一些白灰，乃无机盐的集合，大部分是骨骼的残留物。在灰里可找到食盐（NaCl）。可见食盐不单是调味品，而且是人体组织的一种基本成分。还有20～30种元素虽然也普遍存在于人体组织中，但对生命影响不大，故称为非必需元素。此外，还有一些有毒或有害元素。如血液中非常低浓度的铅、镉或汞。

1.1.2 人体内化学元素的功能

衡量元素是否必需还是有害与摄入量（即在体内的浓度）有关。每一种必需元素在体内都有其合适的浓度范围，超过或不足都不利于人体健康（图1-1）。例如，人们对碘的最小量为0.1毫克/天，耐受量为1000毫克/天，当超过耐受量时就会中毒。此外，人体内元素的生物效应还与它的存在状态和生物活性密切相关。

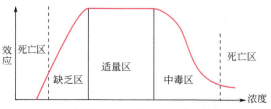

图1-1　必需微量元素浓度-生物功能相关图

若人体自身用以维持稳定状态的调节机制出现障碍，便会发生疾病。有时元素的过量可能比缺乏更麻烦，因为某个元素的缺乏易于补充，而过量往往难以排除，或排除过程中会产生副作用。另外，在生物体内还存在协同作用或拮抗作用，即一种元素促进或抑制另一种元素的生物学作用的现象。例如，铜可以促进镉的毒性和吸收，而锌可以抑制镉的毒性和吸收。

人体中主要元素及其主要功能如表1-2所示。

表1-2　人体中主要元素及其主要功能

元素	功　　能
C	有机物的组成成分
H	水、有机物的组成成分
O	水、有机物的组成成分
N	有机物的组成成分
F	鼠的生长因素，人骨骼的成长所必需
Na	细胞外的阳离子，Na^+
Mg	酶的激活，叶绿素构成，骨骼的成分
Si	在骨骼、软骨形成的初期阶段所必需
P	含在ATP等之中，为生物合成与能量代谢所必需
S	蛋白质的组分，组成Fe-S蛋白
Cl	细胞外的阴离子，Cl^-
K	细胞外的阳离子，K^+
Ca	骨骼、牙齿的主要组分，神经传递和肌肉收缩所必需
V	促进牙齿的矿化
Cr	促进葡萄糖的利用，与胰岛素的作用机制有关
Mn	酶的激活
Fe	最主要的过渡金属，组成血红蛋白、细胞色素、铁-硫蛋白等

续表

元素	功　能
Co	红血球形成所必需的维生素 B_{12} 的组分
Cu	铜蛋白的组分,促进铁的吸收和利用
Zn	许多酶的活性中心,胰岛素组分
Se	与肝功能、肌肉代谢有关
Mo	黄素氧化酶、醛氧化酶、固氮酶等所必需
Sn	促进蛋白质和核酸反应
I	甲状腺素的成分

人体中主要元素在人体内所起到的生理和生化作用,主要有以下几个方面。

① 结构材料　钙、磷构成硬组织,碳、氢、氧、氮、硫构成有机大分子,如多糖、蛋白质等。

② 载体作用　人对某些元素和物质的吸收、输送及其在体内的传递等物质和能量的代谢过程往往不是简单的扩散或渗透过程,而需要载体。在这个过程中,金属离子及其配合物担负着重要作用。如含有 Fe^{2+} 的血红蛋白对 O_2 和 CO_2 的运载作用等。

③ 激活作用　人体内约有1/4的酶的活性与金属离子有关。有的金属离子参与酶的固定组成,称为金属酶。有的酶必需金属离子存在时才能被激活并发挥催化功能,这些酶称为金属激活酶,金属离子充当酶的激活剂。

④ 调节作用　体液主要是由水和溶解于其中的电解质所组成。生物体内大部分生理、生化活动是在体液中进行的,因此需要维持体液中水、电解质平衡和酸碱平衡等。存在于体液中的 Na^+、K^+、Cl^- 等离子在调节体液的物理、化学特性方面发挥了重要作用。

⑤ "信使"作用　生物体需要不断地协调机体内各种生物过程,需要各种信息传递系统。细胞间的沟通即信号的传递需要接受器。化学信号的接受器是蛋白质。Ca^{2+} 作为细胞中功能最多的"信使",它的主要受体是一种由很多氨基酸组成的单肽链蛋白质,称钙媒介蛋白质(相对分子质量为16700)。氨基酸中的羧基可与 Ca^{2+} 结合。钙媒介蛋白质与 Ca^{2+} 结合而被激活,活化后的蛋白质可调节多种酶的活力。因此 Ca^{2+} 能激活多种酶起到传递生命信息的作用。

第 1 章 食品与化学

1.2 营养素

营养素是指食物所含的能保障身体生长发育、维护生理功能、供给机体所需热能的物质。食物的成分主要有糖类、油脂、蛋白质、维生素、无机盐和水6大类,通常称为营养素。也有将糖类中的纤维素和甲壳素单列出来,称为8类营养素。

1.2.1 糖类

糖类包括葡萄糖、果糖、乳糖、淀粉、纤维素等。按分子结构含基本单位糖分子数的不同,可分为单糖、双糖和多糖。糖类物质最重要的生理功能是供给机体活动所需的能量。1克葡萄糖在体内完全氧化能释放出17千焦耳的热量。糖代谢的中间产物又可转变成氨基酸、脂肪酸、核苷等化合物。糖的磷酸衍生物可以生成DNA、RNA、ATP等重要的生物活性物质。动物的糖类主要是由植物性食品供给,因为动物体自身没有产生这些糖类的光合作用。糖类物质的主要来源为谷类、根茎类食物和食糖。

食用植物纤维素又称膳食纤维,是指食物中不易被人体消化吸收的多糖类化合物的总称。过去对膳食纤维仅仅认为是植物纤维、细胞壁成分,现已扩展到包括许多改良的植物纤维素、胶浆、果胶、藻类多糖。食用植物纤维在体内不产生热量,营养价值也不高,因而曾经有人视它为"无用之物"。

膳食纤维的作用是多方面的。① 因其耐咀嚼而有利于锻炼牙齿,清除牙缝污垢,增加唾液分泌,帮助食物消化;② 在胃腔里发挥"充饥填料"作用,减少饮食,达到减肥的目的;③ 增强肠壁刺激,促进胃肠蠕动和消化腺分泌,促进正常消化;④ 发挥纤维的吸水作用,软化粪便,预防便秘,减少肠道癌病的发生。此外,膳食纤维对高血压、糖尿病、肥胖病、动脉粥样硬化、冠心病等疾病均有防治功效。含纤维素丰富的食物有玉米、大麦、蚕豆、糙米、红薯等粗粮,以及芹菜、韭菜、白菜、萝卜、南瓜、竹笋等蔬菜和各种水果。

1.2.2 油脂

日常食用的动物油(如猪油、牛油、羊油、鱼肝油、奶油等)、植物油（如花生油、豆油、菜子油、芝麻油、棉子油、玉米油、葵花子油和精加工的色拉油等）等都是油脂。在室温下，植物油脂通常呈液态叫做油；动物油脂通常呈固态，叫做脂肪。油和脂肪统称油脂。油脂的共同特性是：不溶于水，易溶于乙醚、氯仿、苯等非极性溶剂。动物（包括人类）腹腔的脂肪组织、肝组织、神经组织和油料作物种子果实中的脂质含量都很高。脂肪的主要功能是供给人类生活所需的能量及促进脂溶性维生素的吸收。1克脂肪在体内完全氧化能释放出39千焦耳热量，是蛋白质或糖的2～3倍。脂肪还具备保温、隔热和保护脏器、关节等组织免受剧烈震动和摩擦等作用。

　　油脂主要是由一分子甘油和三分子脂肪酸形成的甘油三酯组成。按其脂肪酸是否含有双键可分为不饱和脂肪酸和饱和脂肪酸。动物油主要含有饱和脂肪酸，植物油则含有较多的不饱和脂肪酸。不饱和脂肪酸熔点低，更容易被人体消化与吸收。

　　人体正常生长所不可缺少而体内又不能合成、必须从食物中获得的脂肪酸称为必需脂肪酸。有些脂肪酸如花生四烯酸、二十碳五烯酸、二十二碳六烯酸等也是人体不可缺少的脂肪酸，但人体可以利用亚油酸和α-亚麻酸来合成这些脂肪酸。亚油酸普遍存在于植物油中，亚麻酸在豆油和紫苏油中较多，鱼贝类食物相对含二十碳五烯酸、二十二碳六烯酸较多。必需脂肪酸之所以是人体不可缺少的营养素，主要有以下功能：① 是磷脂的重要组成成分；② 亚油酸是合成前列腺素的前体，后者具有使血管扩张和收缩、神经刺激的传导等多种生理功能；③ 与胆固醇的代谢有关。体内约70%的胆固醇与必需脂肪酸酯化成酯，被转运和代谢。磷脂是指甘油三酯中一个或两个脂肪酸被含磷的其他基团所取代的一类脂类物质。其中最重要的磷脂是卵磷脂。磷脂是细胞膜的构成成分。人类的一些疾病如动脉粥样硬化、脂肪肝等都与脂类代谢紊乱有关。在日常膳食中，一般提倡以植物油和动物脂肪相互搭配食用，但应以植物油为主。脂肪的摄入量应控制在总热能的30%以下。固醇类中最重要的是胆固醇。生理上细胞膜的组成、维生素D的合成、激素合成都需要以胆固醇为原料。

1.2.3　蛋白质

　　蛋白质（Protein）是构成人体组织器官的主要成分，它存在于一切活细胞中，约占人体组织干重的50%。所有蛋白质都含有C、H、O、N元素，大多数蛋白质还含有Fe、Cu、Zn等金属元素。多数蛋白质的相对分子质量在1.2万~100万之间。蛋白质分子内都含有氮元素，含氮量平均值为16%。

蛋白质是由不同数目的氨基酸以肽键（酰胺键）连接而成的生物大分子化合物。蛋白质的营养价值决定于所含的氨基酸种类和数量。组成人体蛋白质的氨基酸有20种，其中8种是人体本身不能合成而必须从食物中得到的，称为"必需氨基酸"——异亮氨酸、亮氨酸、蛋氨酸、赖氨酸、苯丙氨酸、色氨酸、苏氨酸、缬氨酸。根据必需氨基酸含量，可将蛋白质分为完全蛋白质和不完全蛋白质。完全蛋白质是指含有8种氨基酸的蛋白质。动物蛋白如奶类和乳制品、牛肉、鸡蛋中的蛋白质都是完全蛋白质。不完全蛋白质是指所含氨基酸少于8种的蛋白质。来源于谷类、豆类、硬果类、薯类、蔬菜类等食物的植物蛋白属于不完全蛋白质。

成人每日摄取蛋白质的量不能低于1克/千克体重，青少年应达到1.5~2克/千克体重的标准。一般不超过3克/千克体重。一个体重60千克的成年人，按从事劳动的轻重不同，每天约需补充70~105克蛋白质。若以60克为需要的最低量，大约2升牛奶便可提供此量。

1.2.4 维生素

维生素是维持正常生命过程所必需的一类微量低分子有机物［又称维他命（Vitamin）］。维生素的主要功能是作为酶的成分调节机体代谢，它既不能供给机体热能，也不能作为组织的构成物质。人类每天必须从膳食（或维生素制剂）中摄入一定量的维生素（见表1-3）。

根据溶解性的不同，可将维生素分为两大类：① 脂溶性维生素，包括维生素A、维生素D、维生素E、维生素K，可贮存于体内，不需每日供给，过量可引起中毒；② 水溶性维生素，包括B族维生素（维生素B_1、维生素B_2、维生素B_3、维生素B_6、维生素B_{12}）、叶酸、泛酸、生物素和维生素C等。一般不能储于体内，需每日供给，过量基本无毒性，不足则迅速发生缺乏症。水溶性维生素及其代谢产物较易从尿中排出，因此可通过尿中维生素的检测而了解机体代谢情况。另外，类黄酮、肉碱、牛磺酸等化合物具有类似维生素的生物活性，被称之为"类维生素"。

表1-3　维生素

	名称	日需要量/mg	食物来源	功能	缺乏时症状
水溶性维生素	维生素B_1（硫胺）	1.5	各种谷物，豆，动物的肝、脑、心、肾脏	形成与柠檬酸循环有关的酶	脚气病，心力衰竭，精神失常
	维生素B_2（核黄素）	1.5	牛奶，鸡蛋，肝，酵母，阔叶蔬菜	辅酶，抗氧化作用	皮肤皲裂，视觉失调，皮炎
	维生素B_6（吡哆醇）	2.4	各种谷物，豆，猪肉，动物内脏	氨基酸和脂肪酸代谢的辅酶	幼儿惊厥，成人皮肤病
	维生素B_{12}（氰钴胺）	2～5	动物的肝、肾、脑，由肠内细菌合成	合成核蛋白	恶性贫血
	抗癞皮病维生素（烟酸）	17～20	酵母，精瘦肉，动物的肝，各种谷物	NAD，NADP，氢转移中的辅酶	糙皮病，皮损伤，腹泻，痴呆
	维生素C（抗坏血酸）	100	柑橘属水果，绿色蔬菜	使结缔组织和糖代谢保持正常	坏血病，牙龈出血，牙齿松动，关节肿大
	叶酸	0.4～0.7	酵母，肝，肾，绿叶蔬菜，土豆，豆类，麦胚	合成核蛋白	贫血症，抑制细胞的分裂
	泛酸	8～10	酵母，动物肝脏，肾，蛋黄	形成辅酶A（CoA）的一部分	运动神经元失调，消化不良，心血管功能紊乱
	维生素H（生物素）	0.14～0.3	动物肝脏，蛋清，干豌豆和利马豆，由肠内细菌合成	合成蛋白，CO_2固定，氨基酸转移	皮肤病
脂溶性维生素	脂溶的维生素A（维生素A_1——松香油，维生素A_2——脱氢松香油）	0.8	动物肝脏，奶类，蛋类，鱼肝油，深色蔬菜与水果	形成视色素，使上皮结构保持正常	夜盲，皮损伤，眼病
	维生素D（维生素D_2——骨化醇，维生素D_3——骨钙化醇）	0.005～0.01	海水鱼（如沙丁鱼等）、动物肝脏、蛋黄、奶油及鱼肝油制剂等，皮肤中由太阳光激活的前维生素	使从肠吸收的Ca^{2+}增加，对牙和骨的形成很重要	佝偻病，骨质软化症，骨质疏松
	维生素E（生育酚）	14	植物油，麦胚，坚果，豆类，谷类，蛋类，内脏，绿叶蔬菜	保持红细胞的抗溶血能力	溶血性贫血（很少发生于人类）
	维生素K（维生素K_2——叶绿酯）	不知	由肠内细菌产生	促进肝里凝血酶原的合成	凝结作用的丧失

夜盲症是常见的维生素A缺乏症。轻者为干眼病、角膜发炎。维生素A缺乏也会导致皮肤粗糙。维生素A过多会引起食欲不振、极度过敏、皮损伤、掉头发、骨脱钙、骨髓增生、脑压增高等有害症状。从食品特别是肝和胡萝卜摄入的营养素不会致毒，因它们不会快速转化成维生素A，但若过量使用鱼肝油丸等补品而不搭配维生素C，则可招致维生素A过多。

B族维生素是构成调节代谢的多种酶的组成部分。富含维生素B族的食物有谷类及谷物皮、豆类以及动物内脏、发酵食品等。

坏血病主要由缺乏维生素C（也称抗坏血酸）而引起。患者开始感到虚弱，继而牙龈肿胀出血、全身不同部位皮下血瘀，甚至突然死亡。多吃新鲜蔬菜和水果能预防坏血病。如生红辣椒、欧芹、芥菜等均富含维生素C，橘汁、葡萄汁、番茄汁等甚至成为维生素C的同义语。

维生素D称为阳光维生素，其重要性在于调节钙和磷的代谢作用，促进它们在肠道的吸收，影响骨髓无机化过程。若维生素D不正常就会引起佝偻病、血钙过多综合征等。

补充维生素时应注意：① 机体吸收维生素A、维生素D需要脂类物质的参与；② 过量补充维生素A、维生素D可以引起中毒；长期过量服用维生素A、维生素D可产生慢性中毒，一次性大量饮用可致急性中毒；③ 烹调方法对于保留食物中的B族维生素、维生素C有较大的影响，如反复多次淘米，长时间加热蔬菜、先切后洗、用铜制器皿盛放新鲜蔬菜等均会对食品中的维生素造成影响。

1.2.5 无机盐

人体中的碳、氢、氧、氮元素主要以有机化合物形式存在，其他元素构成的化合物主要为无机盐。无机盐又称矿物质（约占人体体重的4%），主要存在于骨骼中。

人体内的无机盐一部分来自食物的动、植物组织，另一部分来自饮水、食盐和食品添加剂。无机盐既不能在人体内合成，除排泄外也不能在体内代谢过程中消失。无机盐有以下特点：① 分布极不均匀；② 含量随年龄增加而增加，但元素间比例变动不大；③ 元素之间存在拮抗与协同作用；④ 元素特别是微量元素的摄入量具有明显的剂量反应关系。

生活 化学

人体及动物所需的无机盐有钙(Ca)、磷(P)、钠(Na)、钾(K)、镁(Mg)、硫(S)、氯(Cl)、铁(Fe)、铜(Cu)、碘(I)、锰(Mn)、锌(Zn)、钴(Co)、钼(Mo)、氟(F)、铝(Al)、铬(Cr)、硒(Se)，是构成骨、齿和体液（血液、淋巴）的重要成分。体内许多生理作用也靠无机盐来维持。例如酸、碱平衡的调节和渗透压等就需要Na^+、K^+参与。含有Mg^{2+}、Mn^{2+}、Na^+、Fe^{3+}、Ca^{2+}的无机盐能促进酶活性的功能。有的酶本身就含有Fe、Cu、Zn、Mn、Mo等金属元素。人体内的酶有近1000种之多，60%以上含有微量元素。酶是人体新陈代谢的生物催化剂，如果消化道中没有酶，消化一餐饭约需花费50年的时间。

无机盐的分类：① 钙、磷、钾、硫、氯、钠、镁7种为常量元素，每日需要量在十分之几克到几克；② 铁、铬、铜、氟、碘、锰、铝、硒、硅和锌等14种为微量元素，每日需要量在几微克到几毫克。我国居民比较容易缺乏钙、铁、锌。在特殊地理环境或其他特殊条件下，也可能缺碘、硒等元素。

例如，钙（Ca^{2+}）既具有"信使"作用，还是骨骼和牙齿的主要成分，能调控人体正常肌肉收缩和心肌收缩。Ca^{2+}能激活脂肪酶，有助于血凝（防止因血管壁破裂引发的致死性出血）。若血液中Ca^{2+}过多，就会造成神经传导和肌肉反应迟钝；若Ca^{2+}太少，会造成神经和肌肉的超常激活，即便微小的刺激，比如一个响声、咳嗽，就会使人陷入痉挛性抽搐。

磷是骨骼和牙齿的一种重要元素。体内90%的磷是以磷酸根（PO_4^{3-}）的形式存在的。如牙釉质中的主要成分是羟基磷灰石$[Ca_{20}(OH)_2(PO_4)_6]$和少量的氟磷灰石$[Ca_{20}F_2(PO_4)_6]$、氯磷灰石$[Ca_{10}Cl_{12}(PO_4)_6]$等。磷还是核糖、核酸以及氨基酸、蛋白质的重要成分。磷酸可以和有机化合物中的羟基形成磷酸酯，如ATP（三磷酸腺苷）。磷在成人体内含量约650克，85%～90%存在于骨骼和牙齿中。磷是构成骨骼、牙齿及软组织的重要成分，也是许多维持生命物质如核酸、酶、磷蛋白等的重要成分（图1-2）。

K^+、Na^+和Cl^-在体内的作用是错综复杂而又相互关联的。K^+和Na^+常以KCl和NaCl形式存在。K^+、Na^+和Cl^-的首要作用是控制细胞、组织液和血液内的离子浓度、渗透压和电解质平衡。这种平衡对保持体液的正常流通和调节、维持体内的酸碱平衡都是必要的。K^+和Na^+（与Ca^{2+}和Mg^{2+}一起）有助于使神经和肌肉保持正常应激水平。KCl和NaCl的作

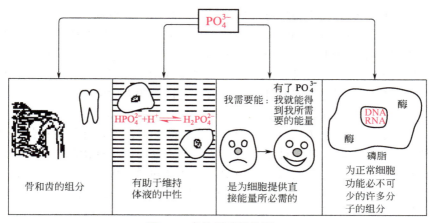

图1-2 身体里磷的作用

用还在于能使蛋白质大分子保持在溶液之中,并调节血液的黏性或稠度处于适当状态。消化食物的胃酸和其他胃液、胰液及胆汁内某些助消化化合物的形成,都有血液里的钠盐和钾盐的参与。另外,视网膜对光脉冲反应的生理过程,也依赖于K^+、Na^+和Cl^-有适当的浓度(图1-3)。

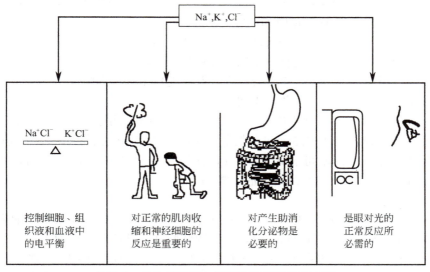

图1-3 体内钠离子、钾离子和氯离子的功能

体内任何一种离子浓度失衡，都会对身体产生影响。例如，过度运动或炎热天气里大量出汗，在流失水分的同时就会带走K^+、Na^+和Cl^-等许多离子。因此出汗太多会导致这些离子浓度下降，破坏离子平衡，使肌肉和神经反应发生异常，出现恶心、呕吐、衰竭或肌肉痉挛现象。再如，缺碘会引起甲状腺肿大等。微量元素还和人体免疫功能、生理缺陷、肿瘤、血液病、眼疾等有关。

　　镁也是骨与牙齿的组分之一，是转移酶的激活剂，能缓解神经冲动和肌肉收缩。缺镁的特征是肌肉痉挛、心跳过速、精神错乱、幻觉、厌食和呕吐。疾患通常起因于酒精中毒、严重的肾脏疾病、急性腹泻和恶性营养不良。镁的推荐量约300毫克/日。可可粉、速溶咖啡、大豆粉、花生是其优质来源。

　　铁遍布于血液和肌肉中。人体含铁约5.3克。缺铁导致贫血从而影响人体的全面生理功能。富铁的食物有海带（88毫克/100克）、海参（78毫克/100克）、紫菜（36毫克/100克）、牛肝（10毫克/100克）等。

　　铜的最重要生理功能是人血清的铜蓝蛋白可以协同Fe的功能。在Fe的生理代谢过程中，Fe^{2+}氧化为Fe^{3+}时需要铜蓝蛋白的催化氧化，以利Fe^{3+}与蛋白质结合成铁蛋白。成人每天摄取Cu约2.5mg，婴儿则每公斤体重摄取0.05mg较为适宜。

　　锌参与各种代谢，为人体全面发展所必需，对于骨化、伤口愈合尤为重要。缺锌的特征是食欲不振、儿童生长停滞、味觉消退、毛发颜色变淡、指甲白斑等，严重者会出现性腺机能低下和侏儒症。富锌食物有牡蛎、芝麻、芹菜、蛋黄、牛肉等。

　　硒是体内有毒物质如砷、镉、汞的有效解毒剂或拮抗剂，存在于肝、心、肺、眼睛水晶体和血浆中，保护其细胞不受损伤。和维生素E有协同作用。缺硒可能导致癌、白内障、肝、心脏病变，并影响衰老过程。富硒食物有鱼粉、黄油、啤酒酵母、龙虾、猪肾、胡萝卜、牡蛎等。

　　碘的唯一功能是用于合成甲状腺分泌的含碘激素，该激素可在细胞内调节氧化速率。当碘缺乏时，出现甲状腺肿。某些食物如萝卜、油菜子含有致甲状腺肿因子，它可干扰甲状腺素的利用而产生甲状腺肿。烹调可破坏上述因子的活性，足够的碘供给也可抑制或消除这种活性。

缺氟会引起龋齿和骨骼疏松。氟过量会导致氟牙斑、骨折等。饮水中含氟量应小于2.5微克/克。

微量元素对人体的影响如表1-4所示。

表1-4 微量元素对人体的影响

元素	人体中含量/g	日需量/mg	主要生理功能		主 要 症 状	来 源
Fe	4.2	15	造血，组成血红蛋白和含铁酶，传递电子和氧	过多	青少年智力发育缓慢，影响胰腺和性腺，心衰，糖尿病，肝硬化	肝肉、蛋，水果，绿叶蔬菜等
				缺乏	贫血，无力，免疫力低，头痛，口腔炎，易感冒，胃炎，肝癌	
Cu	0.13	2.5	胶原蛋白和许多酶的重要成分	过多	类风湿关节炎，肝硬化，胃肠炎，癌	肝、肾、鱼，坚果与干豆类，牡蛎含量特别高
				缺乏	低蛋白血症，贫血，心血管受损，冠心病，脑障碍，溃疡，关节炎	
Zn	2.3	15	控制代谢的酶的要害部位	过多	肠胃炎，前列腺肥大，贫血，头昏，高血压，冠心病	肉、蛋、奶，谷物
				缺乏	贫血，高血压，食欲不振，伤口不易愈合，早衰，侏儒，溃疡，不育，白发，白内障，肝硬化	
Mn	0.02	8	充当一些酵素的辅酶	过多	头痛，无力，精神病，帕金森症，心肌梗塞	蓝莓、麦糠、干豆、干果、莴苣、菠萝、板栗、菇类
				缺乏	软骨，营养不良，神经紊乱，肝癌，生殖功能受抑	
F	2.6	1	长牙齿，防龋齿，促生长，参与氧化还原和钙磷代谢	过多	氟斑牙，氟骨症，骨质增生	饮水，其次茶叶、海鱼、海带、紫菜
I	0.03	0.15	合成甲状腺素的原料	过多	甲状腺肿大，呆滞	海产品，加碘盐，奶，肉，水果
				缺乏	甲状腺肿大，疲惫，心悸，动脉硬化	
Co	0.001	0.0001	维生素B_{12}的核心	过多	心肌病变，红血球增多，心力衰竭，高血脂，致癌	肝，瘦肉，奶，蛋，鱼
				缺乏	心血管病，巨红细胞贫血，脊髓炎，气喘，青光眼	
Cr	0.01	0.1	Cr(Ⅲ)使胰岛素发挥正常	过多	伤肝肾，鼻中隔穿孔，肺癌	肉类及整粒粮食，豆类，啤酒酵母，尤其是畜肝
				缺乏	糖尿病，心血管病，高血脂，胆石，胰岛素功能失常	

续表

元素	人体中含量/g	日需量/mg	主要生理功能	主要症状		来源
Mo	0.009	0.2	染色体有关酶的要害部位,催化尿酸,抗铜贮铁,维持动脉弹性	过多	龋齿,肾结石,睾丸萎缩,性欲减退,脱毛,贫血,腹泻	豌豆,植物,肝,酵母
				缺乏	心血管病,克山病,食道癌,肾结石,龋齿	
Se	0.2	0.05~0.2	谷胱甘肽过氧化物酶的重要组成,抑制自由基,解重金属毒	过多	头痛,精神错乱,肌肉萎缩,心肾功能障碍,腹泻,脱发,过量中毒致命	动物性食品肝、肾、肉类及海产品
				缺乏	心血管病,克山病,大骨节病,癌,关节炎,心肌病	
				缺乏	龋齿,骨质疏松,贫血	
Ni	0.01	0.3	某些金属酶的辅基,增强胰岛素的作用;刺激造血功能和维持膜结构	过多	鼻咽癌,皮肤炎,白血病,骨癌,肺癌	
				缺乏	肝硬化,尿毒,肾衰,肝脂质和磷脂质代谢异常	
V	0.018	1.5	刺激骨骼造血,降血压,促生长,参与胆固醇和脂质及辅酶代谢	过多	结膜炎,鼻咽炎,心肾受损	
				缺乏	胆固醇高,生殖功能低下,贫血,心肌无力,骨异常,贫血	
Sn	0.017	3	促进蛋白质和核酸反应,促生长,催化氧化还原反应	过多	贫血,肠胃炎,影响寿命	
				缺乏	抑制生长,门齿色素不全	
Sr	0.32	1.9	长骨骼,维持血管功能和通透性,合成黏多糖,维持组织弹性	过多	关节痛,大骨节病,贫血,肌肉萎缩	
				缺乏	骨疏松,抽搦症,白发,龋齿	

第 1 章 食品与化学

1.3 生活中的能量及其来源

1.3.1 人体的能量消耗

生活能量包括维持人体生化反应所需的化学能、保证这些反应正常进行的环境所需的热能（体温）以及日常活动所消耗的能量等。

成年人的一般活动，每天约消耗1万千焦能量。对年轻人而言，一个60千克体重的男生，平均每天能量消耗大约为12600千焦（按1千卡＝4.184千焦，大约为3000千卡）能量；一个55千克体重的女生，平均每日能量消耗大约为8820千焦。国际卫生组织规定：人均日摄取热量达到1万千焦就达到了温饱线。美国、俄罗斯、法国、加拿大、澳大利亚为1.4万～1.5万千焦，日本为1.2万千焦。1992年进行的全国第三次营养调查显示，我国人均热能日摄入量为0.97万千焦。

体力活动所消耗的热能约占人体总热能消耗的15%～30%，是人体热能消耗变化最大，也是人体控制热能消耗、保持能量平衡、维持健康最重要的部分。体力活动所消耗热能多少与肌肉发达程度、体重和活动时间、强度等因素有关。

1.3.2 人体能量的来源

人体能量来源于食物。食物中的糖、蛋白质和脂肪被氧化成二氧化碳和水，同时放出热量。所以有人将糖、蛋白质和脂肪称为热量素。

按上述温饱水平的日摄取能量要求，一个成年人每天需要摄取糖、蛋白质、脂肪量如下。

① 糖　轻体力劳动者每人每天约需400～450克，重体力劳动者约为500～600克。

1克糖约提供17千焦能量，400～450克糖理论上可提供6800～7650千焦能量，即可满足人体需要。占总能量的60%～70%。

② 蛋白质　80～120克。

1克蛋白质也大约可提供17千焦能量，每天摄入46～56克蛋白质（相当于310克瘦肉或3个鸡蛋）就可达到要求。但考虑到实际吸收效率，一般每天应供给80～120克蛋白质，放出1360～2040千焦能量，占总能量的10%～15%。

③ 脂肪　60～75克。

1克脂肪可提供37千焦能量，每天摄取60～75克脂肪，可放出2220～2780千焦，占总能量的20%～25%。

1.3.3　能量的转换和利用

食物中的糖类、蛋白质和脂肪虽可提供能量，但它们本身还不是能量，需要经过转换才可加以利用。

1.3.3.1　消化和吸收

从化学观点看，消化作用是指被摄入的食物通过水解得到断裂产物，进而通过肠壁吸收到体液中并参与新陈代谢的过程。这些水解反应需要特定的酶催化。糖、蛋白质和脂肪的水解分别产生单糖、氨基酸和脂肪酸，进而在酶的催化下氧化释放出热量。

（1）糖　糖是快速能源。食物中的糖类，只有单糖能直接给人体提供热能。其他的糖类，要经过一系列的消化过程最终转变为单糖后，才能便于人体吸收。唾液中的淀粉酶作用于淀粉或糖元，产生二糖（如麦芽糖），这是消化的第一步。进入胃后，在胰脏分泌的酶作用下继续水解成麦芽糖，再水解成葡萄糖，最后形成一些单糖的混合物。然后这些单糖被吸收进入血液，成为血糖，其浓度受胰岛素的调节和控制。如果血糖含量过高，单糖将在肝中转化为多糖糖元，成为肝糖，在人肝中约为6%。如果血糖含量太低，则肝中贮藏的糖元被水解，从而提高血糖水平。

$$(C_6H_{12}O_5)_n \longrightarrow \cdots \longrightarrow C_{12}H_{22}O_{11} \longrightarrow C_6H_{12}O_6$$
$$\text{淀粉} \qquad\qquad\qquad \text{麦芽糖} \qquad \text{葡萄糖}$$

在酶催化下，被吸收后转化产生的单糖（如葡萄糖）才被氧化，提供人体所需的能量。葡萄糖氧化的反应式为：

$$C_6H_{12}O_6(s)+6O_2(g)=6CO_2(g)+6H_2O(l)+2889\ kJ$$

（2）蛋白质　在胃蛋白酶的作用下，蛋白质的水解从胃中开始，并且延续到小肠中。食物蛋白质在胃酸的协助下，由胃蛋白酶分解为朊及胨。食物在胃内的滞留时间，随蛋白质的质地而异。肉的蛋白质含量高，停留3～4小时，此时胃液酸性强；蔬菜和水果的蛋白质含量低，停留1.5～2小时，此时胃液酸度亦低。吃肉不容易肚子饿，原因就在于此。经胃加工后出来的蛋白质,经多种蛋白酶的作用最后分解为氨基酸,通过肠壁吸收。

(3) 脂肪　与糖和蛋白质不同,脂肪的消化主要在肠道中进行。帮助脂肪水解的酶是水溶性的,然而脂肪又不溶于水,这个矛盾怎么解决呢?肝脏分泌的胆盐使油乳化生成的小油珠,为酶提供了化学反应的表面,其作用很像洗涤剂分子。主要的胆盐(如甘氨胆酸钠)就具有亲油、亲水的双亲结构。唾液中不含脂肪分解酶,所以此时脂肪不被水解。进入胃后,在胃液中脂肪分解酶的作用下,一部分脂肪分解为甘油与脂肪酸。但该酶的最适宜pH值为5.0,而胃液的pH约为1～2,故其作用很弱。婴儿胃液的pH值比成人高,约为4.5～5.0,故易将乳汁中的脂肪分解消化。

1.3.3.2 能量的转换

在能量的转换中,酶起专一的催化作用,参与一切生化过程。

(1) 酶的作用　酶的基体是蛋白质,但光有基体,还不具备活性。须有活动辅助剂存在或分子结构中有相当于此辅助剂的活性基团才有效。前者称为酶朊,后者称为辅酶。要使酶活化,酶朊必须先和辅酶结合。正像要打开银行保险箱需要两把钥匙一样(图1-4)。被酶作用的物质称为底物。

图1-4　酶催化作用的锁-钥理论

酶催化作用除了具有极好的专一性外,还有一个显著的优点是速率巨大。据测算,一个β-淀粉酶分子1秒钟能催化断裂直链淀粉中4000个键。这不能单纯用随机碰撞或用钥匙插入锁孔来解释,而要求有某种成分把钥匙吸入"锁孔"内,这种成分就是酶、辅酶或底物上的电极性区域特定的离子部位。

酶与温度的关系十分密切。绝大多数酶蛋白在60℃以上就会凝固,丧失活性。根据这一性质,可以在食品生产中通过加热使酶失活,如采用巴氏消毒法、热熏法和漂荡法等，从而延长食品的保藏时间。降低温度也可以降低酶的活性。通过降低食物本身和微生物中酶的活性，在一段时间内就可以有效地防止食物发生腐败。但是由于低温并没有使酶失活，所以在保藏过程中及保藏之后，这些酶仍可以使食品品质发生不良的变化。

（2）最重要的辅酶——三磷酸腺苷（ATP） 在氧存在下，葡萄糖被氧化而生成三磷酸腺苷（ATP）；在无氧存在时，葡萄糖能在糖酵解体系中分解生成乳酸的同时生成ATP。1摩尔ATP与水反应可释出193千焦的反应热。反应式为：

$$C_6H_{12}O_6 + 6O_2 + 34ADP + 34H_3PO_4 =\!= 6CO_2 + 34ATP + 40H_2O$$

$$C_6H_{12}O_6 + 2ADP + 2H_3PO_4 =\!= 2CH_3CHOHCOOH + 2ATP + H_2O$$

$$ATP + H_2O =\!= ADP + H_3PO_4 + 193kJ$$

式中，ADP为二磷酸腺苷。食物产生能量的反应可以简易地表述为：

$$食物 + O_2 \longrightarrow ATP（+ CO_2 + H_2O）\longrightarrow \Delta H（+ ADP + H_3PO_4）$$

式中，ΔH＝生化合成＋肌肉运动＋热（体温）＋其他能耗。

所以ATP被戏称为生物体内的能量通货，相当于将难以花费的大钞（食物）兑换成常用的小钞（ATP）。ATP端的两个磷酸基和ADP末端的一个磷酸基的链称为酐键，是辅酶最活泼的部位，是"锁孔"吸引"钥匙"的活性区域。

人体消化液中的这种酶，虽能将食物中的主成分淀粉水解成为人体能吸收的葡萄糖，但不能催化纤维素水解。牛、羊等吃草动物的消化系统中寄生了某些衍生物，可以分泌出使纤维素水解的酶，这种酶可使纤维素迅速水解转化为葡萄糖。所以，牛、羊可以靠吃草生活而人却不能。

1.3.3.3 人的饥饿

饥饿是指一段禁食期之后对食物的生理欲求，而食欲则是对现存食物的认识反应或习惯反应。摄入食物是为了向体内补充能源，由食欲来自行调节。当胃中有食物时，它会不停地蠕动，而一旦空腹，胃就强烈收缩，伴有不适即饥饿感。此外，血糖值低是饥饿的自然信号，人在清晨空腹时血糖量约为80毫克/100克，感到饿；进食后，血糖值可达140毫克/100克，几小时内都感到饱，且精力充沛。对这种作用目前有以下两种解释。

① 静力学说　该学说认为下丘脑对血液中营养成分如糖、脂肪等特别敏感，一旦浓度下降，下丘脑外侧的进食中枢受到刺激，就会发出求食信号；浓度高时，进食中枢抑制，同时下丘脑中下区域的饱感中心受到刺激，就发出拒食信号。

② 热学说　该学说认为下丘脑在人体热量调节中起重要作用，当其温度降低时，引起饥饿感。动物试验表明，用电极刺激下丘脑外侧的进食中枢或中下区域的饱感中心时，就会作出相应反应；如果进食或饱感中心受到损害，就会不知道饿，甚至饿了也拒食，最终导致饿死；相反，则使食欲不可遏制。

1.4 常见食物的化学成分

食品是人类获得热能和各种营养素的基本来源。食品按其来源和性质可分为三类：动物性食品、植物性食品和各类食品的制品。食品营养价值的高低，取决于食品中营养素的种类是否齐全、数量的多少、相互比例是否适宜及是否容易消化吸收。

目前，食品的营养价值表示，一般采用多项目分列的食品成分表模式进行。也就是说，分别指出能量值以及蛋白质、脂肪、糖、无机质、维生素等成分的含量。食品成分表通常以100克食品中成分的平均值来表示。

食物的构成与各国的生产特点和各民族的文化传统有关。根据我国的实际情况，将食物分为主食和副食两类。

1.4.1 主食

主食即通常的粮食，主要是谷物，其共同特点是均为干品。湿存水含量一般在2%以下。

1.4.1.1 谷物

谷物包括大米、小麦、玉米、高粱、小米、荞麦等。它们的主成分为糖类，基本上以淀粉的形式存在。淀粉是由葡萄糖为单元连接而成的大分子，结构上有直链与支链之分（直链遇碘呈蓝色，支链则呈红褐色）。通常直链淀粉约为20%～25%，糯米则几乎全为支链。由于支链物加热后易缠结，所以糯米饭黏性比粳米饭好。谷类含一定的蛋白质，但缺少赖氨酸，有些苏氨酸、色氨酸也不高。谷类含脂肪也较少。因此以谷物为主食时，必须补足副食，以保证蛋白质和脂肪的全面供应。维生素以B族维生素较多，主要是硫胺素、核黄素和尼克酸。

我国大多数人的主要摄食品种为大米和小麦。

（1）大米　米粒由糠层、胚、胚乳三大部分构成，我们食用的是胚乳部分（92%）（图1-5）。胚乳主要成分是糖以及少量的蛋白质和脂肪，其无机质、维生素的含量也很少。粳米的淀粉由17%的直链淀粉和83%的支链淀粉构成，做成米饭后比较容易消化。大米的蛋白质氨基酸组成在植物性蛋白质

图1-5　大米

中是比较好的。精白米的维生素在洗淘时基本损失殆尽,所以,应该进行强化。大米的无机质中磷多而钙少,洗米时磷比较容易损失,因此造成了米饭中磷和钙的差距缩小。

(2)小麦 小麦(图1-6)一般加工成面粉,并进一步做成各种面食和糕点供人们食用。小麦的主要成分与大米相同,也是糖。但是,小麦的蛋白质含量要高些。在胚乳部分所含的维生素比大米要多一些。无机质也是磷多钙少。大米和小麦的能量都大约为1465千焦/100克。

图1-6 小麦

常见谷物的化学成分如表1-5所示。

表1-5 常见谷物的化学成分   单位:%

谷物名称		糖	蛋白质	脂肪	灰分
米	糙(粳)米	73.4	8.8	2.2	1.30
	糙(糯)米	71.1	8.5	3.2	0.90
	白米	76.8	7.2	0.77	0.70
麦	小麦	72.2	13	1.9	1.5
	大麦	74.7	8.8	0.9	0.9
	荞麦	61.5	17.3	5.1	1.8
杂粮	玉米	85	10	4.3	0.1
	高粱	60	10	3.3	0.7
	小米	73	10	3	1

1.4.1.2 薯芋类

薯芋类主要包括马铃薯、甘薯、凉薯、山药、芋和慈姑等,一般都是植物块茎。薯芋类和谷类相似,但是,薯芋类的水分含量远大于谷类。薯芋类的主要成分为淀粉,因此可作为主食。薯芋类含维生素B_1和维生素C比较多;无机质中一般含钾、钙较多,含磷较少。

马铃薯(俗称土豆、洋山芋、山药蛋)是世界四大粮食作物之一。其糖含量为15%~25%,蛋白质含量约1%~3%,脂肪含量很小。

甘薯(称红薯、白薯、番薯、红苕、甜薯、地瓜、山芋等)(图1-7)与马铃薯一样,是我国重

图1-7 甘薯

要的高产、稳产农作物之一。其糖含量为10%～30%，蛋白质含量约1.5%，脂肪含量很小。马铃薯和甘薯的能量都大约为335千焦/100克。

1.4.2 副食

副食可分肉、蔬菜及水果三类。按其来源可分为陆产与水产两类；按宗教习惯分为荤、素两类；有的西方国家则分为动物与植物两大类。

1.4.2.1 肉类

图1-8 猪

图1-9 鸡

（1）畜禽肉类 常指鸡、鸭及其他禽兽的可食用部分，包括肌肉、结缔组织、脂肪及脏器（脑、舌、心、肺、肝、脾、肾、肠、胃等）以及血、骨、筋、胶原等，以肌肉为主。肉类主要分为畜肉和禽肉两类。畜肉主要有猪肉（图1-8）、牛肉、羊肉、马肉、兔肉和狗肉等，禽肉则主要有鸡肉（图1-9）、鸭肉、鹅肉、鸽肉和鹌鹑肉等。畜禽肉中含有能溶于水的含氮浸出物，使肉汤具有鲜味。

畜禽肉类的蛋白质含量约10%～30%，所含氨基酸甚多，且组成匹配好。通常，肥猪肉的蛋白质含量约2%，瘦猪肉约10%～17%；肥牛肉约23%，瘦牛肉约20%；肥羊肉约9%，瘦羊肉约17%。禽肉中，鸡肉的蛋白质含量约23%，鸭肉约16%，鹅肉约11%。

一般畜肉的脂肪含量为10%～60%，肥肉高达90%，其在动物体内的分布，随肥瘦程度、部位有很大差异。畜肉类脂肪以饱和脂肪为主，熔点较高不易被人体消化吸收，故肉类脂质的营养价值比较低。主要成分为甘油三酯，少量卵磷脂、胆固醇和游离脂肪酸。以猪肉为例，胆固醇在肥肉中为109毫克/100克，在瘦肉中为81毫克/100克，内脏约为200毫克/100克，脑中最高，约为2571毫克/100克。所以应避免摄取过量的动物性脂肪。糖含量约1%～5%，比较低，主要以葡萄糖和糖原的形式存在。每100克肥猪肉、瘦猪肉、鸡肉可以提供的能量分别大约是3474千焦、1381千焦、460千焦。禽肉的营养价值与畜肉相似，不同在于脂肪含量少（如鸡肉的脂质含量约2%～3%，属于低脂肪肉类），含有20%的亚油酸，易于消化吸收。

(2) 水产品　水产类食品主要包括有鱼、贝、虾、蟹等，大多数口感细腻、味道鲜美，营养价值较高（图1-10）。不论是淡水或海水产品，除含高蛋白外，均以维生素多及无机微量元素高为特点。水产品的糖大多含量极小。水产类的蛋白质（含10%～20%）大多比较松软，容易消化吸收。氨基酸组成中，色氨酸偏低。脂肪含量约为1%～10%，属低脂肪食品。维生素因品种而差别很大。鱼肝含有很高的维生素A和维生素D，鱼肉中含有少量的尼克酸和硫胺素，对虾和河蟹则含有较多的维生素A。

图1-10　水产品

无机质一般含量约为1%～2%，稍高于肉类，磷、钙、钠、钾、镁、氯丰富，是钙的良好来源。虾皮中含钙量很高，为991毫克/克，且含碘丰富。海鱼的肝脏是维生素A和维生素D富集的食物。

(3) 蛋　蛋类是营养价值很高的食品（图1-11）。各类禽蛋主成分均为蛋白质（约13%～16%，见表1-6）。蛋的食用部分为蛋清和蛋黄，两者成分不同。蛋清除水分外（占86%）几乎全为蛋白质；蛋黄则含有较多的营养成分：脂肪18.0%、卵磷脂及其他磷脂11.0%、蛋黄磷蛋白质14.5%、蛋黄素、胆固醇（1500毫克/100克）、血蛋白元5.7%、灰分1.0%，其余为水分49.5%（pH≈6.3）。蛋含的氨基酸品种最全（18种），

图1-11　鸡蛋

消化率95%以上，胃内停留时间最短。全蛋蛋白质是食物中最理想的优质蛋白质。在进行各种食物蛋白质的营养质量评价时，常以全蛋蛋白质作为参考蛋白。钙、磷和铁等无机盐多集中于蛋黄中。蛋类的铁含量较多，但因有卵黄高磷蛋白的干扰，其吸收率只有3%。蛋黄还含有较多的维生素A、维生素D、维生素B_1和维生素B_2。蛋清也是核黄素的良好来源。

由于胆固醇同心血管病联系起来，所以有人只吃蛋白不吃蛋黄，这是误解。蛋黄中含有较丰富的卵磷脂，是一种强有力的乳化剂，能使胆固醇和脂肪颗粒变得极细，乳化成为悬浮于血液中的微细粒子，能顺利通过血管壁而被细胞充分利用，从而减少血液中的胆固醇。而且蛋黄中的卵磷脂消化后可释放出胆碱，进入血液中进而合成乙酰胆碱，是神经递质的主要物质，可提高脑功能，增强记忆力。

表1-6　几种蛋的组成成分　　　　　　单位：%

品　种	壳	水　分	蛋白质	脂　肪	糖	灰　分	热量/(焦耳/克)
鸡蛋	11.4	73.7	12.6	12.0	0.67	1.07	7010
鸭蛋	12.0	71.0	12.8	15.0	0.30	1.08	8100
鹅蛋	14.2	69.5	14.0	14.4	1.30	0.90	8320
火鸡蛋	13.8	73.7	13.4	11.2	0.80	0.90	6880
鸽蛋	10.0	76.8	13.5	8.2	0.10	1.10	5710
鹌鹑蛋	9.4	67.5	16.6	14.6	0.10	1.23	9820

1.4.2.2　蔬菜、水果

图1-12　蔬菜、水果

蔬菜、水果（图1-12）的营养价值主要体现在供给人们所需要的维生素、无机质和纤维素。糖类包括：糖、淀粉、纤维素和果胶物质。新鲜蔬菜、水果是提供抗坏血酸、胡萝卜素、核黄素和叶酸的重要来源，也是提供钙、磷、铁、钾、钠、镁、铜等无机盐的重要来源，对维持机体酸碱平衡起重要作用。绿叶蔬菜一般含钙在100毫克/100克以上，含铁1～2毫克/100克。蔬菜、水果中常含有各种芳香物质和色素，使食品具有特殊的香味和颜色，可赋予蔬菜、水果良好的感官性状。水果中的有机酸以苹果酸、柠檬酸和酒石酸为主，此外还有乳酸、琥珀酸等，有机酸因水果种类、品种和成熟度不同而异。有机酸促进食欲，有利于食物的消化。同时有机酸可使食物保持一定酸度，对维生素C的稳定性具有保护作用。此外，蔬菜、水果中还含有一些酶类、杀菌物质和具有特殊功能的生理活性成分。如蕈类的鲜味、葱类的辛辣味等。

（1）蔬菜　蔬菜指含水分90%以上，可作维生素、无机质和纤维之源的植物。按外观可分叶（白菜、菠菜）、茎（芹、笋）、根（萝卜、薯）、果（茄、瓜）4类，其中也包括各种海菜以及蕈类等。

各类蔬菜的特点如表1-7所示。

表1-7 各类蔬菜的特点

品 名	干品的主要成分	主 要 特 点	备 注
白菜	糖4.4%	富含多种必需氨基酸,维生素C尤多	成分与肉相近,供素食者用
菠菜	蛋白质25%～30%	富维生素C,多种维生素,高铁	与优良的动物蛋白相近
马铃薯	淀粉70%～90%	富色氨酸和有机碱	蛋白质及营养与谷物相近
甘薯	糖/淀粉90%	粗蛋白4%,富纤维素	可作主食代用品
萝卜	粗蛋白17%	富维生素C,淀粉酶	助消化,通气,利便
胡萝卜	糖20%	富维生素A	营养价值高
黄瓜	糖48%	富维生素C	水分达97%,实用水果
茄子	糖61%	必需氨基酸多,富维生素C	
紫菜	蛋白质36%	全为美味的酰胺类、氨基酸,高维(20毫克/100克)	富含碘
香菇	蛋白质40%	富氨基酸,高维生素D	有特殊鲜味,可防癌
黄豆	蛋白质38%	富含卵磷质及少量脑磷脂	人称"豆中之王"、"植物肉"、"绿色的乳牛"
花生	蛋白质33%	含有人体必需的8种氨基酸	富含维生素B及烟碱酸,缺维生素C
芦笋	蛋白质30%～35%	含多种维生素,维生素C达31毫克/100克	含二巯基异丁酸,有抗癌效果
食用菌[①]	氨基酸35%～45%	富含维生素、叶酸和矿物质等	人称"健康食品"、"保健食品"

① 常见的食用菌品种有蘑菇、香菇、平菇、金针菇、鸡腿菇、猴头、竹荪、黑木耳和银耳等。

(2)水果 水果分浆果(葡萄、草莓、凤梨)、仁果(苹果、柿、枇杷、柑橘)、核果(桃、梅、杏、李),约含90%水分,故称水果。主要成分为糖(10%),发热量约200千焦/100克,多数缺脂肪及蛋白质,但含某些特殊营养成分。

各种常见果品的特点如表1-8所示。

表1-8 各种常见果品的特点

品　名	主成分	特　点
苹果、梨	糖（10%）	酶、维生素多，维生素C（4毫克/100克），助消化，耐贮存
草莓	酸（1%）	酯达160多种，无机质多，助消化
柿	糖（15%）	维生素多，维生素C（30～50毫克/100克），贮存后更甜，柿叶中维生素C达200～300毫克
桃	糖（9%）	有机酸多，香，维生素C（10毫克/100克），不耐贮存
葡萄	糖（15%）	酸达1%，维生素C（5毫克/100克），适于酿酒
香蕉	糖（17%），蛋白质（1.3%）	酯多，香，维生素C（10毫克/100克），温度不宜过25℃
柑橘（橙子、柠檬、文旦、柚子）	糖（10%），柠檬酸（2%～9%）	维生素C（80毫克/100克），有一定药用意义
番茄	糖（50%），果胶质（30%）	维生素C（14毫克/100克），番茄红素抗癌，人称美容果

1.4.2.3 硬果类

硬果是指具有坚硬外壳的一类果实（图1-13），包括各种瓜子及果仁。主要品种有花生、西瓜子、南瓜子、葵花子、核桃、杏仁、松子、榛子、栗子、白果、莲子和菱角等，通常为干果。它们均富含蛋白质及脂肪，且多为必需氨基酸和脂肪酸，故营养价值很高。

图1-13 硬果类食品

几种瓜子、果仁的主要成分如表1-9所示。

表1-9 几种瓜子、果仁的主要成分

品　名	糖	蛋白质	脂肪	纤维素	特　点
核桃	19.1	15.4	63.0	9.5	热量2804千焦/100克，色氨酸丰富
栗子	42.2	4.2	0.7	1.7	维生素C（30毫克/100克），锰含量高；可代替谷物
葵花子	19.1	23.9	49.9	6.1	优质蛋白，富钾、维生素E及维生素B_1
南瓜子	13.8	29.4	49	1.7	对于血吸虫病有一定的治疗作用；富泛酸
西瓜子	41.6	19.0	27.4	3.3	富维生素E、硒
杏仁	14.3	21.0	54.9	3.0	富黄酮类和多酚类
松子	17.2	14.6	60.8	1.2	富维生素E、钾、钙

1.4.3 合成食品

前面讲的食物都是天然的。为了解决粮食生产的工业化问题,人们想到了合成食品。目前一般有生物制备和化学合成两种。

1.4.3.1 生物制备

生物制备主要有食用酵母、石油蛋白、微生物油脂等。

(1) 食用酵母 食用酵母是一类微生物,含蛋白质量很高。其主要成分大致为:蛋白质47%~56%、脂肪2%~6%、碳水化合物26%~36%、灰分5%~10%。研究表明,酵母蛋白质含有高等动物和人类所需要的全部必需氨基酸,其中赖氨酸含量较高(6.6%~8.4%),与鱼粉及大豆粉相似。

(2) 石油蛋白 某些微生物以正烷烃或石油为碳源和能源而大量繁殖、产生的菌体蛋白质,称为石油蛋白(质),即某些微生物消耗石油烷烃变成可供人食用和用作饲料的蛋白质。石油蛋白质中一般含蛋白质43%~44%,更高的可达50%以上,大大超过黄豆、花生等植物性食物。据试验,若用石油蛋白质作畜禽补充饲料,每千克石油蛋白质可增产猪肉0.5千克或鸡肉1.5千克,效果很好。

因石油蛋白质利用发酵罐培养发酵,原料易得,条件可控,故意义重大。

(3) 微生物油脂 微生物油脂主要是由多不饱和脂肪酸(Polyunsaturated Fatty Acids,简称PUFAs)组成的甘油三酯。PUFAs主要来源于动植物,也可利用微生物技术生产。PUFAs具有许多生理功能,被广泛应用于食品、医药、化工等领域。

制取方法:由产生油脂的菌体在一定的条件下培育繁殖而成,烘干成干菌体,粉碎后依次进入蒸炒锅、榨油机成为菌饼,转入浸出罐,加有机溶剂,经蒸发、汽提可得毛微生物油脂,再经碱炼、水洗、干燥、脱色、脱溶、脱臭、过滤,即得成品微生物油脂。

1.4.3.2 化学合成食品

对于化学家来说,模仿自然物质、合成各种各样的香精和色素并不难。比如,用醋酸和酒精合成的醋酸乙酯有梨香味,戊酸异戊酯飘散出菠萝香,油酸和香草醛散发出浓郁的奶油芬芳。

然而,生命的物质基础是蛋白质和核酸。在细胞中蛋白质合成需要核酸来编码；核酸的合成和复制，需要蛋白质（酶）来催化。而通常的化学合成无法得到像蛋白质和核酸那样的生物大分子物质，因此蛋白质的人工合成意义重大。1965年，我国化学家成功合成了具有生物活性的牛胰岛素，突破了一般有机分子和生物大分子的界限，也为人工合成食品开辟了道路。

例如，人们可由豆类蛋白质加工制成富有肉味的"植物蛋白肉"。利用植物蛋白或石油微生物蛋白做原料，加工成鸡、鸭、鱼、肉的形状，淋撒点化学香精如鸡味素、鱼鲜精，再涂抹上食用色素，做成以假乱真的"人造佳肴"。可以预料，未来的化工厂里可以源源不断地生产出"人造牛排"或"全素烤鸭"。

1.5 食物的贮存和保鲜

食物的贮存和保鲜既是家庭生活中的重要事项，也是农业以及其他相关行业的一大问题。

1.5.1 食物贮存中的生物化学作用

食物腐败主要原因是氧化作用和微生物作用引起变质和分泌毒素。

1.5.1.1 氧化作用

氧化作用包括大气氧化和呼吸作用。

① 大气氧化 大气氧化是破坏脂肪、糖、蛋白质、维生素的主要因素。

如氧与脂肪作用生成过氧化物。温度、光线及微量金属均会影响脂肪的氧化速度。在100℃以下空气中加热发生的反应为自动氧化；在真空或仅有二氧化碳、氮气但无氧存在下，200～300℃高温生成聚合物；空气中加热至200～300℃会发生热氧化聚合。上述氧化作用除生成二聚体有致癌作用外，还使油脂降解成脂肪酸、醛及烃类化合物（如丙烯醛、甲基戊酮、正丙烷等）而呈各种异味（俗称"变哈"）。

② 呼吸作用 植物类食物如谷物、蔬菜、水果等在存放期间继续其呼吸作用（吸收氧气呼出二氧化碳）而熟化。如减少空气中的氧气与增加二氧化碳的浓度，可抑制蔬菜及果体的呼吸，降低其氧化分解，借以保持其鲜度，称为"充气贮藏法"。往水果上喷洒"乙烯利"（2-氯乙基磷酸铵）水溶液，能加剧水果的呼吸作用，从而具有催熟功效。

1.5.1.2 微生物作用

微生物可分酶和细菌两类。

① 酶解 指食物在酶作用下的分解现象。生物体中本来含有多种酶（蔬菜中尤多），如氧化酶、过氧化酶、酚酶等，特别是维生素C氧化酶分布甚广，易使维生素C氧化失效，导致物质腐败。如屠宰或贮藏甚至加工后，即使无任何外来微生物感染，肉类也会因本身的动物酶作用而变质，其适宜温度为40℃。因这种脂解酶在-30℃仍有活性，故肉、油脂即使冷藏仍可变质。大米中亦含此酶，久存后其脂肪酸分解，出现陈米特有之味。蔬菜和水果的腐烂原因主要是植物酶作用下发生酵

解所致。在 50～60℃下，糖酵解通常生成酸，称为酸败。蛋白质酵解时氨基酸分解成胺类、酮酸、硫化氢等，气味难闻且有毒。

② 细菌作用　在合适的湿度（10%～70%）、温度（25～40℃）和pH值条件下，细菌迅速繁殖。危害食物的细菌主要有各种霉菌，它们附着于受体上，长成绒毛状物，并分泌各种酶，可溶解蛋白质、纤维素等。因此细菌除损坏食物外，还使衣物、书籍等发生霉变。除产生异味、生蛆、发馊变质，使衣物虫蛀成粉外，还可分泌毒素如黄曲霉素、赫曲霉素，导致各种病变。

1.5.2　贮存的一般方法

食物保存和防腐的主要原则如下。

① 阻止腐蚀剂的作用　腐蚀剂通常是大气、灰尘、水分、盐及各种化学药品。

② 防止细菌作用　办法是阻挠微生物细胞膜透过食物或营养素，使细菌饿死。设法干扰其遗传机制，抑制细菌繁殖；阻挠细菌内酶的活性，停止代谢过程；清除菌源，杀灭细菌。

1.5.2.1　物理方法

① 低温冷藏　大多数病菌和腐败菌均属嗜中温（10～60℃）类，10℃以下繁殖速度和活性均降低，0℃以下一般已无力分解蛋白质和脂肪。急速冷冻效果更好，如速冻至-30℃，啤酒酵母存活率仅0.0017%，而缓冻至相同温度则为46.4%。

② 高温杀菌　通称巴氏灭菌法，即在60～70℃处理20分钟或80～90℃处理1分钟，杀菌率均达99.9%。

③ 脱水或干燥　细菌繁殖需要水分，对于细菌、酵母、霉菌，食物中水含量应分别控制在10%、20%、30%以下，奶粉、干鱼、干菜、干果、粮食和面粉均应如此。

④ 辐射杀菌　用源强为2万克镭当量的^{60}Co，剂量为2兆伦琴（1伦琴＝2.58×10^{-4}居里/千克），灭菌效率达100%。

⑤ 提高渗透压　用盐腌、糖渍，可使微生物脱水而亡。如腌肉、蜜饯等。

⑥ 密封罐装　在加热杀菌后再密封罐装，防止再与空气中其他细菌接触，有些罐头肉可保存一个世纪以上。

1.5.2.2 化学方法

化学方法是用加入化学药品或通过化学加工来达到保鲜或贮存的方法。如前所述的盐腌、糖渍，以及酸渍和烟熏、窖藏都可算是化学保藏方法，因为它们实际上就是利用盐、糖、酸及熏烟、CO_2 等化学物质来保藏食品的。主要方法有如下几种。

（1）防腐剂　亦称保存剂、抗微生物剂、抗菌剂，应用于食物贮存时，其效果随食品之pH值、成分、保存条件而异。通常微生物在pH＝5.5～8.0最易繁殖，故加入适量酸使pH低于5。防腐剂可分为杀菌剂和抑菌剂。杀菌剂和抑菌剂的最大区别是，杀菌剂在其使用限量范围内能通过一定的化学作用杀死微生物。抑菌剂是使微生物的生长繁殖停止在缓慢繁殖的缓慢期，起到"静菌作用"。常用的防腐剂有硼砂（粽子、虾类的防腐）、甲醛（同时具防腐、漂白作用）等。

防腐剂又可分为无机类和有机类两大类。

常用的无机防腐剂有漂白剂［兼有去色和杀菌作用，如亚硫酸盐、过氧化氢（0.3％溶液）、溴酸钾、过氧化二苯甲酰、过硫酸铵、二氧化碳等］和保色剂（以硝酸盐及亚硝酸盐为代表，包括硝酸钾、硝酸钠和亚硝酸钾、亚硝酸钠等）。其中保色剂兼有护色和防腐双重作用。硝酸盐和亚硝酸盐均能使肉制品呈现鲜红色泽，易与血红素结合，降低红血球携氧能力。过量摄入亚硝酸盐易在体内形成亚硝胺（致癌物）。我国规定硝酸钠和亚硝酸钠只能用于肉类罐头和肉类品，最大使用量分别为0.5克/千克和0.15克/千克。

常用的有机防腐剂有苯甲酸及其盐、对羟基苯甲酸酯、山梨酸及其盐等三类，其毒性大小为：苯甲酸类＞对羟基苯甲酸酯类＞山梨酸类。苯甲酸又称安息香酸，因其在水中的溶解度低而不直接使用，实际生产中大多数是使用苯甲酸钠、苯甲酸钾两种盐。苯甲酸及其盐类最适宜在pH值为2.5～4.0时抑菌。苯甲酸进入机体后，大部分在9～15小时内，可与甘氨酸作用生成马尿酸，从尿中排出，剩余部分与葡萄糖化合而解毒。对羟基苯甲酸酯的适用的pH值范围为4～8。该防腐剂属于广谱抑菌剂，对霉菌和酵母作用较强，对细菌中的革兰阴性杆菌及乳酸菌作用较弱。山梨酸及其盐类是使用最普遍的防腐剂。一般用于鱼类食品和糕、酒食品。山梨酸、山梨酸钾都能参加人体正常的新陈代谢，对霉菌、酵母和好气性细菌均有较强的抑制作用。山梨酸及其钾盐和钙盐的抗菌力在pH值低于5～6时最佳。

其他有机防腐剂还有丙酸的钠盐及钙盐、乙醇、己二烯酸、去水醋酸及丙酸、富马酸二甲酯和单辛酸甘油酯等。

（2）抗氧化剂　它能够阻止或延迟食品氧化。动植物原体中常含天然抗氧化剂如没食子酸、抗坏血酸、黄色素类以及小麦胚芽中的维生素E、芝麻油中芝麻油酚、丁香酚等。常加的人工抗氧化剂有抗坏血酸及其钠盐（广泛用于啤酒、无醇饮料、果蔬食品、肉制品）、丁基羟基甲苯（BHT）、丁基羟基甲氧苯（BHA）、没食子酸丙酯、维生素E等。其中维生素E即生育酚，它是目前国际上唯一大量生产的天然抗氧化剂，但价格较高。加入柠檬酸、磷酸、酒石酸、EDTA等配合剂可抑制微量金属对氧化作用的催化性能。

（3）脱氧剂　脱氧剂又称为游离氧吸收剂或驱除剂。当脱氧剂随食品密封在同一包装容器中时，能通过化学反应吸除容器内的游离氧及溶存于食品的氧，并生成稳定的化合物，从而防止食品氧化变质。同时利用所形成的缺氧条件也能有效地防止食品的霉变和虫害。脱氧剂不直接加入食品中，而是在密封容器中与外界呈隔离状态，吸除氧和防止氧化。目前在食品贮藏上广泛应用的有特制铁粉、连二亚硫酸钠和碱性糖制剂三类。其中特制铁粉由特殊处理的铸铁粉及结晶碳酸钠、金属卤化物和填充剂混合组成。脱氧作用机理是铁粉与水、氧等腐蚀介质发生电化学和化学反应，生成的铁的氧化物和氢氧化物同时消耗了氧气。

1.5.3　贮存办法

1.5.3.1　谷类

谷类在贮存中因氧化、呼吸、酶作用而发生各种变质。

脂解酶能分解稻米中脂肪而释出酸，该酸包藏于螺旋构造的直链淀粉中，阻碍米吸水，蒸饭时淀粉粒细胞膜不易破裂，故陈米粗硬。过高的水分促进呼吸与发热及虫害。谷温15℃，水分14％以下，可抑制害虫繁殖，而超过20℃则不会抑制。粗米在10℃以下的干燥处密封贮存，可数年不变，但精制白米则难以久存。小麦的显著特点是蛋白质含量高于其他谷物，且主要为麸蛋白（主成分为麸胺酸），放置适当时间后因氧化而成团。故小麦贮存切忌受潮。

1.5.3.2 肉、乳、蛋类

肉、乳、蛋类即荤食类，其特点是蛋白质及脂肪含量高，贮存时易发生细菌作用和酵解。

肉类贮藏的主要问题是控制腐败细菌的活动。通用的方法是酸化（如醋泡猪蹄、香肠等）、排除空气（或充二氧化碳、氮气包装，以防氧化）、干燥（烘干、风干、速冻以降低水分）、腌制（盐渍、糖渍）、辐射等。还有用芥末油、大蒜汁涂抹鲜肉（大蒜素有效抑菌）。

鱼贝及其他动物的贮存应先去除内脏，然后尽快冷冻。鲜鱼在 0～1℃可保存 1～2 个月，深度冷冻（-9～-18℃）可达数月至半年。

奶及乳制品极易变质。鲜奶 1～2℃可保存 1～2 天，酸奶 0～1℃可保存 3～5 天。家庭贮存奶时应在避光下及时冷藏，容器要密封（防溶解异味）。奶粉打开后应保持干燥、凉爽并迅速密封，如因吸湿而结块，则不能直接冲服，而应煮沸。

蛋在低温（0℃，湿度75%～80%）下冷藏可达1年，但出库后易腐，应在1周内用完。浸入3%硅酸钠溶液或石灰乳中，可保存5～8个月，因该碱性溶液可杀菌，且蛋呼出的二氧化碳可堵住壳面气孔受保护。涂凡士林或石蜡等盖住气孔，再冷藏可防止水分损失及外界细菌侵入。用草木灰、稻壳等覆盖，置于通风良好的阴凉处，亦可保存1个月。于二氧化碳或氮气氛下冷藏，可长期存放。二氧化碳降低pH值防止蛋白质自消化。

1.5.3.3 蔬菜、水果类

蔬菜、水果通用的存放办法是在10℃以下保干（因10℃以下酶及细菌活动减弱），但随物而异。如：马铃薯贮存的适宜温度为7～8℃，湿度85%～90%，两者过低、过高均易发芽而霉变（生成一种微苦配糖物茄碱）。碰伤后易变色，那是因为所含的酪氨酸、绿原酸等受氧化酶作用或与Fe^{3+}作用之故。还可导致"空心"、"黑心"或"内部黑斑"，是由于收获期过早或日光曝晒所致。甘薯贮存中的最大问题是黑斑病。由黑斑菌从伤口侵入寄生虫而得，斑的组成是多酚类物质积累后经氧化产生的聚合物。克服办法是保温32～35℃及湿度90%经4～6天，使伤口及表皮干燥收缩，然后在10～15℃下贮藏于地窖。香蕉在11～14℃可较久存放（2周）；超过25℃，果肉软黑；温度过低，亦易变质；香蕉剥皮后深度冷冻（-10℃）存放可达数周。

柿子可冰冻或在10～15℃时窖藏脱涩。其涩味来自以无色花青素为基本结构的配糖物，易溶于水。成熟后气化或聚合成为不溶于水的物质而失去涩味。其他脱涩法还有温水浸（40℃水浸10～15小时）、酒浸（40%酒喷洒，密封置于暖处5～10天）、干燥（剥皮后悬置阴干）等，旨在使花青素挥发或溶解。还有气体法，如将生柿置于含50%二氧化碳的容器内数日可去涩，也可置于含0.1%乙烯的容器内催熟。

1.5.3.4 茶及中草药

茶宜先在通风处干燥后分装于铁盒中。如已发霉，可干炒后复原。亦可置于底部放有石灰的坛内，用布或铁丝网等与石灰隔开，利用石灰的吸湿性和杀菌作用以长期贮存而不变质。

人参、西洋参、当归、枸杞子等名贵药材，由于含糖、蛋白质较高，易受潮、发霉、虫蛀。通常先阴干，再装入广口瓶内密封于4℃时保存。亦可在小坛内装入2/5的生石灰，然后将药材用纸或布包严捆绑后吊在瓶中。

枣子、桂圆等食品的保存可置于缸中，在底部已放一层食盐的布上散开，再隔布放盐，如此交替存放，耗盐量约为食品的10%。由于细盐实际上弥漫于整个缸，酵母、细菌等难以繁殖。也可以在远红外干燥箱内于30～40℃烘烤40～48小时，取出后存放于冰箱内。由于在红外线照射下，产生分子转动，使微生物细胞变性，从而达到干燥防腐的目的。在阴凉处晾干后，喷约3%～5%的乙醇密封，因乙醇可渗入微生物细胞膜内而使细菌和病毒细胞死亡。

第2章 烹饪与化学

  我国人民的饮食习惯十分重视烹饪和食品加工，其中含有丰富的化学知识。本章主要讨论厨房中的化学知识、烹饪过程及有关炊事中的化学问题。

2.1 厨房化学概述

2.1.1 厨房用品

2.1.1.1 锅

图2-1 锅

随着社会的发展，各种油烟少、耗油省、易清洗的新锅具不断涌现（图2-1）。如煮饭锅、炒菜锅、蒸锅、高压锅、平底锅等。从制造原料来看，有铁锅、铝锅、不锈钢锅、陶瓷锅、砂锅、不粘锅等。

古代人用铜锅烧水做饭。铜有美观、传热能力强等优点，也有价格较贵、易产生铜绿、会破坏食物中的维生素C等缺点。后来，铁锅取代了铜锅。生铁又硬又脆，熟铁软而韧。铁锅具有价格便宜、保温性好和对防治缺铁性贫血有辅助作用等优点，也有笨重、易锈、传热性差、外观不佳等缺点。铁锅、铁铲在加热翻炒、相互摩擦、碰撞中容易产生细铁末，或被汤汁溶解，或在胃酸的作用下转变成铁盐。市场上的"不锈铁锅"，经超微晶化表面处理后形成不锈层，常温下能有效阻隔铁与氧接触而不生锈。而在烹饪过程中，不锈层受热膨胀，铁离子从锅体中渗透而出。这也许是既可补血又杜绝铁锈疾病的安全补铁方案。

无烟、无废气、无明火的电磁炉虽然简单实用，但其本身的辐射却让人们怀有顾忌。电磁炉专用锅具以铁和钢制品为主。这类铁磁性材料会使加热过程中加热负载与感应涡流相匹配，能量转换率高，相对来说射线外泄较少。

和铁、不锈钢相比，铝的传热本领强，既轻盈又美观。铝是活泼金属，它很容易和空气里的氧化合，生成一层透明、致密的铝锈——三氧化二铝（Al_2O_3），保护内部不再被锈蚀。铝合金是在纯铝里掺进少量的镁、锰、铜等金属冶炼而成的，抗腐蚀本领和硬度都比纯铝高。用铝合金制造的高压锅、水壶，质量比纯铝制品好。近年来，市场上出现了电化铝制品。这是铝经过电化学阳极氧化，加厚了表面的保护层，同时形成疏松多孔的附着层，可以牢牢地吸附住染料。这种铝制的饭盒、饭锅、水壶等表面可以染上鲜艳的色彩,从而更加惹人喜爱。因为铝盐有毒,所以使用铝锅时需小心。在铝锅里存放菜肴的时间不宜过长,尤其不要用来盛放醋、酸梅汤、碱水和盐水等。若用铝锅煮茶水会溶出较多的铝,原因是由于茶中含有较多的氟,易与铝形成可溶性的氟铝配合物。正常自来水中含氟量大约是1毫克/升,往这种自来水中加柠檬酸调成pH=3的水溶液在铝锅中煮沸10分钟,将溶出200毫克/升的铝,为无氟时的1000倍。番茄中的维生素C、糖醋鱼中的醋都呈酸性,均会加重铝的溶出,所以不宜用铝锅来烹制。

不锈钢的优点是耐腐蚀、耐高温、续热保温性好。不锈钢餐具上常标有"13-0"、"18-0"、"18-8"三种代号。前面的数字表示铬含量,后面的数字则代表镍含量。三价铬和镍都是人体必需的微量元素,但过量有害,而六价铬则是致癌物。为防重金属对人体的危害,使用不锈钢产品应注意:① 不可烹饪酸、碱性食物,以免溶解较多的金属元素,对人体健康造成危害;② 不宜久放醋、盐、酱油、菜汤等,以免电化学腐蚀,破坏炊具,污染食物;③ 切忌用不锈钢餐具来煮煎中草药。中草药中大都含多种生物碱、有机酸等成分。在加热时,很难避免与之发生化学反应而使药物失效,甚至生成毒性更大的物质。煎中草药还是用惰性的陶瓷锅为好。

不粘锅之所以不粘,全在于锅底的那一层叫"特氟龙"的涂料。特氟龙(Teflon)是美国杜邦公司研发的所有氟碳树脂的总称,包括聚四氟乙烯、聚全氟乙丙烯及各种共聚物。其有独特优异的耐热(180~260℃)、耐低温(-200℃)、自润滑性及化学稳定性。制造特氟龙的主要原料全氟辛酸铵(PFOA)可能对人体有害。虽然此物质在成品中已无痕迹,但是当温度达到260℃时仍可能出现,超过340℃时会发生明显分解。此外,特氟龙在高温下还会释放出十几种有害气体。通常炒菜时,温度不会达到260℃;若是烹制煎炸食品,锅的温度可能就会超过260℃。消费者在使用不粘锅时,应用低火至中火,严禁干烧。仿生不粘锅是在模仿生物(荷叶、蜣螂等)体表结构和不粘行为的基础上,对锅表面进行改形和改性,降低表面张力,提高表面疏水性,实现不粘锅的不粘性能。

陶瓷锅曾被认为是无毒餐具,但近年来也有长期使用陶瓷锅导致慢性中毒的报道。这是由于有些瓷器餐具的漂亮外衣(釉)中含有铅,如果烧瓷器时温度不够或者涂釉配料不符合标准，就可能使瓷锅表层含有较多的铅。所以，应尽量避免使用内壁表层有彩釉的陶瓷锅。

锅的安全使用：① 锅具使用完后及时清洗，建议使用中度洗洁剂，用质地柔软的洗碗布清洗，少用钢丝球、强碱性和强氧化性的化学药剂（如碱水、苏打和漂白粉等）或硬质百洁布清洗锅具，以免造成划伤；洗完锅后应擦干水迹，保持其清洁光亮；② 盛放食物或水不要过夜；③ 金属类锅若有轻微锈迹可用些食醋擦洗；④ 做不同的菜，用不同的锅；⑤ 不要突然冷却处于高温中的锅，以免缩短使用寿命；⑥ 发现家里的锅腐蚀严重，就要赶快把锅换掉；⑦ 提倡几种锅定期轮换使用，如3个月交换一次，切忌长年累月使用同一种锅。不用时将炊具涂上油膜、烘干后置凉爽通风处。

2.1.1.2 点火用具

图2-2 火柴

厨房中点火，以前常用火柴（图2-2），现在多用打火机或电子点火装置。

1855年，瑞典人用红磷代替白磷制造出了世界上第一盒安全火柴。在火柴盒外侧涂上红磷，火柴头上有氯酸钾和三硫化二锑两种引火药。借助火柴头与红磷的摩擦生热，先是使擦下的红磷粉末着火，引燃三硫化二锑，再由氯酸钾受热分解放出氧气使燃烧更旺。火柴杆用松木或白杨木做成，前端又浸透了石蜡和松香，使火柴头擦着后能及时烧到火柴杆而延长发火时间。点燃火柴的关键因素是红磷的低燃点及无毒性，加上其他物质的协同作用。

打火机或点火装置点火的原理与火柴相似。打火时，手指按下按钮，带动齿轮摩擦火石（主要成分是电石、金属镧和铈），迸射出火花，引燃易燃气体（主要是丁烷）。

2.1.1.3 燃料

家庭使用的燃料有固体、液体或是气体，都是易燃的碳或碳氢化合物。

木柴以及稻草、劈柴、秸秆等农牧业废弃物是人类最早使用的燃料。生物质可以理解为由光合作用产生的所有生物有机体的总称，包括植物、农作物、林产物、海产物（各种海草）和城市垃圾（纸张、天然纤维）等。生物质能源的特点是可再生和环境友好。近几十年来，人们对生物质能源的利用大体分为两个方面。

① 由含糖类较多的作物中提取酒精或甲醇，如巴西的香胶树（亦称石油树），每株年产50千克左右与石油成分相似的胶质。美国西海岸的巨型海藻，可用以生产类似柴油的燃料油。

② 制造沼气。沼气是有机物（如农作物秸秆、杂草、淤泥、人畜粪便等）在一定条件下，经微生物发酵而产生的一种可燃性气体，其中含60%～70%甲烷。从能源利用角度看，由有机废物制备沼气是提高能量利用率和清洁环境的有效手段。

煤（图2-3）是由古代的植物变来的。大量的蕨类、植物死亡后，遗体沉进水里，深埋地下，由于厌氧菌的作用和地壳的起伏运动，使氢、氧、氮的含量慢慢减少，碳的含量相对增加，植物遗体就逐渐变成了泥炭、褐煤、烟煤，以至无烟煤。泥炭和褐煤的含碳量比较低，变成烟煤以后，碳

图2-3 煤炭

的含量上升到80%，无烟煤的含碳量高达95%左右。燃烧1千克无烟煤可以获得30000多千焦的热量，是1千克木柴发热量的2倍多。由于煤是重要的化工原料，所以用煤做燃料是很大的浪费。况且，烧煤做饭，热量四散，燃料利用率很低。将煤"干馏"就可得到煤气，同时又得到了焦炭、煤焦油和氨气。

煤气的主要成分是一氧化碳和甲烷（又称天然气或沼气）。用煤气做燃料既方便又安全。现在大多数城市使用液化石油气，那是炼油厂的副产品——丙烷和丁烷的混合气。为了便于运输，人们把气体压缩成液体，贮存在结实的钢罐里。有的直接用管道输送到居民家的厨房，要用就开，要停就关，非常方便。

2.1.2 厨房安全

2.1.2.1 燃烧与灭火

（1）燃烧原理 燃烧的化学原理就是燃料中的碳或者碳的化合物与空气里的氧气之间发生了剧烈的、放热发光的化学反应。燃烧反应的化学机制是链式反应。链式反应是在引发可燃物生成自由基后产生并得以维持的。例如天然气中的甲烷和空气中的氧混合并点火（即引火），可

产生自由基H、O、OH等。自由基是含有未成对电子的电中性实体，有很高的反应活性，并在与别的分子反应时会产生新的自由基，即形成自由基转移——燃烧链。

产生自由基的方法有光照（光化学反应）、电子转移（常温氧化还原反应如塑料老化、油脂酸败）及热裂等，其中热裂（即点火）用得最多。就是把化学键能较低的物质在日常的温度（50～150℃）下分解为活性物以引发自由基。这类物质都是着火点（或称燃点）低的物质，如白磷（40℃）、硫化磷（100℃）、打火石（一种含铈、镧的合金，150℃）、三硫化锑（195℃）等，它们构成火柴的主要材料，在轻微摩擦下即能着火。大多数的有机物燃点都较低，容易燃烧。常见的易燃物有乙醚（30℃）、纸张（130℃）、棉花（150℃）、草（200℃）、松木（250℃）、木材（190～266℃）、涤纶（390℃）、泡沫塑料（400℃）等。燃着的香烟蒂表面温度达300℃、中心温度达700～800℃，是构成火灾的严重隐患。

要使火烧起来，必须有氧气或氧化剂与可燃物共存。以煤气为例，当空气供给不当时会发生飘火、脱火及回火现象。飘火指火焰的上部出现黄色亮光的无力飘焰，这样的燃烧不充分，应加大通入空气量。脱火指煤气火焰悬空，而且发出吼声，原因是空气量太大，煤气压力太高或火口周围风太大，应予适当调整。回火指火焰缩进火眼，其原因是煤气压力太低，燃烧器内的油污太多或燃烧管道内温度太高。

液化气不完全燃烧会生成炭的小颗粒和有毒的一氧化碳。气体燃料和空气容易混合，相比之下，固体燃料（如煤或煤制品）更容易发生不完全燃烧。为了使煤充分燃烧，工业燃煤的炉子一般都要用鼓风机。农村的柴灶烟囱里有时会冒出火苗，这是由于炉膛里柴太多，而空气不足，不完全燃烧产生的一氧化碳从烟囱逸出，接触空气而燃烧起来的结果。有时烟囱口还会出现火星飞溅，这是逸出的小炭粒燃烧时的闪光。

（2）化学灭火　发生燃烧反应，必须满足三个条件：可燃物、空气或氧气、温度达到该可燃物的着火点。灭火的原理就在于破坏燃烧的条件，使燃烧反应停止。

图2-4　灭火器

灭火器（图2-4）有多种，如泡沫灭火器、二氧化碳灭火器、1211灭火器、四氯化碳灭火弹等。

泡沫灭火器的钢筒里分装着碳酸氢钠、硫酸铝和发泡剂等化学物质，使用时把灭火器倒立过来使里面的化学物质充分混合而发生化学反应，产生大量二氧化碳气体和泡沫。二氧化碳气体比空气重，它既不能燃烧又不助燃，可以降低可燃物周围或防护空间内的氧浓度，产生窒息作用而灭火。二氧化碳灭火器钢瓶内装着液态二氧化碳，救火时一开阀门，二氧化碳会由液体迅速汽化成气体，而从周围吸引部分热量，起到冷却作用。1211灭火器体积小巧，使用方便，很适宜居民家庭使用。内装二氟一氯一溴甲烷。这种物质在高温下能分解产生自由基，参与燃烧反应而中止燃烧，是典型的化学抑制法灭火。四氯化碳灭火弹里装的是四氯化碳，一般适用于居民住宅或单位。常温下的四氯化碳是液体，一旦靠近火焰很容易变成气体。它比同体积的空气重得多，且能紧紧地包围住火焰而隔断氧气。因四氯化碳不导电和不污损室内陈设，故尤其适用于电线、电器着火时的扑救。

2.1.2.2 煤气中毒

煤气中毒，轻者头晕心慌、四肢无力；重者昏迷不醒，呼吸微弱，抢救不及时甚至可能死亡。煤气的有毒成分是一氧化碳，主要来自灶具或火炉中的不完全燃烧。一氧化碳无色、无味，可使人不知不觉地中毒。它被人吸入后，透过肺泡进入血液，抢先和负责输送氧气的血红蛋白牢牢结合（CO对血红蛋白的亲和力比O_2大250倍），使之丧失和氧结合的能力。断绝了氧气的供应，人就会头晕心慌，昏迷不醒，甚至死亡。空气中一氧化碳的含量达到万分之几时，人就会中毒。

煤气里的一氧化碳（CO）、甲烷（CH_4）或者氢气（H_2）等主要成分都是无色无臭的气体，液化石油气中丙烷、丁烷、丙烯、丁烯等主要成分虽有点汽油味，也并不臭。为什么管道煤气或液化石油气都有一股难闻的臭味呢？那是人们特意掺进了少量臭得出奇、对人的嗅觉非常敏感的醇硫充当报警员，以便及时发现漏气并采取措施，防止发生爆炸、火灾和中毒事故。

2.1.3 避免菜肴营养素破坏和清除残留农药的方法

2.1.3.1 减少菜肴营养素破坏的主要措施

① 蔬菜要先洗后切，切好即炒，炒好即吃。蔬菜土生土长，沾附

着泥沙、粪便、病菌等污物。洗菜时有水的机械冲刷作用，也有溶解作用。蔬菜的汁液里，含有宝贵的维生素和矿物质等营养成分，其中不少物质很容易溶解在水里。菜切碎了再洗，会损失许多营养成分，而且污物沾染到切口上，更难洗干净。蔬菜若切得过碎，会加快B族维生素、维生素C、胡萝卜素及脂肪酸被空气氧化。熟菜放置过久，其中营养素也会遭受损失（如放置2小时，营养素损失14%）。

② 适当用点醋。烹调蔬菜时放一点醋，不但味道鲜美，还能保护维生素C，因为维生素C在酸性环境中不易被分解。

③ 烹调时，宜旺火、急炒、快盛。这样可以充分保存食物中的维生素C等易损耗成分。

④ 少用碱。在食物的加工过程中加些食碱，虽可使食物酥软，但会破坏蛋白质的内部结构，还会造成维生素、脂肪酸的损失。

⑤ 挂糊上浆。挂糊上浆可以减小不耐热、易氧化的营养素的损失。淀粉蛋白经高温脱水形成糊精，这样对烹调原料形成保护层，使营养素不易溢出。同时原料不会因高温使蛋白质变性太甚，又可使维生素少受高温分解破坏。这样的菜肴鲜嫩，营养素保存较多。

2.1.3.2 清除蔬菜瓜果上残留农药等有害物质的简易方法

① 浸泡水洗法　蔬菜污染的农药品种主要为有机磷类杀虫剂。因有机磷农药一般难溶于水，故用水洗法不能彻底除净。但水洗是清除蔬菜水果上其他污物和去除残留农药的基础方法。一般先用水冲洗掉表面污物，然后用清水浸泡（不少于10分钟）。浸泡时可适量加入果蔬清洗剂，以增加农药的溶出效果。浸泡后再用流水冲洗干净。

② 去皮法　削皮是一种较好的去除瓜果表面残留农药的方法。处理时要防止与未处理的蔬菜瓜果混放而再次污染。

③ 贮存法　农药在环境中随时间缓慢地分解为对人体无害的物质。对易于保存的瓜果蔬菜可存放一定时间，不要立即食用新采摘的未削皮的水果。

④ 加热法　氨基甲酸酯类杀虫剂随着温度升高，分解加快。所以对一些其他方法难以处理的蔬菜瓜果可通过加热去除部分农药，常用于芹菜、菠菜、白菜、青椒、菜花、豆角等。先用清水将表面污物洗净，放入沸水中2～5分钟捞出，再用清水冲洗干净。

第 ❷ 章 烹饪与化学

2.2 烹饪基础知识

烹饪化学是从普通化学和食品生物化学中衍生而来的一门年轻的学科，主要研究烹饪原料的化学成分和烹饪过程中相互反应和变化的化学现象，是进一步了解烹饪加工制作和烹饪营养卫生的重要基础。简单地讲，所谓烹饪就是指烧饭做菜，后者即烹炒调制蔬菜，又称为烹调。

2.2.1 熟食的作用

熟食在人类进化上具有重要作用。熟食缩短了消化过程，扩展了食物的品种（由野果到肉类），促进了人的体力和智力的形成和发展，尤其是对脑髓的影响更大。熟食的作用主要有分解、解毒、杀菌和提味4点。

① 分解　把食物烧熟，主要是将原来的大分子转化为较小的分子，使体内的消化和吸收容易进行。所谓"熟"，是凭经验判定的，指没有"生"感，达到可以食用的程度。

② 解毒　加热可分解某些食物中的有害物质，如大豆和鸡蛋中的抗胰蛋白酶（它妨碍人体内胰蛋白酶的活动）、杏仁中的氰化物等。

③ 杀菌　一般食物尤其是蔬菜中带有由于肥料及存放时引入的病原体、寄生虫卵及各类细菌，虽经洗涤也未能除净，而加热煮沸3～5分钟，均可全部杀灭。尤其是消化道传染病菌，必须加热消除。

④ 提味　通过加热改善色、香、味，生成新的更富营养的化合物，提高食品的质量。

2.2.2 烹饪的方法

烹饪的方法随食物的品种（主食或副食，肉或蔬菜）及食用要求而异，主要有湿法和干法两种。各色菜肴如图2-5所示。

2.2.2.1 湿法烹饪

湿法烹饪是煮、蒸、焖、炖、煨及氽等的总称。其中煮、蒸、焖主要用于主食如米、面的加工，也适于肉、鱼的烹调。湿法烹饪的特点是火小、水多、时间长。比较富特色的有如下几种。

① 文火缓烧　先把食物（如肉）浸没在放好调料的冷水中徐徐加热，肉汁、脂肪和蛋白质从肉的表面逐渐渗出，得到的肉较烂，汤里的

图2-5　各色菜肴

营养比较丰富。如武汉的八卦汤（以甲鱼或乌龟为主要原料）是这类烹调方式的名品。

②氽、焯、涮　共同点是先把汤烧开，再投入食物。这样可使食物表面上的蛋白质凝固，将大部分脂肪、蛋白质保存在内部。氽的特点是原料下锅时间短、汤汁清淡、食品脆嫩、味道爽香。焯相对于氽而言加热时间较长，一般达到八九成熟，多用于蔬菜。用于肉食时称为涮，要求刀工好、切得薄，如北京的涮羊肉。

③红烧　在烧制肉、鱼等食品时，为适当增加汤的稠度，将水分用小火（85℃左右）加热慢慢蒸发收汁，使汤汁浓稠、色泽红棕、味道醇美。

2.2.2.2　干法烹饪

干法烹饪包括烤、烧、熏、煎、炒等。其中烤常用于面食（如烤面包和烧饼）。各种干法烹饪除通用于鱼、肉外，也用于蔬菜的烹制。其特点是火大（称为武火）、水少、时间短。先用油和调料炸锅后，放入菜肴迅速翻动。蛋白质、脂肪和无机盐大部分留在菜内，只有小部分进入汤汁，但维生素有些损失。干烧应注意防焦。因肉在烧焦后，蛋白质中的色氨酸分解，可引起食物中毒。所以烧焦的菜肴不宜吃。此外，火若太大油中会出现怪味，这是由于温度太高时，由脂肪水解生成的甘油分解成丙烯醛（军事上用作催泪瓦斯）挥发之故，有毒性。

2.2.2.3　微波加热法

微波加热法的特点是不用炉火或电热，而用微波作热源。微波是一种不会导致电离的高频电磁波，可被封闭在炉箱的金属壁内，形成一个类似小型电台的电磁波发射系统。由磁控管发出的微波能量场不断转换方向，像磁铁一样在食物分子的周围形成交替的正、负电场，使其正、负极以及食物内所含的正、负离子随之换向，即引起剧烈快速的振动或振荡。当微波作用时，这种振荡可达每秒25亿次，从而使食物内部产生大量的摩擦热。最高可达200℃，4～5分钟内可使水沸腾。其加热温度、快慢及均匀性由食物本身的特点决定，对含糖、油脂量较高的食物效率高。作用深度为2～2.5厘米，食物大小一般不宜超过5厘米。微波从各表面、顶端及四周同时作用，所以均匀性好。

陶、瓷、硬纸、塑料、玻璃等容器均可作为微波加热器皿，它们本身不受热。铝、不锈钢及其他金属或某些塑料容器，反射微波，引起火花飞溅而且器皿变热，所以不能用以加热食物。有些食品的包装材料中含有一层金属膜，也不能直接用微波炉加热。

2.2.3 刀法与火候

烹饪技术非常讲究刀法与火候，其中不乏化学道理。

熟练的厨师操刀，把整块的瘦肉飞快地切成丝，多长、多宽、多厚，都有一定的分寸，均匀、整齐。不同的菜，块是块，丝是丝，片是片，斜刀、连花，都有讲究。在炉灶上，厨师掌握火候，争分夺秒，几翻、几颠、几铲，都恰到好处。烧、煮、爆、炒，各是各味。该"嫩"的要嫩，该"酥"的酥透，该"脆"的松脆，"不到火候不揭锅"。在烹调过程中根据原料的性质、加工的形状、环境的条件、烹调方法、菜肴的质量要求以及地区人们饮食习俗不同，确定火力大小及成熟长短的方法叫火候的掌握（见表2-1）。

表2-1　常用火候与效果

名称	形态	颜色	亮度	温度	应用
旺火（急火）	火焰全部升起	黄白色	光度耀眼	热度逼人	急速烹制菜肴，能使菜肴脆嫩爽口，如爆炒、烹、氽、蒸
中火（武火）	火焰高而稳定	黄色	光度明亮	有焦灼感	快速烹制菜肴，使菜肴鲜脆软嫩。如炸、熘、蒸等
小火（文火）	时而上下跳动	黄红色	光度发亮	热度较高	速度稍慢的烹制菜肴，使菜肴酥软入味，如煎等
微火（慢火）	小而时起时落	蓝紫色	光度发暗	热度较小	速度最慢，适合煨、炖等

众所周知，一块冰糖在水里溶解的速度比一匙绵白糖慢得多。如果预先把冰糖研磨成粉末，溶解就快得多。糖或盐的颗粒大小，其差别主要是表面积的不同。蔬菜和肉切成细丝，增大了和水接触的表面，营养物质容易溶解到水里去，一些化学变化也容易进行。炒肉片比炒大块肉快，也是因为表面积增大，受热机会多的缘故。化学反应的速度和物质互相接触的表面积大小有密切的关系。化学中有一种解释化学反应速度的理论叫做分子碰撞理论。单位时间、单位体积内反应物质之间碰撞机会越多，反应速度就越快。

生活 化学

温度是化学变化的重要条件之一。提高温度往往会加快溶解和化学反应的速度。例如，面条只有在开水里才能煮熟。烧水时，常压（101325帕）下水开的温度是100℃。炖肉时，烧开后改用文火，维持沸腾。性急用猛火，并不能使肉提前炖熟。若采用高压锅，水的沸腾温度可≥120℃，因此能大大缩短炖肉时间，能将常压下难炖的筋、骨等炖烂。油炒、油炸的最高温度可达200～300℃，在油锅里炒肉丝，速度要快，以免烧焦。在青藏高原的高山上烧开水，温度升到80～90℃水就沸腾了。这种条件下，做米饭需要用高压锅。锅中的温度与炒拌也有关系。炒拌可以使食物受热均匀，但过分炒拌会使锅中的温度降低，并增加食物与空气中氧的接触，导致食物中维生素C氧化。所以炒拌一下后加锅盖是必要的。一可防止降低锅温，二可减少维生素氧化而降低营养价值。

反应时间也是化学变化的重要条件之一。煮鸡蛋一般以开锅7～8分钟（大个的可煮9分钟）为宜。若煮得太生，蛋白质没有凝固，不易消化吸收；若煮得太老，蛋白质由松解变得紧密，同样影响消化吸收。有人误认为煲汤时间越长越好，其实时间太长反而容易破坏食物中的氨基酸类物质，使嘌呤含量增高，营养成分流失。鱼汤的最佳熬制时间在1小时左右，鸡汤、排骨汤一般在1～2小时左右。

2.2.4 烹饪助剂

烹饪助剂包括主食和副食加工用的添加剂和作料。

2.2.4.1 添加剂

（1）发酵粉（疏松剂）　发酵粉用于馒头、面包、糕点的制作，其作用是中和发酵生成的酸并通过发泡使制品膨松。发酵粉的主成分为碳酸氢钠（小苏打）和某些酸式盐（如酒石酸氢钾、磷酸二氢钠）的混合物，前者的作用是中和面糊中的酸性配料和生成二氧化碳，后者则可防止生成碱性太大的碳酸钠。作用原理是先由酵母中的淀粉酶使淀粉变成糖分，再由其中的酒化酶使葡萄糖变成二氧化碳。二氧化碳气体进一步膨胀就形成松软的多孔物，并生出少量酒精和酯类，使食品松软可口。由于鲜酵母作用慢，且不易控制，故用发酵粉。

（2）嫩化剂　嫩化剂是一种水解酶，是一种在难煮熟的肉（如牛肉等）烹调前的添加剂，它能在室温下加速食物水解，使蛋白质中的肽链催化断裂。加嫩化剂可大大缩短食物的烹饪时间，对结缔组织如骨胶原和弹性蛋白质（牛蹄筋）等聚合物尤其有效。主要的肉类嫩化剂有木瓜酶类或真菌（即微生物）蛋白酶类。一种作为牛肉表面处理的典型嫩化剂配方为：2%商品木瓜酶或5%真菌蛋白酶，15%葡萄糖，2%谷氨酸一钠（味精）和食盐。

（3）稳定剂、增稠剂和防结块剂　前两者可使某些脂肪类或液态食物（如果汁）黏稠度增大，大多是多糖物，其分子结构中含多个羟基。由于羟基易与水形成氢键，从而防止水与极性较小的脂肪分层，并能起乳化作用使水和油在食品中混合得更均匀。常用的稳定剂和增稠剂有D-山梨糖醇和D-甘露糖醇，它们对糖果和奶酪特别有效，也作保湿剂、甜味控制剂和软化剂。还有一类添加剂（如硅酸镁）可与水结合（成结晶水），从而防止食物受潮结块，称为防结块剂。

2.2.4.2　作料

作料包括烹调时的调料和食用时的辅料两大类。

加作料的主要目的是调味。所谓调味，就是通过调味品的巧妙作用，使调味品在加热过程中产生复杂的物理、化学变化，增加食品的鲜美味道并去除异味，突出菜肴的特色。调味得当，极平常的原料会变得美味可口；调味不当，好菜也会变得如同嚼蜡。关键是掌握好因人、因时、因物和因地而异。如川菜的最显著特征是麻、辣、鲜，常用辣椒、花椒、胡椒调味。

食物中的脂肪在烧煮时，会发生部分水解，生成酸和醇。当加入酒（含乙醇）、醋等调味辅料时，酸和醇相互间发生酯化反应，生成具有芳香味的酯。酒还能溶解肉类和鱼类中的腥气，并在受热后连同腥气一起挥发。鱼类腥味的产生原因是由于鱼身上存在有机化学物质甲胺及其同系物二甲胺、三甲胺，尤以三甲胺为最多。鱼头最腥是由于鱼头皮中三甲胺、二甲胺、甲胺含量最多。这三种胺均呈碱性，且易溶于乙醇。煮鱼时加酒，能使三甲胺等溶于乙醇并随加热挥发逸去，加醋则可中和腥味物质的碱性，双管齐下，减小腥味。另外，姜、葱、蒜等均富含具有挥发性有机物，具有与酒相似的作用。

（1）调料　调料通常分油溶性和水溶性两类。前者适于温度较高时炸锅，即放在油中加热释出香味或其他味素，宜先加；后者分子量较小，易挥发，宜后加。调味料的形态则有液体与固体之分，液体调味料主要有酒、醋、酱油等。常用的固体调料有盐、味精、糖、辣椒、葱、姜、蒜、胡椒、花椒、八角等，其中有些调料不仅呈味、赋香，而且有杀菌功能（如蒜苷受热或在消化器官内酵素的作用下生成蒜素或丙烯亚磺酸，有强杀菌力），还含有多种维生素（如葱头含大量维生素B）。市场上也有如姜粉、洋葱泥、胡椒粉等干粉调料供应。

（2）辅料　辅料一般指不直接单独食用，而可用于就餐提味的固体或液体成品，通常熟制。主要有花椒盐、花椒油、辣椒油、葱姜油、清汤、奶汤、高汤和酱等。

2.2.5　调味的基本方法

做菜时加入各种香料，如茴香、桂皮、葱、蒜、姜、胡椒等，能使菜具有各种特殊的香味，引发食欲，增进人体内各种酶的分泌，从而提高吸收食物营养的效果。调味的基本方法有如下几种。

（1）精选调料，因料施量　熟悉调味品的特性，选准合适调料及其用量。调味必须充分利用调味品在加热过程中的脂溶性和水溶性特性。脂溶性调味品具有香味浓郁、味道醇厚的特点，主要有辣椒、大蒜、老姜、花椒等。水溶性调料具有口感柔和、持久的特点，主要有味精、食糖、食盐、料酒等。而辣椒、花椒、大蒜、老姜兼有脂溶性和水溶性双重属性。花椒通过脂溶后的味道比水溶后的好，但花椒用火很讲究，火候过头就容易发黑变苦。因此，对调味品脂溶时，要掌握好花椒的下锅时间。炒底料时花椒最好在底料炒好时最后放入。

（2）因人因时，善调众口　调味因人因时而异，即在调味时应根据用餐对象和季节的不同需要添减调味品。有的食客喜欢麻辣刺激，有的食客追求温柔酸甜。这就要求烹饪师根据食客的口味调味，辣味不够，添加一点豆瓣、干辣椒，不麻再添点花椒，味道咸了加点冰糖。人的口味往往随季节转变而变化，季节不同，口感要求也不一样。比如冬季偏爱味浓、味厚，夏季则喜欢柔和一点。因此调味一般应注意季节变化，适时调整口味。

（3）正确烹调，合理投料　调味品的添加顺序是很有讲究的，应以渗透力的强弱为依据。渗透力弱的先加，渗透力强的后加。如炒菜时，应先加糖，后加盐、醋、酱油，最后加味精。如果顺序颠倒，先放食盐，便会阻碍糖向食物内部扩散，因食盐有脱水作用，会促使蛋白质凝固，食物表面发硬变韧，阻碍糖的甜味渗入。同理，在煮豆、烧肉时，如果加盐过早，一方面汤中有了盐分，水分难以渗透到豆类或肉里；另一方面食盐使豆或肉里蛋白质凝聚、变硬。这两方面都使豆或肉不易煮烂，不利于人体消化和吸收。再如，凡是无香味的调料（如食盐、糖等）可在烹调中长时间受热，而有香味的调料有些不能久热，以免香味散逸。味精的主要成分谷氨酸钠就经不起高温，只能在最后加入。

（4）五味调合，比例恰当　强调五味和谐是指麻味、辣味、咸味、甜味、鲜味五味和谐调配适当。

2.3 食物的色香味

讲究食物的色香味，可以愉悦心情、增进食欲、提高生活质量（图2-6）。

2.3.1 食物的颜色

食用色素主要有天然食用色素、合成食用色素和人工着色物质三类。

图2-6　食物的色香味

2.3.1.1 天然食用色素

天然食用色素是指未加工的自然界的花、果和草木的色源。常用的天然食用色素主要有如下几种。

① 红曲色素　系用乙醇浸泡红曲米所得到的液体红色素或者从红曲霉的深层培养液中通过结晶精制而得的晶体。该色素耐光、耐热性好，不受金属离子或多种氧化剂以及还原剂的影响和干扰，色调不像一般自然色素那样易随pH值而显著改变。如红曲米就是将籼米或糯米先用水浸泡、蒸熟，再加入红曲霉发酵而制得的，可直接用于红香肠、红腐乳、各种酱菜、糕点的制作和呈色。

② 姜黄素　从姜黄茎中提取的一种黄色色素，为含三个双键的羟基化合物。其着色力、抗还原性能力强，但耐光、耐热和耐铁离子性能差。由于太辣，除用于咖喱粉外，不宜直接用。

③ 虫胶色素　是紫胶虫分泌的原胶中的一种红色成分，易和各种金属离子生成色淀。在酸性条件下，对光和热稳定。颜色随介质pH值而改变：pH＜4.5，橙色；pH＝4.5～5.5，红色；pH＞5.5，紫红。适用于酸性食品如鲜橘汁、红果汁、红果罐头和橘味露的着色。

④ 甜菜红　由紫甜菜中提取的红色水溶液浓缩而得，呈红色或紫红色，在酸性条件下稳定，着色力好，但耐光、耐热、耐氧化性差。

⑤ 红花黄色素　从中药红花中提取，可溶于水。pH＝2～7时呈鲜艳的黄色，碱性时呈红色。耐光、耐热、耐微生物性均佳，但耐热性及着色力较差，遇铁呈灰黑色。多用于清凉饮料和糖果、糕点等的着色。

⑥ β-胡萝卜素　由胡萝卜素中提取，呈橙红色，是含9个双键的多烯类化合物，性能较稳定，属油溶性物质，故适合于人造奶油、奶油和干酪的着色。

2.3.1.2　合成食用色素

由于毒理方面的原因，很多合成的食用色素使用都受到限制，而且不断被淘汰。目前，用人工合成的方法，也可大量生产胡萝卜素、核黄素等食用天然色素。目前在用的主要有以下4种。

① 苋菜红　紫红色粉末，可溶于水和多元醇，不溶于油脂。有较好的耐光、耐热、耐盐和耐酸功能，缺点是耐菌性、耐氧化还原性差，不适宜在发酵食品中使用。

② 胭脂红　深红色粉末，易溶于水及甘油，不溶于油脂。耐旋光性、耐酸性好，在碱性条件下呈褐色，缺点是耐热性、耐氧化还原性和耐菌性差。

③ 柠檬黄　黄色粉末，为世界各国广泛采用。能溶于水和甘油，不溶于油脂。耐热、耐光、耐盐、耐酸性均好；耐氧化还原性较差，还原后褪色，遇碱稍变红。

④ 靛蓝　蓝色粉末，各国广泛采用。溶于丙二醇和甘油，水溶性较差，不溶于油脂，着色力强，耐光、热、酸、碱性均好，但耐氧化还原及抗菌性差。

2.3.1.3　人工着色物质

人工色素虽然品种极多。因对毒性、致癌性和卫生的要求，实用的人工着色物质不多。

① 酱色　用蔗糖或葡萄糖经高温焦化而得的赤褐色色素。它不是单一的化合物，而是在180～190℃加热后的糖脱水缩合物，称为焦糖，包含了100多种化合物。

② 腌色　火腿、香肠等肉类腌制品，因其肌红蛋白及血红蛋白与亚硝基作用而显示艳丽的红色。由于亚硝基与肉中的氨基作用生成亚硝胺会致癌，故腌制品不宜多食。通常规定腌肉、腊味之亚硝基残留量不得超过70微克/克。

③ 金属盐发色　将硫酸铜溶液喷洒于蔬菜、水果上，则铜离子与植物的蛋白质结合成较稳定的蓝色或绿色物。此时铜离子将镁离子自卟啉环中心替换出，形成铜叶绿素，其纯品色泽艳丽。

2.3.2 食物的香和臭

尽管香料化合物具有含量低、组分复杂、反应活性大、浓缩或富集过程中易变性等特点,给香臭化学研究增加了困难。但是,人们经过长期的探索和研究,对香或臭的化学基础已经有了一定的认识。

2.3.2.1 香或臭的化学基础

人的鼻腔内有一个嗅觉敏感区,其面积仅5平方厘米,约有 1×10^7 个细胞。细胞上的香臭感受器是一种蛋白质,当气态的香、臭分子作用于其上时,使该蛋白质分子的构象发生变化,进而引起表面电位等发生变化,实现与刺激相适应的神经兴奋。当感冒而鼻塞时,食物无味,是因为在咀嚼食物时挥发出的化学物质由于鼻孔通道阻塞而不能触及嗅觉细胞所致。由于这种接受过程中的相互作用非常专一而特殊,因此各人对香臭的感受程度不同。

香或臭物质必须具备的条件:

① 挥发性　如洋葱有挥发性油,可以蒸发到空气中被嗅到;

② 水溶性　如果完全不溶于水,那么它将被包在表面的水膜阻挡,而达不到神经末端;

③ 脂溶性　由脂肪层穿透神经末梢(由脂肪层构成每个细胞部分的表面膜)。

从化学结构上看,各种香料组分的分子量均较低,挥发性及水溶性差异较大。碳原子为5及以下的烷烃衍生物如甲硫醚、乙酸乙酯等,易挥发,水溶性较好;而分子量较高的芳香烃衍生物如苯基醛类、香豆素等则较难挥发,油溶性好。它们通常具有某种特征官能团,以含两个碳原子的化合物为例:乙烷,无臭;乙醇,酒香;乙醛,辛辣;乙酸,醋香;乙硫醇,蒜臭;二甲醚,醚香;二甲硫醚,番茄或蔬菜香。此外,如乙酸乙酯等酯类化合物呈水果香,甲硫基丙醛呈土豆、奶酪或肉香。

2.3.2.2 生活中的香与臭

(1)酯化反应产生酯香味　蔬菜和瓜果常有香味,是通过生物合成而产生的。水果中的脂肪酸由酰基辅酶A中间体生成,它能与醇反应生成酯;脂肪酸经氧化及脱酸作用可生成甲基甲酮。这两种物质均可赋香。烹制鱼类等水产品时,加点醋和酒,可达到既去腥又赋香的目的。反应；赋香是借助了醋酸与乙醇发生酯化反应产生的乙酸乙酯。

（2）各种分解引起异味　将大蒜、洋葱切片时，原先的保护膜被破坏，原来不能挥发且无臭的氨基酸亚砜遇氧而分解，散发出硫化氢、硫醇、二硫化物等有臭味的化合物。咖啡加热时其中的葡萄糖与氨基酸反应生成吡嗪，因此散发出坚果及烤香味。烤牛、羊肉时，甘油三酯及蛋白质在加热时相互作用，生成巯基及羟基噻吩、二氢及四氢呋喃，这些化合物具有烤羊肉及烤牛肉的特征香味。咖啡的香味中已鉴别出的挥发性化学物质超过500种。烤牛肉香味中已经分辨出的化合物超过360种，其中包括44种烷烃和烯烃、30种醇、32种酮、22种酸、23种呋喃、34种吡嗪、22种噻吩、10种吡啶、16种内酯等。

家庭生活中的臭味主要来自于粪便和垃圾。来自厕所的臭味主要是由于粪便中的刺激性气体氨气和具有恶臭的吲哚类化合物。烂白菜和坏蛋的臭味主要是由于散发出硫化氢气体等。油类物质的酸败臭，鱼、肉的腐臭和人的汗臭等，主要由二甲胺、三甲胺及各种低级脂肪胺、酚、醛或硫化氢、二硫化碳等所引起。

2.3.2.3　常见食用香料

（1）天然香料　我国的香料品种很多，例如甘肃省永登县的苦水玫瑰，花香由280种化合物组成，其质量可与闻名世界的保加利亚玫瑰媲美。广东、福建的茉莉花有80多种化学成分。贵州的茅台酒香成分有100多种。蘑菇香成分有79种。常用的天然香料有八角、茴香、花椒、姜、胡椒、薄荷、橙皮、丁香、桂花、玫瑰、肉豆蔻和桂皮等，它们既可直接用于烹调，也可从中提取精油，作为调配香料的原料。这类精油有甜橙油、橘子油、柠檬油、留兰香油、薄荷油、辣椒油以及桂花浸膏，均无毒。不同的化学成分赋予香料不同的香味。如芥菜或芥末含有丙烯基芥子油；丁香含丁子香酚；冬青油含水杨酸甲酯；梨含癸二烯酸乙酯；薄荷含薄荷酮；花椒含戊二烯、香茅醇，其辣味成分为一种不饱和酰胺化合物花椒素；胡椒的主成分为水芹烯胡椒碱；辣椒含辣椒素；紫苏油、蒜油、姜油含硫化丙烯；八角、茴香、苦杏仁油、小豆蔻油、芹菜子油等含茴香脑、茴香酮等。

（2）人工香料　主要有以下几种：香兰素，具有香荚兰豆特有的香气；苯甲醛又称人造苦杏仁油，有苦杏仁的特殊香气；柠檬醛呈浓郁柠檬香气，为无色或黄色液体；α-戊基桂醛为黄色液体，类似茉莉花香；乙酸异戊酯俗称香蕉水；乙酸苄酯为茉莉花香；丙酸乙酯为凤梨香气；异戊酸异戊酯为苹果香气；麦芽酚又称麦芽醇，系微黄色针晶或粉末，有焦甜香气，虽然本身香气并不浓，但具有缓和及改善其他香料香气的功能，常用作增香剂或定香剂。

（3）食用香精　分水溶性和油溶性两种。前者用水或乙醇调制，多用于冷饮制品、酒料的调香，不适宜于高温赋香；后者用精炼植物油、甘油调制，耐热性较好，适于饼干、糕点食品的加香。香精一般指用水、乙醇或某些质地较好的植物油从天然香料中提取的香物，也可以用人工合成的香物制成合适的溶液，作为各种调香的原料。其中以香猫酮、香叶醇、甲酸香叶酯为基体的香精最为重要。

通常直接从某种植物体中提取出的液汁赋香更为方便，例如从冬青、薄荷、柑橘、柠檬、生姜、芝麻中都可提出香油，均可作为香料添加剂。用黄樟树根制出的黄樟油是淡酒的主要香味源；如桂花、茉莉花等均是上等的香源，用于提取香料。

2.3.3　食物的味道

味是由舌尝到的酸、甜、苦、辣、咸、鲜、涩等味感，是由其可溶性物质溶于唾液，作用于舌面味觉神经之味蕾产生的味觉。合适的味感可使消化液分泌旺盛而增加食欲，有助消化。

2.3.3.1　酸味

酸味来源于溶解的氢离子（H^+）。酸有无机酸和有机酸之分，又有强酸和弱酸之别。常见的盐酸、硫酸、硝酸都是无机强酸，醋酸、乳酸、柠檬酸等为有机弱酸。强酸在水溶液中全部电离（或称离解），产生的H^+浓度大，酸度大；弱酸在水溶液中只能部分电离，产生的H^+浓度较小，酸度也就较小。为了表示不同酸的酸度，人们引进了"酸的味度"概念来表示相同浓度的各种酸的相对酸度：盐酸100，甲酸84，柠檬酸78，苹果酸72，乳酸65，乙酸（醋酸）45，丁酸32。

另一种定量表示各种酸溶液酸度的方法是用pH值。所谓pH值就是氢离子浓度的负对数，即$pH = -\lg c[H^+]$。pH的取值范围一般为1～14。pH＜7为酸性，pH＝7为中性，pH＞7为碱性。

大多数食品是微酸性的，pH＝5～6.5，一般感觉不到酸味。但pH

<3.0时,就会觉得太酸而难以适口。常见食品及其他物质的pH值见表2-2。

表2-2 常见食品及其他物质的pH值

品 名	pH值	品 名	pH值	品 名	pH值
胃液	1	马铃薯汁	4.1~4.4	山羊奶	6.5
柠檬汁	2.2~2.4	黑咖啡	4.8	牛奶	6.4~6.8
食醋	2.4~3.4	南瓜汁	4.8~5.2	母乳	6.93~7.18
苹果汁	2.9~3.3	胡萝卜	4.9~5.2	马奶	6.89~7.46
橘汁	3~4	酱油	4.5~5.0	米饭汤	6.7
草莓	3.2~3.6	豆	5~6	唾液	6.7~6.9
樱桃	3.2~4.1	白面包	5.5~6.0	雨水	6.5
果酱	3.5~4.0	菠菜	5.1~5.9	血液	7.2
葡萄	3.5~4.5	包心菜	5.2~5.4	尿	5~6
番茄汁	4.0	甘薯汁	5.3~5.6	蛋黄	6.3
啤酒	4~5	鱼汁	6.0	蛋清	7~8
汽水	4.5~5(CO_2)	面粉	6.0~6.5	海水	8.0~8.4

酸味料除作重要调料外,兼有防腐、防霉、杀菌之功效。家庭生活中常用的合成酸味料主要有食醋(即乙酸或醋酸的水溶液)、乳酸、柠檬酸、酒石酸、苹果酸和葡萄糖酸等。

2.3.3.2 甜味

甜味常与糖联系在一起。蔗糖、葡萄糖、麦芽糖是大家熟悉的糖。

(1)甜味剂的化学特征及甜度 甜味剂多系脂肪族的羟基化合物,如醇、糖及其衍生物,但也包括氨基酸、卤代烃以及某些无机盐及配合物(如乙酸铅)等。一般说来,分子结构中羟基越多,味就越甜。如含3个羟基的丙三醇(俗称甘油),略有甜味;葡萄糖分子含6个羟基,就比较甜了。在化学上,一般把多羟基醛、多羟基酮,或水解后能变成以上两者之一的有机化合物称为糖。这种定义与甜味并没有必然的联系。当然,糖是主要的甜味剂。不同甜味剂产生甜的效果用甜度表示,它是以蔗糖为基准的一种相对标度。常见糖的甜度见表2-3。可见,果糖是最甜的糖。

常用的甜味物质是白糖、红糖和冰糖。这三种糖本质上都是蔗糖,只不过纯度不同罢了。蔗糖是含有最高热值的糖，过量摄入蔗糖会引起肥胖、动脉硬化、高血压、糖尿病以及龋齿等疾病，所以人们相继开发了多种糖的代用品。

表2-3 常见甜料的甜度

物质名称	甜 度	物质名称	甜 度
蔗糖	1.00	乳糖	0.16～0.28
果糖	1.07～1.73	半乳糖	0.27～0.52
转化糖	0.78～1.27	甜蜜素	50
葡萄糖	0.49～0.74	双胜（双缩胺酸）	150
木糖	0.40～0.60	二氢查耳酮	200
鼠李糖	0.33～0.6	甜叶菊	300
麦芽糖	0.33～0.60	糖精	450～700

异性化糖浆（也称高果糖浆）是一种新近发展的淀粉糖品。因为果糖的甜度为蔗糖的1.4倍多，所以人们企图用淀粉制成果糖，此过程称为异性化，所得产品称为异性化糖浆。

甜蜜素的甜度为蔗糖的50倍，系由甘草等多种中药中提取，对人体无害。属低热值甜味添加剂，既有蔗糖风味，又兼蜂蜜馨香，性质稳定，无回潮现象，适于制作各种饮料、糖果等食品，尤其可作为糖尿病患者的代糖食物。

二氢查耳酮（DHC）和甜叶菊的甜度分别为蔗糖的200倍和300倍。后者甜味纯正可口，宜用于多种食品和饮料中，既不被人体吸收，也不产生热量，所以是糖尿病、肥胖症患者的理想甜味剂。

糖精的化学名为邻苯甲酰磺亚胺，熔点229℃，难溶于水。甜度为蔗糖的450～700倍，稀释10000倍仍有甜味。糖精并非"糖之精华"，它是以又黑又臭的煤焦油为基本原料制成的。糖精的钠盐称为糖精钠，溶于水，甜味约相当于蔗糖的300～500倍，可供糖尿病患者作为食糖的代用品。糖精没有营养价值，在用量超过0.5％时显苦味，煮沸以后分解亦有苦味。通常不消化而排出。少量食用无害，过量食用有害。

（2）主要天然甜料 食用甜味剂由天然和合成两大类。合成甜味剂的使用安全性问题,在国际上一直有争论,其应用和发展受到一定限制。天然食品甜味剂,一般由各种糖类、糖的衍生物以及一些氨基酸、蛋白质组成,如蜂蜜、甘草等。

① 蜂蜜 市售品系淡黄至红色的浓黏性透明浆汁,低温时有结晶生成而呈白浊状,为蜜蜂自花的蜜腺采集的花蜜,贮于巢中备冬日食用之物。花蜜的主要成分为蔗糖(40%)和水分(19%)。蜂蜜的主要成分约为葡萄糖(36.2%)、果糖(37.1%)、蔗糖(2.6%)、糊精(3.0%)、含氮物(1.1%)、花粉及蜡(0.7%)、灰分(0.2%)、蚁酸(0.1%),其余为水分。

② 甘草 甜味的主成分为甘草精,另含蔗糖(5%)、淀粉(20%~30%)、天冬素(2%~4%)、甘露糖醇(6%)、树脂(1.5%~4%)、精油(0.03%)及纤维素等。甘草精的甜度约为蔗糖的100倍,可分离提取;也可用甘草的浸出物制成"甘草膏"。优点是不易发酵变质,可充作多种食品加工的甜味剂。

2.3.3.3 苦味

"苦"主要来自相对分子质量大于150的盐、胺、生物碱、尿素、内酯等物质,主要包括各种生物碱(包括有机叔胺)和含—SH、—S—S—基团的化合物。橘皮中之苦味来源于黄烷酮,啤酒苦味来源于啤酒花中之葎草酮,花生仁中之皂素亦有苦涩味。无机物如钙、镁的氯化物及硫酸盐、铵盐,碘化钾亦有苦味。

2.3.3.4 辣味

产生辣味的物质主要是两亲(亲水、亲油)性分子,如辣椒中的辣椒素,肉豆蔻中的丁香酚,生姜中的姜酮、姜酚、姜醇及大蒜中的蒜苷、蒜素等。一般说来,有机化合物中含醛、酮、硫、硫氰基团者常有辣味。丙酮酸常用作辣味比较的定性尺度,每克物质含相当于丙酮酸10~20微摩,为强辣;8~10微摩,为中辣;2~4微摩,为微辣。

2.3.3.5 咸味

"咸味"来自于相对分子质量小于150的阴离子钠盐,如氯化钠(食盐)、氯化钾、氯化铵及硝酸钠等,以食盐为主要咸味剂。

食盐味咸,常用来调味或腌制鱼肉、蛋和蔬菜等,是一种用量最多、最广的调味品,素称"百味之王"。同时,吃盐也是人体机能的需要。正常人体血液的pH值基本恒定(约为7.35~7.45)。当血液pH

值小于7.35或大于7.45时，就会发生酸中毒或碱中毒。维持血液的pH值，主要靠血液中的缓冲剂$NaHCO_3-H_2CO_3$。钠离子还是维持细胞外液渗透压和容量的重要成分。长期缺盐会使人头晕、目眩、四肢无力、思维迟钝，直至死亡。

摄取过多的食盐，就会把水分从细胞中吸收回体液中，使机体因缺水而发烧，也易使血压升高，心脏病和肾炎加重。因此，心脏病和患肾炎者都要减少食盐的摄入。许多发达国家都在想方设法减少饮食中的钠含量，但又不以牺牲食盐的美味为代价。如日本开发了一种新的食盐代用品，其钠含量减少一半，且咸味纯正不带苦味，广受欢迎。

咸味的程度一般是由阴离子决定的，其中氯离子（Cl^-）是咸味的主要来源。阳离子仅呈附加味道，如钠离子微苦、钾及铵离子有弱苦、钙离子有涩味、镁离子苦味最强。有机盐的咸味，也由阴离子支配，如苹果酸钠、葡萄糖酸钠等仅有微弱的咸味。咸味感是进化中发展最早的化学感之一。人对盐和对水一样，均有普遍的喜爱，说明人还保留了在生理上调节盐和水需求的本能。

2.3.3.6 鲜味

"鲜"是表明荤素菜可口信息的主要味征，可有效地抑制苦味。鲜味的产生与氨基酸（通式$H_2N·R·COOH$）、缩胺酸、甜菜碱、核苷酸、酰胺、有机碱等类物质有关。鲜味剂（或称风味增强剂）的主要代表性物质有味精、核苷酸等。鸡、鸭、鱼、肉等类食物烹调煮熟后，其中的蛋白质分解为各种氨基酸，不少氨基酸味道很鲜。蔬菜中蛋白质含量少，菜汤自然不如肉、鱼汤鲜。蟹、螺、蛤汤鲜是含有琥珀酸钠[丁二酸钠（$C_4H_4Na_2O_4$）]的缘故。

（1）味精　味精又叫味素，是人们常用的鲜味剂（图2-7）。化学名为L-谷氨酸钠，无色至白色结晶或晶体粉末，无味，易溶于水，微溶于乙醇，无吸湿性，对光稳定，中性条件下水溶液加热也不分解。水里只要含有万分之几的谷氨酸钠，就能尝到鲜味。炒菜炖汤时放点味精，就会使菜肴变得鲜美可口，使人胃口大开，食欲大增。

图2-7　结晶味精

味精不仅是调味品，还是营养品。谷氨酸钠也可制成医用针剂，在临床上静脉滴注治疗肝昏迷和由血氨引起的精神症状。作为调味品的市售味精，为干燥颗粒或粉末，因含一定量的食盐而稍有吸湿性，故应密封防潮贮存。商品味精中的谷氨酸钠含量分别有90％、80％、70％、60％等不同规格。以80％最常见，其余为精盐。食盐起助鲜作用。也有不含盐的颗粒较大的"结晶味精"。

味精是以玉米、大米、淀粉为原料制取的。味精进入人体后，很快变成谷氨酸，其化学结构和性质与牛奶、鸡蛋、鸡肉、猪肉中所含的谷氨酸完全相同，具有刺激食欲、促进消化、改善脑组织结构、增强记忆、安定情绪、保护肝脏、治疗神经衰弱等作用。因此，味精作为食品添加剂是安全的。虽然味精是鲜美味纯的调味品，但必须正确使用才会达到调味效果。

（2）核苷酸　核苷酸类中的肌苷酸、鸟苷酸、黄苷酸以及它们的许多衍生物都呈强鲜味。如肌苷酸钠比味精鲜40倍，鸟苷酸钠比味精鲜160倍，特别是2-呋喃甲硫基肌苷酸比味精鲜650倍。

肌苷酸钠（又名肌苷磷酸二钠）是20世纪60年代兴起的鲜味剂，是用淀粉糖化液经肌苷菌发酵制得的无色至白色结晶或晶体粉末。易溶于水，水溶液对热稳定，安全性高，增强风味的效率是味精的20倍以上，可添加在酱油、味精之中。在市场上看到的"强力味精"、"加鲜味精"就是由88％～95％的味精和5％～12％的肌苷酸钠组成的，鲜度在130之上。

鸟苷酸钠（又名鸟苷磷酸二钠），为白色至无色晶体或白色结晶性粉末，易溶于水。作调味品比肌苷酸钠鲜数倍，有香蘑菇鲜味。鸟苷酸钠和适量味精混合会发生"协同增效作用"，可比普通味精鲜100多倍。

当今世界最鲜的超鲜物质是甲基呋喃肌苷酸，其鲜度超过60000，比味精要鲜600多倍。

众所周知，用鸡、鸭、鱼、肉制作的菜肴味道鲜美，是因为它们含有丰富的蛋白质。蛋白质是由各种各样的氨基酸（通式$H_2N·R·COOH$）组成，不少氨基酸味道很鲜。目前市场上流行的"鸡精"是由鸡肉、鸡蛋及谷氨酸钠精制而成的。

2.3.3.7　涩味

明矾或不熟的柿子那种使舌头感到麻木干燥的味道，称为涩味。柿子、绿香蕉、绿苹果有涩味，其原因是由于在这些物质中存在涩单宁。

在单宁细胞中存在无色花色素，主要成分为表儿茶酸、儿茶酸-3-棓酸酯、表棓儿茶酸和棓儿茶酸-3-棓酸酯等4种成分，它们通过复杂反应结合成相对分子质量为14000以上的高分子多元酚，呈强烈涩味。"涩味"的产生主要是在涩味作用下部分细胞膜蛋白变性所致。

第 ❷ 章　烹饪与化学

2.4　风味化学简介

　　风味化学是从理论上研究食物风味的形成和变化规律的一门新兴学科。它是在人民生活水平提高后对饮食的要求日益精美化和现代食品分析技术发展日益完善的背景下逐渐形成的。

　　所谓风味，就是指一定地区的食品特色，是地区历史、民情风俗、文化背景等在食物加工和烹制上的反映。任何风味的形成都是诸多呈味物协调作用的结果，也是烹调的化学基础。主要取决于作料的配比和加工的程序。例如北京烤鸭作料精美、制作独特，各种呈味物相得益彰。各种风味往往由一类特征呈味体现，例如湘菜的辣、川菜的麻、晋菜的酸、粤菜的甜，这些特征都是由历史上的抗病、气候适应或其他地域性原因形成的。任何风味的形成必有某种特产的依托，如粤菜中的猫、蛇，湘菜中的犬、鸡，东北的鹿及其他野味等。

　　从化学角度来讲，主要涉及以下方面。

　　① 味感　味感的实质、定量化，味征的选择和灵敏性。

　　② 呈味物　为何一类物质呈特征味，该物的分子结构，如官能团、母体、尺寸、极性、构象及在体液中的形态有何特征。

　　③ 反应　呈味物在体内的化学反应类型和机制等。这些问题的解决不仅对风味化学本身，而且对有关学科如食品化学、生物化学甚至医药化学均有作用。

　　从社会文化的角度来看，风味的形成是各种社会及文化因素长期作用的结果，有民族传统和地区风俗的深刻背景。

　　风味化学的应用领域相当广泛。例如：

　　① 改善添加剂性能　研制出新的风味调料、风味增效剂等，以丰富食品品种；

　　② 仿制特效食品　仿造出价值更高的山珍海味，如素鸡、仿熊掌、海参、鱼翅等；

　　③ 改善合成食物风味　将人工合成调料和增效剂与合成淀粉、蛋白质、油脂相结合，改善人工食物的味道和特征，消除人们对这类食品的心理障碍；

　　④ 研制新的宇航食品。

第3章

饮料与化学

饮料泛指为饮用而制作的任何液体。根据我国食物构成的实际情况,可将饮料分为饮料水,豆浆、奶及其制品,酒,茶、咖啡及可可,软饮料5类。

3.1 饮料水

水是生命物质的溶剂，也是生命的营养物质。水是消化过程中水解反应的主要反应物和食物润滑剂，也是体内输送营养、排泄废物的载体，又是体温调节剂和关节润滑剂。在机体内，水的一部分与蛋白质、多糖等生物分子结合，用以塑造细胞组织；另一部分非结合状态的水，主要用作细胞内外的重要溶剂。人体中，水的比例约占成年人体重的65%～70%，占老年人体重的50%，占婴儿体重的80%。假如人体失去6%的水分时会出现口渴、尿少和发烧，失水10%～20%将会昏厥，甚至死亡。

研究表明，源自自来水的开水并非很安全。1977年美国Bellar和Rook首先发现水中含有三卤甲烷（THM），并证明该物质对人体有致癌作用。实际上，传统的白开水存在诸多问题：煮沸水只能杀死部分细菌和病毒，对耐热菌无任何作用；已经杀死的细菌和病毒的尸体，仍然留在水中，成为"致热源"，临床常见的无名热原因多源于此；加温过程中生成了强致癌物质——三氯甲烷，它在开水中的浓度比自来水高出几十倍。温度越高、时间越长，会促使水中有机物之间发生反应，使有害物质的浓度越来越高；人体所需的多种矿物质和微量元素变成水垢沉积在壶底；开水失去氧气太多，变成了"无氧水"，不利于向人体供氧，细胞因缺氧变形是致癌的重要原因。因此，各种其他饮用水应运而生、备受青睐。

3.1.1 纯净水和矿泉水

3.1.1.1 纯净水

纯净水是使用符合饮用水卫生标准的水作原水经过若干道工序提纯和净化的水。纯净水的最大优点是几乎没有什么杂质，更没有细菌、病毒和含氯的二噁英（dioxins）等有机污染物，缺点是不含身体必需的矿物质和微量元素。由于所用反渗透膜结构的不同，有弱酸性超纯水和中性超纯水之分。因分子间的强极性作用导致纯净水中水分子间过分串联，形成很大的线团结构，不易通过细胞膜。相反，细胞内的有些生命元素的离子却会逆向渗透到细胞膜外，致使人体内的一些有益元素外流。所以有些敏感的人感觉纯净水越喝越渴，久喝无力。尤其是对于少年和老年人的副作用更突出，因此不宜长期饮用纯净水。

3.1.1.2 矿泉水

天然净水（俗称矿泉水、山泉水）指源于泉水、井水和未受污染的地面水。矿泉水含有一定量的矿物盐、微量元素或二氧化碳气体；通常情况下，其化学成分、流量、水温等相对稳定。经加工处理后其所含的矿物质和微量元素与加工前没有显著变化。矿泉水目前主要以瓶装水或桶装水形式供应，饮用时风味佳美，口感舒适，还可提供一些人体所需的矿物质和微量元素，对人体有一定保健作用，是目前较为理想的饮用水。

3.1.1.3 直饮水

管道直饮水是"管道优质直接饮用水"的简称（图3-1），它以分质供水的方式，在居住小区（酒店、写字楼）内建设水处理中心，运用现代高科技手段，对自来水进行深度净化处理，去除水中有机物、细菌、病毒等有害物质，保留对人体有益的矿物质和微量元素。还采用优质管材设立独立循环式管网，将净化后的优

图3-1　直饮水

质水送入用户家中（或客房、办公室），供人们直接饮用。"龙头一开，饮水即来！"直饮水使得国内一些大城市的居民进入"生饮水时代"。目前，直饮机等终端制水家庭入户率最高是深圳、上海、广州等城市。

3.1.2　其他饮用水

"理疗用饮水"或"保健用饮水"就是为了一定理疗保健目的由人工加工而得的饮用水。结构上的变化可能带来一定的治疗效果，但不宜作为生活饮水大量饮用。

3.1.2.1 活性水与功能水

通过各种水处理方法，改变水的某些理化性质使其活化，使之产生对人体健康有益的新水种。经活化处理的水称为活性水。活性水的制备方法有电磁能法、电磁波法、机械能法、发射线法、超声波法、远红外线法、天然矿处理法、陶瓷处理法、矿物质添加法等。

与矿泉水、纯净水不同，功能水目前在国内还没有以桶装或瓶装的形式进入零售终端，而是以"整水器"、"功能水机"、"电解水机"等家

电形式进入家庭。

3.1.2.2 富氧水

富氧水是一种在纯净水的基础上进行了人工充氧的一种饮用水。富氧水原是医学界为了研究生物细胞厌氧和好氧性的研究用水，人为地往纯净水里充入更多的氧气。人们期望"喝富氧水抗疲劳、抗衰老"。但事与愿违，若水中氧浓度过高或常喝富氧水会令人乏力和加速衰老。因为氧气分子吸收一个电子就成为对人类生命有严重威胁的超氧自由基。这种超氧自由基电荷半径很小，有很强的负荷标度值，破坏细胞的正常分裂作用，是人类衰老的最重要根源。

3.1.2.3 脱氧水

脱氧水，也称除氧水。将水烧开后立即冷却或超声脱气后，因气体空穴被水分子填补而更加紧密有序地排列，便于生物和人体细胞吸收，可用以治疗皮炎、烧伤、洁齿和预防咽喉炎，并能使皮肤光润。

3.1.2.4 低重水

指重氢（氘）含量少的天然水如雪水，能促进新陈代谢，增强动植物及人体免疫功能，有抗衰老、抗病痛，提高发芽率、产蛋率等作用。

3.1.3 喝水的学问

（1）饮优质水　饮用水的最低要求是无臭、无味、透明。水中的细菌数应不超过国际标准，且应含有多种人体需要的常量元素和微量元素等。不要喝生水，以免感染疾病。喝未烧开的自来水，可能会加大膀胱癌和直肠癌的发病率，因为氯与水中残留的有机物相互作用产生一种有毒的致癌化合物——二羟基化合物。常喝硬水者可能增加结石的患病率，因为硬水中含有较多钙、镁离子，它们能转化成难溶盐沉积于肾而引起肾结石。最好喝直饮水或矿泉水，因为直饮水或矿泉水不含糖、食物添加剂，也无刺激作用。

（2）及时补水　及时给身体补水，是延年益寿的不二法门，也是皮肤亮丽的基本要求。一是饮水莫待口渴时。口渴表明人体细胞脱水已到一定程度，此时已经造成因缺水对身体的损害。二是大渴勿过饮。古人主张"不欲极渴而饮，饮不过多"，就是防止渴不择饮的科学方法。如果一旦出现大渴难耐的情况，应缓缓饮水，避免身体受到伤害。

（3）适量饮水　成年人每天应喝6～8杯水（约1500～2500毫升）。

对于肾脏或心脏病患者，由于排泄困难或血液循环障碍，宜限制饮水，否则会造成水肿和体温降低，甚至水中毒。人体发热、腹泻、呕吐、多尿或昏迷以及炎热出汗时，要及时、适当多地补充水量。吃过量肉或鸡蛋的人，必须多喝水。因为肉含脂肪多，脂肪的代谢给人体提供的能量也多，会产生酸和丙酮，血液中这两种物质多了，人就会患病；鸡蛋含蛋白质高，它的消化产物为尿素等，将逐渐聚集在血液中，引起尿毒症。多喝水可增加尿量，以消除血中的毒性物质。

（4）因人而异　老年人的结肠、直肠肌肉易于萎缩，排便能力较差，加上肠道中黏液分泌减少，大便容易秘结。因此老年人应多饮水，但又不能太多（因心肾处于衰竭期，太多饮水会加重心肾负担）。一般饮水量控制在每日2升左右。2岁以下婴儿各系统还处在发育中，宜多次少量给水。高血压病人，一般应少盐少水；老年人和小孩最好是饮用温开水。温开水对人刺激小而且有利于提高酶的活性。经常工作辛劳、运动剧烈的人以及结石患者宜多饮水。运动员可以喝保健饮料，也可稍加点盐和糖。

（5）因时而别

① 晨起喝水有助健康　早晨饮水可补充一夜所消耗的水分，降低血液浓度，促进血液循环，维持体液的正常水平，刺激肠蠕动，使得各个器官功能复苏。

② 餐前喝水　吃饭前空腹饮水，水分容易吸收，并有利于消化液的分泌，增进食欲，帮助消化。

③ 用餐时或刚用餐后少量喝水　因为饮水会冲淡消化液，不利于食物的消化吸收。

④ 睡前一杯水　在睡眠时身体无法补充水分，所以应该在睡觉前1小时喝一杯水，但临睡前不宜多饮水。当人处于睡眠状态时，人体只是维持基础代谢，各种代谢都进行得非常缓慢，不需要过多的水分。

⑤ 健身前后要补水。

3.2 豆浆、奶及其制品

3.2.1 豆浆

豆浆由豆类特别是大豆制成。豆中含有胰蛋白酶素阻碍剂和凝血素，前者阻碍胰蛋白酶分解蛋白质成氨基酸，后者则可使动物的红血球凝结，它们均须加热以除去其活性。近年来，豆浆作为健康食品已风靡世界，被认为是最理想的婴幼儿代乳品及老年人的保健食品。

大豆是营养之花、豆中之王。大豆含有较全面且丰富的营养素，其中含蛋白质35%～40%、脂肪15%～20%（其中不饱和脂肪酸85%，以亚油酸为最多，达50%以上，亚麻酸2%～10%）、磷脂1.6%左右（其中卵磷脂占27%，脑磷脂占23%）、糖25%～30%（其中含食物纤维12%、可溶性糖和淀粉约13%）和较多的钙、铁、锌、硒等无机盐，维生素B_1、维生素B_2、维生素B_5的含量也都明显高于大米、玉米等谷类食物。此外，大豆中的皂苷和异黄酮具有抗氧化、降血脂和血胆固醇、预防或治疗乳腺癌等保健功能。有人说"一两大豆的蛋白等于二两瘦肉，或三两鸡蛋，或四两大米"（见表3-1）。

表3-1 大豆和豆浆的主要成分

项目		蛋白质	脂质	糖	维生素A	维生素B_1	维生素B_2	胡萝卜素	维生素D	钙	铁	锌	硒
每100克中各成分含量1克	大豆	36	19	25		$7.9×10^{-4}$	$2.5×10^{-4}$	$4×10^{-4}$		0.367	0.011		$1.4×10^{-7}$
	豆浆	2.6	1	1	0.217	$1.3×10^{-4}$	$8×10^{-5}$	—	$2.5×10^{-3}$	0.057	$1.4×10^{-3}$	$2.5×10^{-4}$	—

注：每100克大豆的能量约为1716千焦，每100克豆浆的能量约为58千焦。

大豆蛋白是一种优质的植物蛋白，属完全蛋白，其氨基酸组成接近人体需要，且富含谷类蛋白较为缺乏的赖氨酸。与谷类食物混合食用，可较好地发挥蛋白质的互补作用。大豆是天然食物中含蛋白质最高的食品。我国卫生部根据国内居民身体保健的实际需要提出"大豆行动计划"，提倡"一把蔬菜一把豆，一个鸡蛋加点肉"的饮食结构。要求每人每天至少应该摄入30克左右的大豆蛋白。

豆制品（图3-2）既除去了大豆内的有害成分，又能增加人体对大豆蛋白质的消化吸收。鲜豆浆和豆腐的消化吸收率高达90%～95%，远高于干炒大豆（48%）、煮大豆（65%）、全脂豆粉（80%）、脱脂豆粉（85%）等。

图3-2　大豆及制品

豆制品有固态和液态之分，固态有豆腐、豆腐干、油豆腐和豆蛋白粉（浓缩豆蛋白）等，液态的主要有豆浆、强化豆浆等。

豆浆即豆腐的前体，是大豆经过浸泡、磨浆、过滤、煮沸等工序加工而成的液态制品。豆浆素有"绿色牛乳"之称，其营养价值与牛奶相近。豆浆脂肪中的不饱和脂肪酸比牛奶高得多，而胆固醇很低。鲜豆浆营养丰富，味美可口，经常饮用，对高血压、冠心病、动脉粥样硬化及糖尿病、骨质疏松等大有益处，还具平补肝肾、防老抗癌、降脂降糖、降低胆固醇、增强免疫的功效。

将原汁豆浆进行加工可得一系列的强化豆浆制品。液体的有香草豆浆、蜂蜜豆浆、胡萝卜豆浆及其他类似豆浆。由原味豆浆加入相应的强化汁制成的，除原味及原来的营养成分外又引入了多种新的维生素及微量元素，因而味道好，营养更佳。固体物有豆浆晶，即原汁豆浆减压蒸发得的固体物。经强化（加入其他配料）加工，可制得代乳粉。豆浆晶（或原汁豆浆适当浓缩后）加入维生素（如维生素C）、糖及其他营养素，无菌包装，得到维他奶。

3.2.2　奶及乳制品

奶及乳制品包括人奶及各种动物奶，主要品种有牛乳、羊乳。其中以鹿奶最名贵，牛奶的成分与人奶最接近。实际生活中以牛奶及其制品最常用。牛奶物美价廉，是"接近完美的食品"，人称"白色血液"，是理想的天然食品。

目前全世界人均占有牛奶100千克以上，而我国尚不足人均6千克。原因之一是由于相当多人没有食用牛乳及乳制品习惯。在发达国家中牛奶就像粮食、蔬菜一样，为一日三餐所必需。

各种奶的主要成分如表3-2所示。

表3-2 各种奶的主要成分

奶种	每100克奶中各成分的含量/%					能量/千焦	pH值
	水分	蛋白质	脂肪	乳糖	灰分		
人奶	87.73	1.53	2.97	7.61	0.16	265	6.93～7.18
牛奶	87.67	3.28	3.73	3.66	0.72	289	6.50～6.65
山羊奶	82.58	3.55	6.24	5.35	1.00	403	6.50
水牛奶	82.16	3.72	3.51	3.77	0.84	332	
马奶	89.98	1.82	1.82	6.08	0.33	202	6.89～7.46
驴奶	29.70	2.10	1.50	6.40	0.30	202	
鹿奶	63.30	10.30	22.46	2.50	1.40	1063	
兔奶	69.50	15.54	10.45	1.95	2.56	689	

3.2.2.1 牛奶的营养价值

新鲜的牛奶是一种青白色、白色或稍带黄色的不透明液体，稍有甜味，具有特有的香味（图3-3）。呈白色是由于酪蛋白及其与钙结合成的钙盐与脂肪形成微球悬浮体，微量油溶性叶红素及水溶性黄色素则使原汁牛奶白中透黄。牛奶中有挥发性脂肪酸及其他挥发性物质，所以带有特殊的香味。加温可使香味更强烈。牛奶是由蛋白质、乳糖、脂肪、矿物质、维生素、水等组成的复合乳胶体，相对密度为1.028～1.032。

图3-3 牛奶

牛奶主要提供优质蛋白质、维生素A、核黄素和钙。牛奶中的蛋白质由80%的酪蛋白、12%的乳清蛋白和4%的乳球蛋白和少量的脂肪球膜蛋白组成。其消化吸收率高（87%～89%）。牛奶蛋白质中富赖氨酸和色氨酸，所含的β-酪蛋白和脂肪中的共轭亚油酸具有抗癌功效。牛奶中的钙、磷、钾、钠含量丰富，特别是钙、磷的比例合适，容易消化吸收。牛奶含有丰富的活性钙，是人类最好的钙源之一。还含有较多的维生素A和维生素B_2。牛奶中铁含量很低，如以牛奶喂养婴儿，应注意铁的补充。

3.2.2.2 常见奶制品

目前，国内市场上的乳制品大致可分为两大类。一类为液态奶，包括消毒鲜奶、酸奶和含乳饮料等。另一类为奶粉，奶粉就是将原汁奶消毒后在真空下低温脱水而得的固体粉末。

消毒鲜奶是经过过滤、加热杀菌、高压均质后，分装出售的饮用奶。市售消毒牛奶常强化维生素D等。高压均质是把牛奶中的脂肪球粉碎，防止脂肪黏附和凝结，也更利于人体吸收。常见的有巴氏消毒奶（低温杀菌的纯鲜牛奶，保质期一般<48小时）、灭菌牛奶（又称UHT奶，保质期≥30天）。对鲜奶经均化、消毒和维生素D强化，可得加工奶，如多维奶、低脂或脱脂奶、巧克力及加香奶、淡炼乳和浓缩乳等。

牛奶杀菌的热处理分类如表3-3所示。

表3-3 杀菌的热处理分类

工艺名称	温度/℃	时间
低温长时巴氏杀菌	62.8～65.6	30分钟
高温短时巴氏杀菌	72～75	15～20秒
超巴氏杀菌	125～138	2～4秒
超高温杀菌（连续式）	135～140	4～7秒
保持杀菌	115～121	20～30分钟

酸奶是指产生乳酸的细菌使牛奶或其制品发酸的黏稠体或液体。酸奶是用纯牛奶发酵制成的，也属纯牛奶。因为黄种人对鲜奶中的乳糖吸收不好，所以人们改喝酸奶、酸乳酒等奶制品。

含乳饮料的配料除了鲜牛奶以外，一般还有水、甜味剂、果味剂、防腐剂（如山梨酸）等。国家标准规定，含乳饮料中蛋白质和脂肪的含量应不低于0.7%和1.0%。

此外，还有奶油、冰淇淋、麦乳精、酪乳、干酪、凝乳、乳清等奶制品。

3.3 酒

所谓酒，就是指含酒精（乙醇）的饮料。

乙醇是一种无色透明、易燃、易挥发的液体，具有特殊的芳香味，能与水及大多数有机溶剂混溶，可以调制成各种浓度。酒的度数表示酒中含乙醇的体积百分比（V/V）。标准酒度是指20℃条件下，每100毫升酒液中所含纯酒精的毫升数，如50度的酒，表示在100毫升的酒中含有乙醇50毫升（20℃）。西方国家常用proof表示酒精含量，规定酒精含量100%的酒为200proof。如100proof的酒则是含酒精50%。啤酒的度数则不表示乙醇的含量，而是表示啤酒生产原料麦芽汁的浓度。如12度的啤酒表示麦芽汁发酵前浸出物的浓度为12%（质量分数）。麦芽汁中的浸出物是多种成分的混合物，以麦芽糖为主。啤酒的酒精是由麦芽糖转化而来的，由此可知酒精度低于12度。如常见的浅色啤酒含酒精3.3%～3.8%，深色啤酒含酒精4%～5%。

通常可按酒精含量将酒饮料分为高度酒（酒精含量>40%）、中度酒（酒精含量在20%～40%之间）和低度酒（<20%）三大类。根据酒的商品特性，则可将酒饮料分为白酒、果酒、黄酒、露酒和啤酒5类。根据酒的酿造工艺又可将酒分为发酵酒、蒸馏酒和配制酒三类。

酒的主要作用有：

① 刺激作用　加速血液循环，有温热感；药用功效，如减轻疼痛、促进睡眠和镇静作用；

② 调味和营养作用　如去腥（溶出其成分并助其挥发）、赋香（与各种有机酸作用生成酯）、助消化（酵母、维生素及溶解其他食物中的营养素），以酒佐餐，有开胃之功；

③ 调节作用　少量饮酒者患缺血性心脏病的概率低于完全不饮酒者，这可能是因为酒有扩张血管的作用。节假日饮酒，可增添喜庆欢乐、平和安详的气氛，促进人际交往等。

3.3.1　酒的主要种类

3.3.1.1　高度酒

高度酒均为蒸馏酒以保证足够高的乙醇含量，其中最高者为美国伊州的"永不醉"酒，达95度。通常用含糖的食物如谷物、薯类等为原料，煮熟后在温度为24～29℃时发酵。此时糖酵解为乙醇，发酵产物称为麦芽浆。再经压汁、蒸馏、陈化和勾兑而得。有些酒新蒸出时因含某些芳香族物质而涩口，通过陈化可使难闻的酸和杂醇油作用生成香酯。在木桶中陈化数年，醇香味更浓。也可用活性炭吸附除去异味。

图3-4　茅台酒

（1）中国名酒　我国具有悠久的酿酒历史，各代都有咏酒名诗，如"对酒当歌"、"吴刚捧出桂花酒"，成为璀璨中华文化的一枝花。中国名酒主要有：贵州茅台酒（已有2000多年历史，为世界名品，见图3-4）、山西汾酒、四川五粮液、陕西西凤酒、江苏洋河大曲、四川剑南春、泸州大曲、安徽的古井贡酒、贵州的董酒、江苏的双沟和北京的二锅头等。

（2）外国名酒　世界之大，名酒很多（图3-5）主要有以下几种。

① 爱尔兰的威士忌（Whisky，意指"生命之水"）　以谷物特别是玉米、黑麦作原料，发酵芽浆分多步蒸馏，在木桶中陈化3～4年，有独特香味，可直接饮用。

图3-5　外国名酒

② 俄国的伏特加　以马铃薯为主原料，其淀粉需用酶转化为糖，特点是酒精含量高且无香味，通常用木炭除去杂质，经冰冻后饮用。

③ 法国的白兰地　以苹果、草莓、葡萄等为原料，由水果发酵浆蒸馏而得，陈化2年以上去涩，与水、咖啡、苏打水配用。

④ 美国的杜松子　以谷物和麦芽混合物为原料，发酵后重蒸得高酒精含量的混合液，并掺以松属植物的浆果、柠檬或橙皮等香料，可直接饮用或与其他烈性酒配用。

3.3.1.2　低度酒

用葡萄、大麦、稻米等原料，经发酵、澄清、加工制得的乙醇含量较低的酒。由于含有大量酵素、维生素、微量元素，所以这类酒有一定的抗病毒和营养作用，主要有葡萄酒（图3-6）、果酒、啤酒、甜酒。

图3-6　葡萄酒

（1）葡萄酒及果酒　葡萄酒含有多种维生素，尤富含维生素B_{12}。适量常饮可降血压、降血脂，减少粥样硬化的心脏病的发病率，并有很好的放松作用和可口的味道刺激欲。红葡萄的皮中有一种"逆转醇"具有抗衰老作用。葡萄酒的制法是先制作优质果汁，再用二氧化硫处理，杀死不需要的野酵母。把酵母菌株培养基加到发酵罐的葡萄汁中，使糖分转化成酒。加胶或蛋清作为澄清剂并滤去悬浮物质得到新酿的酒，即可供饮用。也可用陈化法去掉涩味。葡萄酒和各种果酒品种极多，比较有名的有法国波尔多葡萄酒、美国香槟酒、意大利红葡萄酒、法国苹果酒、希腊树脂酒和中国丁香葡萄酒等。其中的中国丁香葡萄酒用藏红花、丁香等中药和葡萄鲜汁发酵制成，可滋阴补脾、健胃驱风、舒筋活血、益气安神，尤其适宜妇女饮用。

图3-7　啤酒

（2）啤酒　啤酒是一种主要由大麦为原料制成的在其泡沫中富含蛋白质和有机酸的发酵饮料（图3-7）。啤酒的制作是使麦粒发芽后去根粉碎，加入碎米（以增加糖分）煮熟制成麦芽浆，由麦芽中的酶使淀粉转化成糖。过滤后将所得糖汁与啤酒花共煮，随后用酵母发酵。将澄清后的发酵麦芽汁过滤即得啤酒。在糖化过程中，淀粉酵素分解淀粉成麦芽糖和糊精，蛋白质分解酵素使高分子蛋白质分解为可溶性低分子蛋白质。最后糖酵解成酒，并含有戊糖、氨基酸、色素、单宁及酸与醇反应生成的酯。因此啤酒有浓厚的香味和宜人的苦味。

驰名于世的啤酒主要有中国青岛啤酒、德国白啤酒、美国黑啤酒、日本清酒（又称稻米酒）等。

（3）甜酒　以糯米或其他糖源为原料制成的含糖、有机酸、蛋白质、维生素、酵素、香料以至药料的甜味饮料（乙醇含量通常不超过10％），富有营养，适于易醉酒者饮用。

我国有名的甜酒甚多，主要有浙江绍兴的黄酒、湖南长沙的甜酒冲蛋、福建龙岩的沉缸酒和各类蜜酒等。

3.3.2 酒精中毒

3.3.2.1 乙醇的代谢

乙醇是一种发酵或合成产品,对蛋白质具有变性作用,因此在生命中存在极少。正常人的血液中含有0.003%的酒精,血液中酒精浓度的致死剂量是0.7%。

当乙醇进入机体后,不需要经过消化就发生吸收。吸收过程是在乙醇到达胃部后开始的,速度较快。饮酒后几分钟,酒从肠胃转入血液后迅速分布至全身。0.5～3小时后,血液中的乙醇浓度达到最高。酒首先被血液带到肝脏,在肝脏过滤后,到达心脏,再到肺,从肺又返回到心脏,然后通过主动脉到静脉,再到达大脑和神经中枢。酒精对大脑和神经中枢的影响最大。空腹饮酒比饱腹饮酒的吸收率要强得多,这是因为胃内有食物时可以稀释酒精。

90%以上的乙醇在肝中代谢,其次是肾。在酶的作用下,乙醇首先生成毒性比较高的中间产物醛,然后进一步氧化生成丙酮酸,最后进入糖酵解过程或是氧化分解过程。经肾和肺排出的量不到10%。人体对乙醇的清除速率约0.1克/[千克(体重)·小时],成人每小时可清除乙醇6～7克。大多数成人乙醇致死量为250～500毫升。对于那些肝脏有问题的人及酗酒者,由于其肝脏对乙醇的氧化分解能力下降或产生障碍,从而使饮用的乙醇很难通过体内氧化的方式加以解毒,结果导致肝脏、大脑、脊髓和心脏受损害。这种损害分为暂时性损害和持久性损害两种。乙醇在人体内分解过程中,需要消耗比较多的维生素B_1。所以,经常饮酒者,需要更多地补充维生素B_1或食用富含维生素B_1的食品。

3.3.2.2 急性酒精中毒的表现及处理

① 兴奋期　血液中酒精浓度为0.5～1克/升。饮酒者多数表现为面红耳赤,这是源于酒精对血管的扩张作用,但也有人因为血管收缩而表现为脸色苍白。心理上的感觉是精神兴奋、毫无顾虑,甚至出现粗野无理、感情冲动的反常行为。

② 失调期　血液中酒精浓度为1.5～2克/升。醉酒者表现为行动笨拙,出现行动蹒跚,举步不稳,这就是神经系统被酒精麻醉而失去调节平衡的原因。在思想意识方面表现为反应迟钝、语无伦次、含糊不清等。

③ 昏睡期　血液中酒精浓度为2.5～4克/升。随着酒精继续向血

液浸透渗入，神经被麻醉，记忆力丧失，随之就进入了昏睡期。表现为颜面苍白、肌肉失调明显、皮肤湿冷、瞳孔扩大、大小便失禁、脉搏加快、呼吸缓慢而有鼻声。

④ 死亡　一般人的酒精致死量为5～8克/千克。血中酒精浓度在4克/升以上，昏迷，完全失去意识，出现呼吸、循环麻痹而危及生命。

醉酒醒后状态：头痛、头晕、恶心、乏力、震颤；重者酸碱平衡失调、电解质紊乱、低血糖、肺炎、急性肌病等。

处理：一般轻度醉酒者大多数不需治疗，经过昏睡后即可自愈，不过在血管扩张期，需对身体进行保温以维持正常的体温。如果醉酒者仍有吞咽功能时，可以给醉酒者灌饮盐水、糖水、醋或10%的碳酸氢钠溶液。若醉酒者已经丧失吞咽功能，呈昏迷状态，则应该立即送医院抢救。

3.3.2.3　白酒中的有害成分及其卫生指标

白酒中的有害成分主要有甲醇、醛类、杂醇油、氰化物和铅等。

甲醇对人体有很大的毒性，食入4～10克就可引起严重中毒。甲醇的急性中毒表现有恶心、胃痛、呼吸困难、昏迷等症状。少量的甲醇会引起慢性中毒，表现为头晕、头痛、视力减退、视野缩小，重者双目失明。甲醇在人体内有蓄积作用，不易排出体外，在人体内氧化成甲醛和甲酸，而甲酸的毒性比甲醇大6倍，甲醛的毒性比甲醇大30倍。国家规定：白酒甲醇的含量不能超过0.12克/100毫升。

白酒中的醛类主要是甲醛、乙醛和糖醛。乙醛的毒性为乙醇的10倍，糖醛的毒性为乙醇的83倍。经常饮用含乙醛高的酒容易成瘾。甲醛的毒性最大，饮含有10克甲醛的酒，就可致人死亡。国家规定：一般白酒总醛量不得超过0.02克/100毫升（以乙醛计）。

杂醇油虽是白酒的重要香气成分之一，但如果含量过高，就会对人体造成危害。杂醇油的中毒和麻醉作用均比乙醇强，使饮用者头痛、头晕，所谓饮酒"上头"主要就是杂醇油的作用。杂醇油的毒性作用随着分子量的增大而加剧。丙醇的毒性为乙醇的8.5倍，异丁醇为乙醇的8倍，异戊醇为乙醇的19倍。杂醇油在人体内氧化速度很慢，故容易使人长醉不醒。国家规定：白酒中的杂醇油的总量不能超过0.15克/100毫升（以戊醇计）。

白酒中的氰化物主要与原料有关，如用木薯或野生植物酿酒，在酿造过程中分解为氢氰酸。氰化物有剧毒，饮用者轻者中毒，重者死亡。国家规定：木薯白酒中氰化物含量不能超过5微克/克（以氢氰酸计），代用原料的白酒中氰化物含量不能超过2微克/克。

铅是有毒的重金属，含量0.04克就可引起急性中毒。主要是慢性铅中毒，表现为头痛、头晕、记忆力减退、四肢无力、贫血等。国家规定：铅含量不得超过1微克/克。

3.4 无酒精兴奋饮料

无酒精兴奋饮料主要包括茶、咖啡、可可,是一类中等刺激性饮料。它们都含有各种生物碱。

3.4.1 茶

图3-8 茶

茶(图3-8)起源于中国。唐代陆羽著《茶经》为首部论茶专著。茶很早就成为世界流行的饮料,是中国与域外民族的重要贸易商品。茶还是一些游牧民族不可缺少的副食。茶叶的主要保健作用是:助消化、解油腻、治疗便秘、利尿、调节免疫、抗辐射,以及预防龋齿、心血管疾病、糖尿病和癌症等。

3.4.1.1 茶的化学成分及功用

新鲜的茶叶含有75%~80%的水及20%~25%干物质。在干茶叶中,含蛋白质20%~30%、茶多酚20%~35%、生物碱3%~5%、糖类35%~40%、脂类化合物4%~7%、有机酸3%、矿物质4%~7%、维生素0.6%~1.0%。

鞣质,即茶多酚。它是一类多酚化合物的总体,主要包括儿茶酚、黄酮、花青素、酚酸等。其中以儿茶酚含量最多。茶多酚又称为茶单宁。茶多酚不仅和茶叶的色、香、味密切相关,而且饮茶的许多重要功效均与茶多酚有关。茶多酚是自然界中最强有力的抗氧化剂之一。茶多酚可以使致癌物失去活性,可阻断亚硝酸胺的形成,抑制癌细胞生长。另外,茶多酚还可以增强毛细血管的弹性、抗菌消炎抗病毒、保护人体内的维生素C、抗辐射损伤等。

茶素,又称茶碱。是构成茶苦味的主要成分,富刺激性,有提神强心之效,可强化筋骨伸缩功能并有利尿作用,也是吗啡碱、烟碱及酒精的有效减毒剂和醒酒剂,服之使人感到心清目明。还可中和由于偏食蛋白质或脂肪过多引起的酸。

茶叶中含有多种维生素。其中水溶性维生素(包括维生素C和B族维生素),可以通过饮茶直接被人体吸收利用,它们与所含的芳香油一起，能溶解臭味物从而除口臭，可解油腻，并能降低血脂，软化血管，增强血管的韧性和弹力，预防脑溢血及血管硬化。红茶、乌龙茶因加工中经发酵工序，维生素C受到氧化破坏而含量下降，尤其是红茶，含量更低。

茶叶中也有人体所需的矿物质，如钙、磷、钾、钠、镁、硫等常量元素和铁、锰、锌、硒、铜、氟和碘等微量元素。100克茶叶中含有1660毫克K、10~15毫克F、325毫克Ca、3.3毫克Zn、12.3毫克Fe，其中80%的氟均可溶于茶汤。若每人每天饮茶叶10克，则可吸收水溶性氟1~1.5毫克，而且茶叶是碱性饮料，可抑制人体钙质的减少，这对预防龋齿，护齿、坚齿有益。饭后用茶水漱口可以保持口腔卫生。夏天出汗过多，易引起缺钾，喝茶是补充钾的理想方法。

通过饮茶被直接吸收利用的水溶性蛋白质含量约为2%，其中含有6种必需氨基酸。大部分蛋白质为水不溶性物质，存在于茶渣内。

3.4.1.2 茶的主要品种

茶的品种很多。主要有绿茶、红茶、乌龙茶、普洱茶等。

绿茶又叫作不发酵茶，茶色绿中偏黄。将采到的茶叶尽快蒸或炒烤（称为蒸青或杀青），破坏酵素（防止酸化发酵和变色），再经揉捻和干燥直到爽手为止。原茶成分在绿茶中保存最多，如各种醇（如己烯醇、苯乙醇），为茶赋香；各种糖及胶质（阿聚糖、半乳聚糖、糊精、果胶）给茶添味。我国的绿茶名品主要有浙江龙井、洞庭碧罗春、武夷铁罗汉、婺源绿茶等。

红茶属于发酵茶，是以茶树的一芽二三叶为原料，经过萎凋、揉捻（切）、发酵、干燥等典型工艺过程精制而成。因其干茶色泽和冲泡的茶汤以红色为主调，故名红茶。我国红茶种类较多，产地较广。红茶在加工过程中发生了以茶多酚酶促氧化为中心的化学反应，鲜叶中的化学成分变化较大，茶多酚减少90%以上，产生了茶黄素、茶红素等新成分。香气物质比鲜叶明显增加。所以红茶具有茶红、汤红、叶红和香甜味醇的特征。我国红茶品种以祁门红茶（简称祁红）最为著名。

乌龙茶，为半发酵茶，以本茶的创始人而得名。其最负盛名的要数福建的"武夷岩茶"。乌龙茶综合了绿茶和红茶的制法，其品质介于绿茶和红茶之间，既有红茶浓鲜味，又有绿茶清芳香并有"绿叶红镶边"的美誉。品尝后齿颊留香，回味甘鲜。乌龙茶的药理作用，突出表现在分解脂肪、减肥健美等方面。在日本被称之为"美容茶"、"健美茶"。

在上述3种茶叶加工技术的基础上用茶叶或其他植物叶可制得许多别的茶或类似茶的饮料。主要有珠茶、砖茶、速溶茶、马黛茶、药茶、花茶和绞股蓝茶等。

3.4.2 咖啡

图3-9 咖啡

咖啡（图3-9）是热带的咖啡豆经200～250℃烘烤和磨碎后制成的饮料。咖啡的主要成分是：蛋白质（14%）、脂肪（12.3%）、糖（47.5%）、纤维（18.4%）、灰分（3.3%）。当制成饮料后，溶于水的有用成分有：咖啡碱（刺激性）、咖啡酸（又称绿原酸）、蛋白质、单宁（涩味）。长期以来，对咖啡的苦味一直没有搞清。直至2008年初，德国人Thomas Hofmann才报道说"咖啡的苦味来源于绿原酸"。

咖啡因是咖啡中的一种较为柔和的兴奋剂，对人体主要有提神的作用。目前，人类在大约60种植物中发现了咖啡因。判断咖啡优劣的依据是其特有的咖啡香和味，这是由咖啡中的碱和酸及脂肪在烘焙过程中酯化形成的。市场上常见的品种有咖啡粉、速溶咖啡和掺和咖啡等。

3.4.3 可可

将热带可可树之果实——可可豆，经发酵、洗净、干燥、焙炒而生香后，去掉壳和胚芽，将留下的胚乳磨成细粉，此时产生的热量足以使其中所含的脂肪溶化，生成溶脂（可可脂，熔点约37℃）和果肉粉的稠状物，称为可可浆，这是制作可可系列食品的基础。其主要成分为糖（38%）、脂肪（22%）、蛋白质（22%）、灰分（8%），还有6%的单宁、3%的有机酸及少量咖啡碱、可可碱和酵素等，后一类特征成分使可可具有苦、香、涩味、刺激性及深色。本品营养丰富，可加工成多种美食。其特点是脂肪含量高，属于高能食品。市场上的可可制品主要有可可粉、巧克力等。

3.5 软饮料

软饮料主要有苏打水和各种果汁。我国饮料市场正由单纯解渴向果汁、果味、营养型发展，由碳酸饮料（汽水、可乐等）向天然型果汁、蔬菜转移。

3.5.1 苏打水

夏季，人们总爱喝汽水、可乐，打开瓶盖便看到气泡沸腾，喝进肚中不久便有气体涌出，顿有清凉之感，这就是二氧化碳（CO_2）气体。苏打水含有二氧化碳，可助消化，并促进体内热气排出，产生清凉爽快感觉；有一定杀菌功能，也可补充水分。

苏打水（也称碳酸饮料）由饮用水吸收二氧化碳，并添加甜味剂和香料等成分制成，包括汽水和可乐。碳酸饮料如果喝得太多会对人体不利：① 碳酸饮料营养成分很少，属于"空热量食品"，可能导致肥胖；② 碳酸还会溶解骨骼中的钙，使人体缺钙，不但影响儿童与青少年时期的骨骼发育，而且容易危及中老年人，特别是妇女在更年期时易出现骨质疏松；③ 健康的人体应该呈弱碱性，而碳酸饮料中添加碳酸、乳酸、柠檬酸等酸性物质较多，又由于近年来人们摄入的肉、鱼、禽等动物性食品比重越来越多，许多人的血液呈酸性状态，这些都会导致血液的酸性化。

碳酸饮料的种类主要有：

① 果汁型　原果汁含量不低于2.5％的碳酸饮料；

② 果味型　以食用香精为主要赋香剂，原汁含量低于2.5％的碳酸饮料，如"雪碧"、"芬达"；

③ 可乐型　含有可乐果、白柠檬、焦糖色素或其他类似辛香、果香混合香气的碳酸饮料；

④ 低热量型　如汽水等。

可口可乐（图3-10）起初由可乐豆提取汁制得。其特点是含少量咖啡因（不超过0.002％）。因近年来在包装上不断改进（如采用易拉罐），启开

图3-10　可口可乐

时嘶嘶作响的碳酸气的震感和轻微的刺激作用，臻于佳境的美味，使这种饮料成为世界各国最赢利的食品之一。除了对水质、原料混合、兑制和消毒乃至装瓶程序严格把关以外，制备可乐的奥秘集中在配料的选用上，主要有甜味剂（干糖、转化糖、葡萄糖、果糖、玉米糖浆、山梨醇等）、香料（天然味料或食用香精）、酸（醋酸、柠檬酸、葡糖酸、乳酸、苹果酸等）和刺激剂（乙醇及咖啡因）。国产可乐主要是各种药草可乐，多以冬青油、香草、肉豆蔻、丁香或茴香赋香，除焦糖色外，还可染成较淡颜色。

3.5.2 果蔬汁

果蔬汁是以果蔬为原料，经机械加工或加入糖液、酸味剂等配料所得的饮品。果蔬汁一般含有原料水果或蔬菜的营养，如大蒜饮料含有多种必须氨基酸、维生素、无机盐以及对人体具有保健作用的大蒜素。果蔬汁一般含有丰富有机酸，可刺激胃肠分泌，助消化，还可使小肠上部呈酸性，有助钙、磷的吸收。同时含有多种维生素，可补充维生素及无机盐，调节体内酸碱平衡。制作一杯果汁（未加水稀释）往往要用上2～3个水果，所以喝一杯果汁会比吃一个水果吸收更多的热量，而果汁所含的纤维素却不及原水果。果汁饮料中，纯果汁含量不低于10％。果粒果汁饮料中，果汁含量不低于10％，果粒含量不低于5％。在一些果汁产业比较成熟的国家，只有含量超过30％才允许使用"果汁饮料"名称。

果蔬汁可分为原汁、强化汁等。将洗净的原果压汁即得原汁。常见的果汁有：

① 鲜苹果汁 富钾、铁，少维生素C；
② 葡萄汁 富铬、钾，缺维生素C；
③ 橘汁 富钾及维生素C、维生素A；
④ 菠萝汁 富钾和维生素C；
⑤ 红果汁 富维生素C和铁。

将原汁通过浓缩或加入富有营养或可口的成分即可得强化汁。如在40℃真空条件下将原汁浓缩至原来体积的1/3～1/6，再加入强化剂（主要是维生素C），即得强化汁。或将多种果汁混合，使其营养互补。如橘乳由橘汁、干酪乳清蛋白混合而成，再加糖、香料等，营养极丰富。

再如花粉或蜜汁饮料,是由不同花的特殊腺体分泌的糖浆状液体加果酱、果汁、甜味剂、柠檬酸和维生素C强化制成。如不强化,花粉及蜂蜜营养主要限于糖分,其特点是香味浓郁,可引起良好的生理效果。

当然,还可将果汁进一步加工成固态的果晶,即含98%固体物的脱水果汁,可用低温干燥或冷冻干燥,果粉可加维生素C、微量元素及酸甜剂和香料进一步强化。市售各种果珍、果宝均属此类。其特点是营养成分更高,且包装方便。

第4章

保健与化学

　　健康长寿是人类的共同愿望。合理营养是人类获得健康的物质基础。所谓合理营养就是使人体的营养生理需求与人体通过膳食摄入的各种营养物质之间保持平衡。合理的营养贵在全面、平衡、适量。合理的营养来自于合理的膳食。

4.1 合理营养

4.1.1 合理营养的概念

合理营养是一个综合性概念,它既要通过膳食调配提供满足人体生理需要的能量和各种营养素;又要考虑合理的膳食制度和烹调方法,以利于各种营养物质的消化、吸收与利用;此外,还应避免膳食构成的比例失调,某些营养素摄入过多以及在烹调过程中营养素的损失或有害物质的生成。

在人体内有蛋白质、脂肪、碳水化合物(糖类)、维生素、无机盐和水6大类营养素,虽然人体对这些营养素的需要量不同,有的甚至是微量,但每一种营养素对人体都有着特殊的功用,缺一不可。在膳食中,不管是营养缺乏或者营养过剩,均会影响人体健康。

4.1.2 食品酸碱性与人体健康

正常人的血液pH值为7.35~7.45,呈弱碱性。若pH<7.35,发生酸性中毒;pH>7.45,发生碱性中毒。在营养学上,一般将食品分成酸性食品和碱性食品两大类。食品的酸碱性与其本身的pH值无关,主要是根据食品经过消化、吸收、代谢后产物的酸性或碱性来界定。与食物的酸碱性有密切关系的元素有8种:钾、钠、钙、镁、铁、硫、磷、氯。前5种金属元素,进入人体代谢后呈现碱性;后3种非金属元素在人体内氧化后,生成带有阴离子的酸根,呈酸性。

动物性食品中,除牛奶外,大多是酸性食品。酸性食物包括各种肉类、蛋类、白糖、大米、面粉、花生、大麦、啤酒等。植物性食品中,除五谷、杂粮、豆类外,大多为碱性食品。碱性食物包括多数蔬菜类、水果类、海藻类。低热量的植物性食物几乎都是碱性食品。

在日常饮食中要注意不偏食,提倡"三少三多"的饮食结构,即少吃大鱼大肉,多吃豆、乳制品;少吃油性食品,多吃蔬菜水果;少吃甜食,多吃海产品。

4.1.3 不宜常吃的食品

烧烤食品:烧烤食品含有强致癌物质三吡四丙吡,主要引起胃癌。

熏制食品：与烧烤食品相似。熏制食品具有特殊的风味，并可延长存放时间，但熏烟中含有多环芳烃类。

油炸食品：含有较高的油脂和氧化物质，经常进食易导致肥胖和心血管疾病。油炸会破坏维生素，使蛋白质变性，而且往往产生大量的致癌物质。油条中的明矾是含铝的无机物，若多吃就会对大脑及神经细胞产生毒害，甚至引发老年性痴呆症。

腌制食品：咸鱼、咸肉和各种腌菜在腌制过程中可产生大量的致癌物质亚硝胺，导致鼻咽癌等恶性肿瘤的发病风险增高，高浓度的盐分还可严重损害胃肠道黏膜。

其他不宜常吃的食品还有加工的肉类食品（肉干肉松、火腿肠等）、罐头类食品（鱼肉和水果）、方便类食品（方便面、饼干类食品）、奶油制品、冷冻甜点（冰淇淋、棒冰和各种雪糕等）、果脯、话梅和蜜饯类食物、汽水可乐类食品。

世界卫生组织公布的"十大垃圾食品"如图4-1所示。

油炸类食品
① 含致癌物质
② 导致心血管疾病元凶
③ 破坏维生素使蛋白质变性

腌制类食品
① 常食易得溃疡和发炎
② 导致高血压加重肾负担
③ 影响黏膜系统对肠胃有害

加工类肉食品
① 含致癌物亚硝酸盐
② 含大量"防腐剂"
③ 常食加重肝脏负担

饼干类食品
① 食用香精和色素过多
② 严重破坏维生素
③ 热量多营养成分低

汽水可乐类食品
① 含糖量过高容易肥胖
② 喝后有饱胀感影响正餐
③ 含磷酸会带走体内大量钙

方便类食品
① 热量高，营养少
② 盐分高含防腐剂香精损肝
③ 主要指方便面和膨化食品

罐头类食品
① 破坏维生素
② 使蛋白质变性
③ 热量高营养成分低

蜜饯果脯类食品
① 含致癌物亚硝酸盐
② 盐分过高含防腐剂
③ 含大量香精损害肝脏

冷冻甜品类食品
① 含奶油极易引起肥胖
② 含糖量过高影响正餐
③ 主要指冰淇淋、雪糕等

烧烤类食品
① 含致癌物"三苯四丙吡"
② 1只烤鸡腿＝60支烟毒性
③ 使蛋白质炭化加重肾负担

图4-1　世界卫生组织公布的"十大垃圾食品"

4.1.4 绿色食品及食品等级

为了满足人民群众对安全食品的需求，以及保护我国农业资源，我国于1989年提出发展绿色食品。

绿色食品并不是指"绿颜色"的食品，而是对"无污染"的一种很形象的表述。所谓绿色食品，是指按照特定生产方式生产并经专门机构认定，许可使用绿色食品标志的无污染的安全、优质、营养类食品。绿色食品是我国特有的概念，与美国的生态食品、德国的有机食品相类似；绿色食品又分AA级和A级。AA级绿色食品强调在生产过程中完全不用或基本不用化学合成肥料、农药、兽药、添加剂和生长调节剂等；A级绿色食品在生产过程中限量、限品种使用化肥、农药等化学合成物质，符合我国国情，宜于大规模发展。

普通食品是泛指除安全食品外的一般食品，若带有保健功能可称为保健食品，如减肥食品等。无公害食品是特指经过政府有关部门认证、允许使用特别标志、有一套规范管理标准的食品的总称，最主要特点是污染（如农药残留和重金属元素）控制得较严格，更安全、更有利于环保和人民健康。就安全和卫生而言，无公害食品略高于普通食品。有机食品是来自最佳的生态环境的一种高品位、高营养、纯天然、优质、安全的食品，是食品发展的总趋势。绿色食品不全是有机食品，其中的AA级才是有机食品。由此可将食品分为4个等级，由低到高依次是：普通食品＜无公害食品＜A级绿色食品＜AA级绿色食品。

4.1.5 健康搭配与食物相克

营养上特别讲究各种食物的相互搭配食用，以获得丰富、合理的营养。

4.1.5.1 健康搭配

健康搭配主要有粗细粮搭配（兼顾消化能力和营养需要）、荤素搭配（营养全面，酸碱平衡）、谷类与豆类搭配（提高蛋白质吸收利用率）、蔬菜多色搭配（丰富维生素及多种矿物质）、酸性、碱性食物搭配（避免因缺钙、铁等引起的一系列症状，如皮肤病）、干稀搭配（保证热量及水分充足）。例如，黄豆与玉米混食，能加强肠壁自身的蠕动，预防大肠癌；用黄豆和排骨煨制浓汤，可作为老、弱、病人的调理和滋补食品；鱼和豆腐一起吃能防治冠心病和脑梗塞。

4.1.5.2 食物相克

（1）辣椒不宜炒猪肝　维生素C具有很强的还原性，在有微量重金属离子如Cu^{2+}、Fe^{2+}存在时极易被氧化分解而失去生理活性。辣椒、番茄、毛豆等蔬菜富含维生素C，而猪肝中含铜、铁元素丰富。所以，猪肝不宜与富含维生素C的蔬菜搭配。

（2）菠菜与豆腐易患结石症　菠菜富含草酸，豆腐富含Ca^{2+}、Mg^{2+}，两者相遇可生成难溶的草酸镁和草酸钙，不仅影响人体吸收钙质，而且还容易患结石症。

（3）海鲜与啤酒易诱发痛风　海鲜含有嘌呤和苷酸，啤酒富含分解这两种成分的催化剂——维生素B_1。如果吃海鲜时饮啤酒，会促使有害物质在体内的结合，增加人体血液中的尿酸含量，从而形成难排的尿路结石。若自身代谢有问题，吃海鲜、喝啤酒易导致血尿酸水平急剧升高，诱发痛风，以致出现痛风性肾病、痛风性关节炎等。

（4）火腿与乳酸制品同吃会致癌　当火腿中的防腐剂硝酸盐碰上有机酸（乳酸、柠檬酸、酒石酸、苹果酸等）时，会转变为致癌物质——亚硝胺。

4.2 中国居民膳食指南

目前世界上大致有三种膳食结构。

① 日本模式　植物性食品为主,动物性食品有适宜比例,鱼类及海产品的食物量较大,且有丰富的新鲜蔬菜和水果;动、植物性食物比较均衡;能量、蛋白质、脂肪的摄入均衡。

② 欧美发达国家模式　"三高一低"(高能量、高蛋白质、高脂肪、低纤维),60%～70%是肉、奶、禽、蛋,食糖和水果也多。

③ 发展中国家模式　特点是植物性食品为主,肉蛋鱼、奶类很少;动物性食品不足;蛋白质、热能营养不良。

4.2.1　我国居民的营养现状

我国属于发展中国家,膳食以植物性食物为主,优质蛋白质占总蛋白不到1/3。目前,谷类、薯类减少,动物性食物、脂肪增多,疾病谱改变(高血压、糖尿病、血脂异常、超重和肥胖患者明显上升)。部分农村或边远地区居民膳食质量差、营养不足。

中国人群最严重缺乏的营养素有维生素A、维生素B_2和钙,普遍缺乏的有维生素B_1、维生素B_6和维生素C以及Fe、Zn、Se等,其中,儿童缺锌、妇女缺铁、中老年人缺维生素C较为严重。

4.2.2　健康饮食八项原则

1993年实施的《九十年代中国食物结构改革与发展纲要》提出了"食物要多样,粗细要搭配,三餐要合理,饥饱要适当,甜食不宜多,油脂要适量,饮酒要节制,食盐要限量"的基本原则(简称40字诀)。2001年实施的《中国食物与营养发展纲要》(2001～2010年)进一步指出,要"加强对居民食物与营养的指导,建立用科学的营养知识引导消费和用消费带动生产的新机制,使生产结构、消费结构和营养结构合理协调"。

2008年1月15日,卫生部颁发了《中国居民膳食指南》(2007),对公众选择平衡膳食,摄取合理营养,增强健康体质提出了具体的指导性意见。要求6岁以上的正常人群遵循以下10项"膳食指南":

第 4 章 保健与化学

4.2.2.1 食物多样，谷类为主，粗细搭配

谷类包括米、面、杂粮，主要提供碳水化合物、蛋白质、膳食纤维及B族维生素。应保持每天适量的谷类食物摄入，一般成年人每天摄入250～400克为宜。要注意粗细搭配，经常吃一些粗粮、杂粮和全谷类食物。稻米、小麦不要研磨得太精，以免所含维生素、矿物质和膳食纤维流失。

4.2.2.2 多吃蔬菜、水果和薯类

蔬菜、水果是维生素、矿物质、膳食纤维和植物化学物质的重要来源。薯类含有丰富的淀粉、膳食纤维及多种维生素和矿物质。富含蔬菜、水果和薯类的膳食对保持肠道正常功能，提高免疫力，降低患肥胖、糖尿病、高血压等慢性疾病风险具有重要作用。建议成年人每天吃蔬菜300～500克、水果200～400克，并注意增加薯类的摄入。

4.2.2.3 每天吃奶类、大豆或其制品

奶类营养成分齐全，组成比例适宜，容易消化吸收。奶类除富含优质蛋白质和维生素外，含钙量较高，且利用率也很高。适当多饮奶有利于骨健康。建议每人每天平均饮奶300毫升。饮奶量多或有高血脂和超重肥胖倾向者应选择低脂、脱脂奶。大豆含丰富的优质蛋白质、必需脂肪酸、多种维生素和膳食纤维，且含有磷脂、低聚糖和异黄酮、植物固醇等多种植物化学物质。建议每人每天摄入30～50克大豆或相当量的豆制品。

4.2.2.4 常吃适量的鱼、禽、蛋和瘦肉

鱼、禽、蛋和瘦肉均属于动物性食物，是人类优质蛋白、脂类、脂溶性维生素、B族维生素和矿物质的良好来源。瘦畜肉铁含量高且利用率好。鱼类、禽类的脂肪含量一般较低，且含有较多的不饱和脂肪酸。

4.2.2.5 减少烹调油用量，吃清淡少盐膳食

食用油和食盐摄入过多是我国城乡居民共同存在的营养问题。脂肪摄入过多是引起肥胖、高血脂、动脉粥样硬化等多种慢性疾病的危险因素之一。膳食盐的摄入量过高与高血压的患病率密切相关。建议我国居民应养成吃清淡少盐膳食的习惯，即膳食不要太油腻，不要太咸，不要摄食过多的动物性食物和油炸、烟熏、腌制食物。

4.2.2.6 食不过量，天天运动，保持健康体重

进食量和运动是保持健康体重的两个主要因素。食物提供人体能

量，运动消耗能量。如果进食量过大而运动量不足，多余的能量就会在体内以脂肪的形式积存下来，增加体重，造成超重或肥胖；相反若食量不足，可因能量不足引起体重过低或消瘦。目前我国大多数成年人体力活动不足或缺乏体育锻炼，应改变久坐少动的不良生活方式，养成天天运动的习惯，坚持每天多做一些消耗能量的活动。

4.2.2.7　三餐分配要合理，零食要适当

合理安排一日三餐的时间及食量，进餐定时定量。早餐提供的能量应占全天总能量的25%～30%，午餐应占30%～40%，晚餐应占30%～40%。可根据职业、劳动强度和生活习惯进行适当调整。早餐要吃饱，午餐要吃好，晚餐要适量。

4.2.2.8　每天足量饮水，合理选择饮料

体内水的来源有饮水、食物中含的水和体内代谢产生的水。水的排出主要通过肾脏，以尿液的形式排出，其次是经肺呼出、经皮肤和随粪便排出。进入体内的水和排出的水应处于动态平衡。饮水不足或过多都会对人体健康带来危害。应少量多次，主动饮水，不要等到口渴时再喝水。饮水最好选择白开水。要合理选择饮料。如乳饮料和纯果汁饮料含有一定量的营养素和有益膳食成分，适量饮用可作为膳食的补充。有些饮料添加了一定的矿物质和维生素，适合热天户外活动和运动后饮用。有些饮料只含糖和香精香料，营养价值不高。有些儿童、青少年每天喝大量含糖的饮料代替喝水，是一种不健康的习惯，应当改正。

4.2.2.9　饮酒应限量

高度酒含能量高，白酒基本上是纯能量食物，不含其他营养素。无节制的饮酒，会使食欲下降，食物摄入量减少，以致发生多种营养素缺乏、急慢性酒精中毒、酒精性脂肪肝，严重时还会造成酒精性肝硬化。过量饮酒还会增加患高血压、中风等疾病的危险；酗酒可导致事故及暴力的增加，危害个人健康和社会安定，应该严禁。若饮酒尽可能适量饮用低度酒，建议成年男性一天饮用酒的酒精量不超过25克，成年女性不超过15克。孕妇和儿童青少年应忌酒。

4.2.2.10　吃新鲜卫生的食物

食物合理储藏可以保持新鲜，避免污染。高温加热能杀灭食物中大部分微生物，延长保存时间；冷藏温度常为4～8℃，只适于短期贮藏；冻藏温度低达-12～-23℃，适合长期保鲜贮藏。烹调加工过程中

要保持良好的个人卫生及食物加工环境和用具的洁净,避免食物烹调时的交叉污染。食物腌制要注意加足食盐,避免高温环境。烟熏食品及有些加色素食品可能含有苯并芘或亚硝酸盐等有害成分,不宜多吃。

4.2.3 中国居民膳食宝塔

中国居民膳食宝塔(图4-2)直观地告诉居民食物分类的概念及每天各类食物的合理摄入范围。膳食宝塔指明的每天适宜摄入食物量和种类是为了给人们以直观印象,并非严格规定,即推广的是"均衡"饮食的理念,提倡的是长期坚持的态度。

图4-2　中国居民膳食宝塔(2007年)

在应用平衡膳食宝塔时应注意:

① 平衡膳食宝塔建议的各类食物摄入量是一个平均值和比例,每日膳食中应当包含宝塔中的各类食物,各类食物的比例也应基本与膳食宝塔一致;

② 根据自己的食量、运动量确定你自己的食物需要,以吃饭后觉得很舒服为度;

③ 同类互换,调配丰富多彩的膳食;

④ 合理分配三餐食量;

⑤ 因地制宜充分利用当地资源;

⑥ 养成习惯长期坚持。

值得指出的是现在有些地方的食物消费上存在着明显的不文明饮食、营养过剩与营养不良、营养失衡的两极状况。在一些大中城市和富裕地区"高档膳食"备受推崇，暴饮暴食，越吃越高级，结果吃出了不少"肥胖儿"和"大肚皮"，甚至因此患病。另一方面，一些经济落后地区的农民到集市上卖了鸡蛋换回麦乳精、巧克力给小孩吃，非但没有补充营养反而造成营养失衡。

4.2.4 特定人群的膳食指南

4.2.4.1 婴幼儿

含铜的食物如牡蛎肉、龙虾、苹果酱、香蕉、燕麦粥、鸡肉面、梨和菠萝汁、牛肝、花粉等有助长高。在保证蛋白质供应的条件下，维生素B、海带有助于发育。硫酸锌糖浆及含锌量高的食物如羔羊肉、肝、小牛肉、速溶茶、麦芽、脱脂豆粉、蛋黄粉、蟹、鳟鱼、芹菜、可可粉、炖牛肾等适用于食欲低、偏食、佝偻的小儿。钙和磷的补充在生长的各阶段均极重要，而牛奶、骨汁、鱼能提供丰富的钙、磷。

4.2.4.2 孕妇

妊娠期间既要维维持母体的血红蛋白，又要供给婴儿铁贮存以生成血液，大约每日应补足30～60毫克的铁。含铁最多的食物是海带、黑木耳、紫菜、香菇和芝麻酱；其次是动物的内脏、血、瘦肉等，不但含铁丰富，且易被吸收利用，同时还能促进膳食中非血红素铁的吸收；黄豆、蚕豆、豇豆也含较多铁。一般绿叶菜含铁也较高，干鲜果品中桃、红枣、杨梅、葡萄干、桂圆、松子仁、南瓜子等含铁都比较丰富。应增加膳食容积的食物如生吃的蔬菜、燕麦粉、全麦麸等粗粮以防止便秘，还应增加丰富的牛奶及强化的维生素D和钙、磷质。适当减少食盐量以防止浮肿和妊娠血症。

4.2.4.3 运动员

长跑运动员需要较慢地产生能量而不致形成可引起痉挛的乳酸。为了提高耐力，常常利用糖负荷的技巧，即在长跑前3～4天主食高脂肪、低糖的饮食，从而耗尽体内的糖元。然后在竞赛前一天改用高糖饮食，可使肌肉中的糖元比正常高3～4倍，提供比赛时的高能。短跑、举重运动员，则需要短期内爆发巨大的能量。为快速供能，使用含葡萄糖和近似血液组成的流汁（一般不含脂肪），迅速进入肠道被吸收，在0.5～1小时内释能。由于运动加快了乳酸的代谢，阻止了疲劳的发展，这是各类运动共同的优点。为此，运动员可在训练时食用大量发酵的奶制品（如含乳酸多的酸乳酪）。

4.2.4.4 常用电脑的人

常用电脑的人会感到眼睛不适，视力下降，容易疲劳。常用电脑的人在饮食上应注意：

① 吃一些对眼睛有益的食品，如鸡蛋、鱼类、鱼肝油、胡萝卜、菠菜、地瓜、南瓜、枸杞子、菊花、芝麻、萝卜、动物肝脏等；

② 多吃含钙质高的食品，如豆制品、骨头汤、鸡蛋、牛奶、肉、虾等；

③ 注意补充维生素，多吃含有维生素的新鲜水果、蔬菜等；

④ 注意增强抵抗力，多吃一些、木耳、海带、柑橘、大枣等；

⑤ 吃一些抗辐射的食品，如茶、螺旋藻、沙棘油等。

4.2.4.5 准备应试的青少年

主食不可少，甜食不宜多；蛋白质摄入量要充足；平时多吃些新鲜水果、蔬菜；临考期间可多吃些富含不饱和脂肪酸的食物；适量吃些益智健脑、宁心安神食品和缓解情绪紧张、焦虑的食品；考前切勿乱服所谓的滋补保健品。

4.3 食疗学与药膳学

4.3.1 食疗学

食疗学是以营养理论为指导，系统地探讨和研究饮食和养生的方法和规律的科学。

4.3.1.1 饮食不当引起的病症

（1）糙皮病　由主食玉米缺乏烟酸及色氨酸引起。患者皮粗糙，严重者类似蛇皮，遍及全身，最后蔓延至脸，也称癞皮病。这种病源于饮食而不是传染。大量食用玉米饼的墨西哥人和哥伦比亚人都不得糙皮病，原因是他们在加工玉米粉时加了石灰水或碳酸钾，从而释出烟酸。

（2）脚气病　由主食大米及慢性酒精中毒引起。患者脚发生水肿、腿上有钉刺感等，引起腹泻、心悸、呕吐直至死亡。其原因是缺乏硫胺素（维生素B_1）、核黄素（维生素B_2）及钴胺素（维生素B_{12}）等复合维生素B。这是一类水溶性的维生素，是糖代谢产物丙酮酸、乳酸进一步分解的辅酶。当维生素B缺乏时，体内这些酸就会积累而手足麻木、神经衰弱等。

（3）结石　主要有胆结石和肾结石等。按其化学成分结石分有机类和无机类，前者为胆固醇硬变，后者则为不溶性钙盐（胆色素、尿酸、草酸或磷酸的钙盐或结合物）。

① 胆结石　是过量摄入胆固醇、脂肪，而纤维、卵磷脂、各类氨基酸和维生素太少的缘故。因为胆汁中的胆盐和卵磷脂的联合作用能使胆固醇乳化并增溶，两者缺一都可能使胆固醇析出，而维生素C是形成胆盐不可缺少的。

② 肾结石　是高磷低钙、高钾、动物蛋白食物过多，而维生素A过少、脱水严重的结果。预防办法是不偏食钙、磷、动物蛋白、胆固醇过高的食物，多饮水防止体液及尿液过浓稠。

4.3.1.2 特别饮食

特别饮食是指对正常饮食做某些变动，为那些不宜采用普通饮食的人提供营养的模式。

（1）普通流质　将食物烹调、匀浆，滤去渣后取汁，适用于无牙齿者、不能咀嚼和吞咽固体物的病人、运动员（因赛前和比赛期间液体食物比固体食物更易从胃中排出）、希望减轻体重者。

① 清流质　包括饮料、脱脂的清炖肉汤，用于需要清除结肠中的残留物、严重腹泻失去消化力者或病危者恢复初期练习用口进食，其特点是缺乏各种主要营养素，但可维持机体的水分平衡。

② 全流质　是制作得很细的食物，大多用家庭食品加工器打碎，包括鱼、肉馅及肉汁、菜汁、果泥等，用于需管饲的病人及临赛的运动员，特点是营养丰富、消化吸收快。

（2）要素膳食　适合严重腹泻、烧伤、肠炎、胰腺炎患者，其特点是没有纤维和其他不消化的物质，而含有充分的营养"要素"，不经消化即被完全吸收。实际上是饮食学和医学结合推出的新型医疗制剂，应用得当可挽救垂危病人。主要有：

① 低渗制剂　低摩尔渗透压浓度（300单位）的膳食制剂；

② 高渗制剂　高摩尔渗透压浓度（810单位）的膳食制剂。

（3）清淡饮食　用于结肠炎、食道炎和溃疡等患者，这些病的共同点是消化器官运动过激，消化液分泌太多，应选择无刺激性、可发酵的糖类和难消化物质含量低者，通常为奶制品、嫩蛋、马铃薯泥、软烂的蔬菜等食品。但这类饮食易导致营养不良，只能用于急性期。

（4）限制饮食

① 限糖　主要食用蛋、鱼、肉及奶，不加糖，适合胃切除患者的倾倒综合征及幼年期糖尿病的治疗。

② 限脂　主要食用水煮蛋、瘦肉、果汁及脱脂奶，适合胆管和胰脏病变造成的脂肪性腹泻（脂肪痢）患者。

③ 限制胆固醇和饱和脂肪　主要食用面包、谷物、蛋白、鱼、瘦肉、青豆等，适合防治某些高脂蛋白血症如有早期心血管病或血管病家族史、有意外心脏病或中风趋势、体重超标过多并有高血脂及血液过稠、异常快速凝结的患者。

④ 限钠　饮食中不加盐，适用于高血压病及充血性心衰、肝硬化及一些肾脏疾病、营养不良引起的浮肿。

（5）特殊病人的饮食

① 糖尿病　应进行严格饮食控制以减少对胰岛素的需要，可用高碳水化合物（淀粉）、低脂肪饮食以改善其葡萄糖耐量。

② 心脏病　应食用低胆固醇、低热能、低脂肪、低钠、低糖的饮食。

③ 贫血　应食用富铁食物如人造奶油炒猪肝、小麦-大豆粉、甘蔗废糖蜜、麦麸、煎牛肝、炖牛肾、脱脂大豆粉等。

4.3.1.3　食品强化与保健食品

食品强化就是调整（添加）食品营养素，使之适合人类营养需要的一种食品深加工。被强化的食品通常称为载体；所添加的营养素称为添加剂。食品经强化处理后，食用较少种类和单纯的食品即可获得全面的营养，从而简化膳食。我国可以使用的强化剂可分为含氮化合物、维生素类、矿物质与微量元素等三大类，35个品种。

通常强化的目的有4个：

① 弥补某些食品天然营养成分的缺陷，如向粮食制品强化必需氨基酸；

② 补充加工损失的营养素，如向精白米面中添加B族维生素；

③ 使某种食品达到特定目的营养需要，如酸奶、母乳化奶粉、健康平衡盐；

④ 强调维生素强化，如牛奶中加维生素A、维生素D（AD钙奶），寒带地区的食品中添加维生素C等。

保健食品是指具有特定保健功能或以补充维生素、矿物质为目的的食品。即适宜于特定人群食用，具有调节机体功能，不以治疗疾病为目的，并且对人体不产生任何急性、亚急性或慢性危害的食品。保健食品具有两大特征：

① 安全性　对人体不产生任何急性、亚急性或慢性危害；

② 功能性　对特定人群具有一定的调节作用，不能治疗疾病，不能取代药物对病人的治疗作用。

21世纪，作为食品行业中具有强大生命力的功能食品，它的研究与开发将引导新食品的研制向着预防医学与食物疗法两个相关领域深入。

4.3.2　药膳学

药膳学就是研究以中药为配料的膳食科学，为我国所特有，是食品化学的一个分支，与中药学有密切关系。药膳学的基本内容包括药膳学的基础理论和药肴的一般制作方法。丰富的药膳原料如图4-3所示。

4.3.2.1 药膳学概说

(1) 医食同源论 中医药学发展史上曾有一阶段是将医和食紧密结合的,将医分为食、疾、疡、兽4种而以食医为首,迄今中医仍重视膳食疗法,这种方法在日本很盛行。医食同源论继承了这一思想,并发展成为药膳学特有的病源论和食医论。

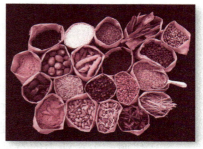

图4-3 丰富的药膳原料

① 病源论 药膳学认为"病从口入",所以应以预防为主,从食物防病着手。一旦得病,亦"先以食疗,食疗不愈,后乃用药"。药膳学认为应"寓药于食",药可以食。从广义看,食也是药。对老年人尤其如此,因老人一般厌药而喜食。就抗衰防老而言,医与食是"异曲同工"的。

② 食医论 药膳学的食医包括食补、食治、食疗诸方面。所谓"药膳",就用有滋补、保健或治疗作用的药物,通过单独或与一般食物一起精心烹制成,既是药物又是食品的主副食,特别是菜肴,可称为药肴。

(2) 药肴的制作 药肴不同于一般菜肴,其制作要求和制作方法均有相应的特点。

制作要求:

① 保持或强化药效 这是首要的基本要求;

② 可食性(最好味道鲜美) 是由于中药大多有明显异味,这一要求限制了药物的选用范围也提高了对入膳药物的选用规格;

③ 慎重考虑药、食之间的相克作用和复杂化学反应可能引起的毒性及不良后果。

投料方式:

① 药、食同时上席 如人参清蒸鸡、虫草(冬虫夏草)鸭,要求药物有较好的色、香、味,通常这类药材较名贵;

② 药不上席 烹制前将药物用特制的纱布包好,煮后撤去,再经调味上席,如参芪砂锅鱼头、归地烧羊肉等,这类药滋补效果好但有异味,且药渣不宜食用;

③ 药食分制 将药煎汁后加入菜中再上席,如山楂肉片、首乌肝尖,这类药中有某些油溶性成分不宜与菜同煮。

4.3.2.2 中药养生方法

（1）中药的生理功能　　中药的养生作用是通过它对人体各系统的特定生理功能体现的，主要有：

① 中枢神经系统　　疲劳和衰老首先受中枢神经控制，用刺五加根片及酊剂治疗神经官能症有效率达90%；

② 内分泌系统　　疲劳或衰老时各处腺体功能减退，当归、白术、三七等扶正固本药物，实际上是使机体内分泌能力提高；

③ 代谢　　生命活力的特征是代谢旺盛，补虚名药如人参、黄芪、生地等有促进代谢的功能；

④ 免疫功能　　由于各种疾病，特别是艾滋病使机体抵抗力下降，即其细胞免疫能力大大减弱，其"支柱"T细胞减少到正常情况下的70%或50%，甚至更低。如日本东京大学伊藤正彦证实甘草的有效成分甘草甜素对艾滋病有疗效。

某些中药对人体有特殊作用。主要有：

① 抗肿瘤　　绞股蓝、人参、白术有抗基因突变及防癌变功效；

② 增强细胞分裂　　有人将胎儿的细胞放在培养液中不断分裂和繁殖可达50代，而用黄芪作培养液组分，传代次数可增加到88～98代；

③ 抗血凝　　如生蒜可防止动脉粥样硬化、冠状动脉血栓和中风，因为大蒜含有由蒜素缩合而成的阿霍烯，有抑制血小板凝聚的活性。

（2）中药养生药物和方剂

著名的养生药物：

① 人参　　《本草纲目》称人参"能大补元气、固脱生津、安神益智、补五脏、止惊悸"等。即使在夜间，人参亦能增强脑力作用而不影响正常睡眠，可抗疲劳提高体力劳动能力。人参还能显著提高对气温变化、失血的耐受力，如用人参治疗刀伤效果很好，可能是人参皂苷影响垂体肾上腺皮质系统。

② 西洋参　　作用类似人参，药性较人参温和，男女老少皆宜。

主要的养生方剂有：

① 独参汤　　据《景岳全书》称，用15～30克人参煎服，可治气衰濒死、妇女难产昏厥、手足已僵冷、脉微欲绝者；

② 参附汤　　人参、制附子各15克，加生姜3片、红枣3枚，水煎分次温服，治衰竭虚脱；

③ 营养汤　黄芪、熟地、当归、白术、茯苓、远志、桂心、五味子、炙甘草、人参、生姜、大枣各15克，水煎服，治身倦体瘦、惊悸健忘、气血不足、疮口不敛、脾肺气虚等，但仅适用于身体虚弱者；

④ 抗衰膏　鹿茸、人胚、王浆等与人参混合提取再加工制膏；

⑤ 抗老防衰丹　由黄精、首乌、枸杞子、紫河车、龙眼肉、葡萄干、莲子、芡实、桑椹、山药熬制而成。

4.3.2.3　常见的药膳食谱

我国药膳历史悠久。历经各代膳学家的不断丰富和改进，迄今包括菜肴、汤羹、甜点、米面食品、药粥、饮料汁液、蜜膏、药酒等药膳品种已达300种以上。

下面简介几个家用药膳食谱，仅供参考。

（1）菜肴类

① 山楂（100克），肉片（200克），开胃消食。

② 红枣（200克），炖肘（1000克），补脾益胃。

③ 枸杞子（50克），滑溜里脊片（250克），抗衰防老。

④ 清蒸人参（3克），元鱼（75克），补肾壮阳。

⑤ 荔枝（100克），炖肉（300克），补血。

⑥ 精（黄精9克），参（党参9克），煨肘（750克），补益气血。

⑦ 姜丝（25克），菠菜（250克），养血消毒。

（2）汤羹类

① 当归（15克），生姜（15克），羊肉（500克）汤，为食疗名方，治血虚及大寒症。

② 猪肝（100克），菠菜（100克），参（党参9克）汤，补血。

③ 百合（15克），鸡子（1只或半只，500克）汤，清虚热安神，为食疗古方。

（3）饮料

① 金银花饮　金银花（50克）、菊花（50克）、山楂（50克）、蜂蜜（500克），用开水（1000毫升，约5杯）凉冲服，为著名的清凉饮料。

② 五汁饮　梨、荸荠、藕、鲜芦根各100克，麦门冬50克，凉开水泡服，为名食疗饮汁，有清热解毒利尿通便之效；也可用蜜柑、青果各100克，鲜藕120克，荸荠50克，生姜6克泡服，助消化。

③ 玉米须饮　玉米须200克加水500克煮沸半小时，利尿消肿，治慢性肾炎。

④ 健脾饮　炒山楂3克，橘皮10克，荷叶、生麦芽各15克，加水500克煮半小时，主治小儿消化不良。

⑤ 胖大海饮　胖大海3～4个沏水（180～200毫升，1杯），半小时加白糖，清热消炎利咽喉，对演员、教师尤宜。

第 4 章 保健与化学

4.4 老年保健

生物学界迄今尚未对"老"作出确切定义。我国典籍就年龄的划分有艾（50岁）、耆（60岁）、老（70岁）、耋（80岁）、耄（90岁）和颐（100岁）之别。目前，国际老龄化社会的标志是65岁以上人口占总数的7%。据人口普查显示，2000年我国老龄人口已达8600万人，占全国人口的7.2%，说明我国已进入老龄化社会。

4.4.1 年龄和寿命

人到底能活多久？目前有3种推算方法。

（1）成熟系数法　根据动物试验推测，按照性成熟年龄和胎龄的对比，确定成熟系数为8～10，人的寿命应为125～144年。

（2）寿命系数法　日本人蒲丰根据大量实验和经验提出哺乳动物的寿命约等于生长期（即生长发育年龄）乘以寿命系数（大约为5～7）的推算方法。例如人的生长期为25年，则寿命应为125～175岁。也可以用"寿命＝青春期×13"的公式来推算。

（3）细胞分裂法　由美国人海尔弗利提出。他根据胎儿羊毛膜细胞分裂约50次，周期为2.4年推算出人的寿命应为120年。

尽管现在大部分人的寿命还远低于以上理论值，但这为人们指明了努力的方向和目标。事实上，世界范围内100岁以上的长寿人已经为数不少。我国100岁以上的老人已经超过3000多人，其中2/3是女性。

4.4.2 衰老的机理

4.4.2.1 自由基学说及类SOD化合物的研究

目前研究较多的是衰老的自由基学说及免疫调节障碍学说。体内代谢产生的自由基作用于细胞膜的多不饱和脂肪酸，形成脂质过氧化物（LPO），造成细胞的损伤和破坏，引起机体衰老与疾病。超氧化物歧化酶（SOD）及谷胱甘肽过氧化物酶（GSH-Px）具有清除自由基的作用。研究证实，动物和人体内SOD及GSH-Px随增龄而活性降低，体内免疫系统功能随增龄而下降。近年来，人们对具有SOD同样功能而非SOD的一类化合物展开了研究，这类化合物称为类SOD化合物，其

清除 O_2^- 的作用称为类SOD活性。中药和植物中类SOD化合物通常是一类天然小分子化合物。如维生素C、维生素E、类胡萝卜素、类黄酮、皂苷、鞣酸、木脂素、萜类、生物碱等，这些化合物毒性较小，易吸收利用，稳定性好（见表4-1）。

表4-1　中药及植物中类SOD活性成分

类SOD活性成分	中药及植物
维生素C	新鲜蔬菜、水果、野果、绿茶、柿叶、松叶等
维生素E	大豆、玉米、菜子等
类胡萝卜素	胡萝卜、番茄、柿子、西瓜、藻类、山栀子、陈皮、蒲公英等
类黄酮	黄芩、橙皮、陈皮、甘草、槐花、葛根、芦丁、枳实、银杏叶、沙棘等
鞣酸	老鹳草、虎耳草、大黄、丁香、石榴皮、五倍子、桂皮、侧柏等
皂苷	五味子、蓖麻油
生物碱	茶叶、人参等大部分植物、中药

4.4.2.2　老化因素

人体内存在并不断产生许多引起老化的因素。主要有以下几种。

① 残余不洁物质在体内积累　例如呼吸充满尘粒的空气，使灰尘在肺内积存，最终达到破坏细胞和组织正常功能的程度。

② 胶原蛋白的硬化　构成血管壁、骨骼、皮肤和肌腱主要成分的胶原蛋白由于氧化、聚合，逐渐失去弹性而萎缩。

③ 固有的老化过程　细胞在不断的死亡和再生，某些重要组织的细胞死亡速率大于再生速率，而营养不能及时跟上或营养素不能被充分利用，这时组织就会老化甚至死亡。

④ 神经组织的退化　神经在人出生前就开始发育，并在人的一生中发挥作用，但由于营养不够或各种刺激，使神经细胞受到损害、失控和不能修复。例如糖尿病、肥胖症、精神分裂症等都加速神经组织的老化，实际上几乎任何疾病都影响到神经。

⑤ 自体免疫　人体产生一些进攻自己组织的抗体，如关节炎、肾炎、心肌炎等都部分地由自体免疫引起。

4.4.2.3　病变因素

年龄老化过程中体内的病变是全面发生的，主要有以下几种。

① 体格构成失调　肌肉消耗，脂肪比重增加。由于肌肉是人体氨

基酸和蛋白质的主要仓库,可以应付生命危急时的能量需求。而身体构成的这一改变,降低了老年人的应变能力和对病变的抵抗力。

② 骨骼　钙质损失加剧导致骨腔变空而薄,骨质疏松,内多脂肪。

③ 脑及神经功能降低　由于不可能有新的神经细胞形成,所以随着年龄老化,老年色素沉积,人体其他部位的代谢物对脑的毒害加重,脑组织逐渐减少,神经冲动传导速度降低,反射迟钝,感官如耳、舌、眼的功能均衰退。

④ 皮肤及头发老态明显　由于皮下脂肪损失,皮肤变薄、松弛,色素沉积为老年斑。由于营养供应不够,头发黑色素难以维持而发白,甚至脱落。

⑤ 循环和内分泌系统失调　40岁以上的人分泌胃酸的细胞开始萎缩,从而影响消化。心肌纤维的弹性降低,心搏率和泵血量都逐渐减少。其他体液如胰液、胆液等也都减少。

4.4.3　常见老年病

4.4.3.1　骨质疏松症

由于年老而发生的骨头大量损耗称为骨质疏松,通常按颌骨牙槽骨、背脊柱和长骨的顺序依次劣化,造成掉牙、骨折,且难以愈合,身高降低。

① 致病原因　缺钙、缺维生素D、缺少运动等。因为缺少运动,就会导致钙从尿中大量排出。妇女绝经后因雌性激素停止分泌必然引起骨骼失去补充钙的刺激作用。多种原因造成骨损的自发倾向。

② 治疗和预防　补充每日膳食含钙量达1000毫克,用氟化物、维生素D及钙进行联合作用,经常运动使骨骼改善钙的利用,控制每日蛋白质摄取量或补充钙维持平衡。

4.4.3.2　老龄关节炎

老龄关节炎即骨关节炎。因关节劳损所致,最易受损的是负重关节如膝关节、踝关节和脊柱。症状主要有膝盖、背部和手指疼痛,很少引起畸形或变瘸,受损关节能发出嘎吱响声,活动时疼痛加剧而休息时减轻。和风湿性关节炎不同的地方在于不产生皮下结节,也不伴有发烧和体重下降等。可采用节制活动、热敷、服用阿司匹林、在关节疼痛处注射可的松或促肾上腺皮质激素等方法治疗和预防。

4.4.3.3 老年性痴呆

其症状主要表现为遗忘、判断能力、计算能力减退等，以精神敏锐性降低为特征，俗称"老小孩"。对老年性痴呆应采取"防胜于治"策略。通常食用胆碱和烟酰胺丰富的食品如肝、肾、瘦肉、坚果、花生酱等及维生素B丰富的食品如心脏、鱼等。研究表明，人的智力的维持和发展与年龄并无直接联系，而主要取决于文化素质和大脑的运用，所以老年人多从事智力活动有益健康。

4.4.4 衰老的防治

从秦皇汉武甚至更遥远的古代起，人们就在寻找某种仙丹妙药，企图使人长生不老或返老还童。这种幻想驱使人们进行种种探索与实验，炼丹术曾盛行一时。虽然对于衰老究竟能不能"对抗"或"逆转"的论题至今仍无定论。但比较公认的观点是衰老可以通过多种手段或措施而得以延缓。按抗衰老药物的理化属性，一般分为以下几大类。

（1）抗衰老化学药物　抗氧化剂（如维生素E、维生素C、氯酯醒等）；抗氧化酶（SOD等）；免疫调节剂（如胸腺素、PHA等）；生化制剂（如核酸、唾液酸等）；防大脑衰老剂（如脑复康、益康宁等）等。

（2）抗衰老天然药物　抗衰老植物药物（如人参、刺五加、红景天、枸杞子等）；抗衰老动物药（如鹿茸、紫河车、蜂蜜、蛤蚧等）；抗衰老矿物药（如麦饭石、阳起石等）等。明朝李时珍所著《本草纲目》称人参有"久服轻身延年"之效。尽管人参中"轻身延年"的化学组成和作用机制尚未十分清楚，但人参具有防止细胞衰老的功能已为人们所公认。

（3）抗衰老食方制剂　抗衰老古方（如青春宝、还精煎、龟龄集、六味地黄丸等）；抗衰老中药复方（如益寿康、维尔康、花粉制剂等）；其他抗衰老复方（如Centyum、CObidec胶丸等）。

4.5 减肥问题

肥胖是一种病态,易导致高血脂、高血压、糖尿病、心脏病、内分泌失调、气喘症状;由于行动不便,限制了人的活动能力,降低了体质,影响到免疫功能;老年肥胖者更容易瘫痪;从美容方面考虑,人们普遍不喜欢肥胖。

4.5.1 肥胖的定义及诊断

肥胖指身体内脂肪过度蓄积以致威胁健康,需要长期的治疗和控制才能达到减重并维持。肥胖的表现是皮下脂肪积累,通常集中在腹部、臀部和大腿(图4-4)。主要原因是摄入热量过多,也与从幼年时代起饮食不协调(脂肪摄入过多),导致内分泌失调,使分解脂肪的酶功能受抑等因素有关。

图4-4　肥胖男孩

诊断或判定肥胖的标准和方法有多种,常用的指标有身高标准体重法、皮褶厚度和体格指数等。此外,还可以对若干危险因素(血压、血糖、血脂、心血管疾病、睡眠呼吸障碍)进行测量。

标准体重经验计算公式:

$$SBM=(H-100)\times 0.9 \quad \text{或} \quad SBM=H-105$$

式中,SBM(Standard Body Mass)为标准体重,千克;H为身高,厘米。超过标准体重10%为超重,超过标准体重20%为肥胖。

$$BMI=\frac{W}{H^2}$$

式中,BMI(Body Mass Index)为体重指数;W为体重,千克;H为身高,米。BMI<18.5为偏瘦,20～24为正常,≥25为超重,≥30为肥胖。

4.5.2 肥胖的预防和治疗

由于肥胖是长期形成的，涉及消化、能量转换、体内代谢、内分泌等各个方面，并非短期减食、药物或手术治疗所能奏效。药物或手术治疗还可能有副作用。减肥只能是渐进的。最佳的治疗方法是三管齐下：低脂饮食、适当的运动、安全有效的药物，但是目前还没有理想的药物。目前研究的重点放在饮食控制和适当体力活动上。这不仅对减肥者，而且对治疗高血压、糖尿病等也很重要。其要点如下。

① 节律　饮食守时，限酒戒烟，不吃零食和甜食。

② 限食　即在合理膳食基础上限制进食热量，尤其是脂肪，但保证其他营养。饮食的热量应低于正常人，饮食控制应＜20千卡/千克（1千卡＝4.1840千焦）。多吃能促进脂肪代谢的食物。

③ 运动　运动可消耗体内的能量，但运动必须与合理的饮食控制相结合才有效。一般来说，人体在运动20分钟之后，才会逐渐消耗体内的脂肪。所以，每次运动最少要持续30分钟。运动减肥是一场持久战，至少要坚持两个月才能有比较明显的效果。

有氧运动：是指强度小、节奏慢、运动后心脏跳动不过快、呼吸平稳的一般运动。如散步、太极拳、自编体操等。有氧运动可增加心、脑血液的氧供应，增加大脑的活动量，对缺血性心脏病也十分有利。运动后可使人精力充沛、自我感觉良好。此外，足够的氧供应还可促使脂肪代谢，有利于消耗体内堆积的剩余脂肪，达到减肥的目的。

无氧运动：是指强度大、节奏快、运动后心跳每分钟可达150次左右，呼吸急促的剧烈运动。如拳击、快跑、踢足球等。无氧运动虽然可消耗很多能量，由于没有足够的氧供应，不能起到改善心脑氧供应，也不能消耗堆积的剩余脂肪。所以，无氧运动只适于心肺功能良好的年轻人。

④ 心态好　即要有乐观积极态度。减肥的短期目标不宜定得过高，1个月减1～2千克就行，最理想的减肥速度是半年体重降低5%～10%。

第5章
毒物与化学

随着社会和经济的迅猛发展，人类的生存环境也日益恶化，各种有毒物质越来越多。在品种繁多的化学品中，有许多是有毒化学物质。因此，了解和掌握有毒化学物质的基本知识，对于加强有毒化学物质的管理，防止其对人体的危害和中毒事故的发生，都是十分必要的。

5.1 毒物及其对人体的危害

有毒与无毒并无绝对界限,而只能以引起中毒的剂量大小相对地加以区别。如有的剧毒物质在微量时,可有治疗作用,而治疗药物超过限量,则可使机体中毒。有毒化学物质对机体的危害取决于一系列因素和条件,如毒物本身的特性(化学结构、理化特性)、毒物的剂量、浓度和作用时间、毒物的联合作用和个体的感受性等。

中毒分为急性、亚急性和慢性三种。毒物一次性短时间内大量进入人体后可引起急性中毒;少量毒物长期进入人体所引起的中毒称为慢性中毒;介于两者之间者,称之为亚急性中毒。

5.1.1 有毒化学物质的分类

毒物种类极多,分类也很复杂。按毒物性能可分为腐蚀性毒物、窒息性气体、神经性毒物、血溶性毒物、"三致"毒物等。

5.1.1.1 腐蚀性毒物

腐蚀性毒物如强酸、强碱、强氧化剂、刺激性气体等,它们可迅速破坏生理组织、酶官能团变性或失效,常见的有硫酸、盐酸、氢氧化钠、氯气、臭氧等。刺激性气体是对眼睛和呼吸道黏膜有刺激性的一类有害气体的统称,是生产中最常见的有害气体。刺激性气体的种类甚多,最常见的有氯、氨、光气、氟化氢、二氧化硫、三氧化硫和硫酸二甲酯等。

5.1.1.2 窒息性气体

窒息性气体分为单纯性窒息气体和化学性窒息气体两类。前者如氮气、氢气、乙炔、甲烷、乙烷、丙烷、丁烷、氦、氖、氩和二氧化碳等,后者如一氧化碳、氰化物和硫化氢等。在一般情况下,单纯性窒息气体不被看作有毒性,但当其取代空气中的氧,并使氧减少到机体不能耐受的水平时,就能引起伤害,甚至致死。如当二氧化碳浓度超过正常值的5~7倍时,也可引起中毒性知觉丧失。化学性窒息气体作用于血液时,虽然不妨碍肺的充分通气,但会影响血液对氧的输送;或者即使血液可将氧运输给组织,但由于窒息剂对组织的作用而阻碍组织对氧的利用。窒息作用也可由麻醉剂和麻醉性化合物（如乙醚、氯仿、氧化亚氮、二硫化碳）所引起，这些化合物对神经组织包括呼吸中枢均有影响，过量吸入可引起呼吸抑制、最终呼吸衰竭。

5.1.1.3 神经性毒物

常见的神经性毒物有苯、汽油、丙酮、氯仿、有机磷农药和大麻等。它们影响电信号沿神经纤维的传递过程，使传递失误或改变，如有机磷农药可麻痹中枢及骨髓系统，大麻等致幻物可破坏人的判断力。

5.1.1.4 血溶性毒物

常见的溶血性毒物有砷化氢、苯肼、苯胺、硝基苯等。该类毒物进入机体后，随血液循环分布至全身，与红细胞结合，破坏细胞膜，导致溶血，损害肾脏。

5.1.1.5 "三致"毒物

"三致"即致癌、致畸、致突变。致突变是指改变遗传基因和染色体，引起子代异常、病变或畸形。环境和生物体中的部分"三致"毒物有：

① 致癌物　多环芳烃、石棉、灰尘、氯乙烯、氯仿、四氯化碳、二噁英、亚硝酸盐、镉酸盐、砷化物、放射性核素、霉素、病毒等；

② 致畸物　二噁英、有机汞、苯二甲酸酯、砷酸钠、硫酸镉、醋酸苯汞等；

③ 致突变物　DDT、二噁英、苯、臭氧、砷酸钠、硫酸镉、亚硝酸盐、铅盐等。

此外，还有环境激素（外因性扰乱内分泌化学物质）。环境激素是指那些进入人体后能对人的生殖功能产生恶性影响的毒物，直接影响到人类的遗传性疾病。与环境激素有关的物质约有145种，日常生活中常见的是人工合成的有机化合物（如壬基苯酚、双酚A、邻苯二甲酸酯、二噁英、多氯联苯等）。同一种物质可能兼有多种毒性，如多环芳烃中很多不仅是"三致"毒物，还具备环境激素类的毒性。

5.1.2 毒物进入人体的途径及其体内过程

5.1.2.1 毒物进入人体的途径

毒物可经呼吸道、消化道和皮肤三种途径进入体内。某些毒物如苦杏仁苷静脉注射无毒，而口服却有毒；如蛇毒等经口服无毒，而注射则有剧毒。

（1）消化道　在日常生活中，毒物主要经消化道进入体内。很多情况下，毒物能随不洁饮用水进入人体。人类疾病80％以上与饮用水有关。胃内充盈程度及食物性状对毒物吸收有影响。空腹时吸收快，饱食后吸收慢。蛋白质能与重金属盐类结合而沉淀。油腻性食物一般减慢毒物的吸收，但对某些易溶于脂类的毒物则促进其吸收。在工业生产中，多半是由于个人卫生习惯不良，手沾染的毒物随进食、饮水或吸烟等而进入消化道。

（2）呼吸道　呼吸道是生产与科研中毒物进入人体最主要、最常见、最危险的途径。凡是以气体、蒸气、雾、烟、粉尘形式存在的毒物，均可经呼吸道侵入体内。人的肺脏由亿万个肺泡组成，肺泡壁很薄，壁上有丰富的毛细血管。毒物一旦进入肺脏，很快就会通过肺泡壁进入血液循环而被运送到全身。通过呼吸道吸收最重要的影响因素是其在空气中的浓度，浓度越高，吸收越快。

（3）皮肤　皮肤具有呼吸功能，能通过氧气、水蒸气、二氧化碳等。脂溶性毒物经表皮吸收后，还需有水溶性才能进一步扩散和吸收，所以水、脂皆溶的物质（如苯胺、苯、有机磷化合物等）易被皮肤吸收。此外，毒物经皮肤吸收的数量与速度还与环境的气温、湿度，皮肤损伤程度和接触面积等因素有关。

5.1.2.2　毒物在体内的过程

（1）随血液迅速分布到全身　毒物被吸收后，随血液循环（部分随淋巴液）分布到全身。当在作用点达到一定浓度时，就可发生中毒。毒物在体内各部位分布是不均匀的，同一种毒物在不同的组织和器官分布量有多有少。有些毒物相对集中于某组织或器官中，例如铅、氟主要集中在骨质，苯多分布于骨髓及类脂质。

（2）生物转化　毒物吸收后受到体内生化过程的作用，其化学结构发生一定改变，称之为毒物的生物转化。其结果可使毒性降低（解毒作用）或增加（增毒作用）。毒物的生物转化可归结为氧化、还原、水解及结合。经转化形成毒物代谢产物排出体外。

（3）毒物的排出　毒物在体内可经转化后或不经转化而排出。毒物可经肾、呼吸道及消化道途径排出，其中经肾随尿排出是最主要的途径。

（4）毒物的蓄积　毒物进入体内的总量超过转化和排出总量时，体内的毒物就会逐渐增加，这种现象就称之为毒物的蓄积。此时毒物大多相对集中于某些部位，毒物对这些蓄积部位可产生中毒作用。毒物在体内的蓄积是发生慢性中毒的基础。

5.1.3　毒物对人体的危害

毒物对人体的作用可分为局部作用和全身作用，但中毒往往造成多器官、多系统的损伤。接触毒物不同，中毒后的病状也不一样。如铅可引起神经系统、消化系统、造血系统及肾脏损伤；三硝基甲苯中毒可出现白内障、中毒性肝病、贫血等。同一种毒物引起的急性和慢性中毒，症状表现也有很大差别。例如，苯急性中毒主要表现为对中枢神经系统的麻醉，而慢性中毒主要表现为造血系统的损伤。

5.1.3.1　呼吸系统

在生产、科研、室外活动（不含饮食）中，呼吸道最易接触毒物，特别是刺激性毒物。一旦吸入，轻者引起呼吸道炎症，重者发生化学性肺炎或肺水肿。引起呼吸系统损害的常见毒物有氯气、氨气、二氧化硫、光气、氮氧化物以及某些酸类、酯类、磷化物等。

长期接触铬及砷化合物，可引起鼻黏膜糜烂、溃疡甚至发生鼻中隔穿孔。长期低浓度吸入刺激性气体或粉尘，可引起慢性支气管炎，重者可发生肺气肿。甲苯二异氰酸酯（TDI）、乙二胺等对呼吸道有致敏性的毒物，可引起哮喘。严重者可引起急性呼吸道炎、化学性肺炎和化学性肺水肿等急性中毒。

5.1.3.2　神经系统

有毒物质可损害中枢神经和周围神经。主要侵犯神经系统的毒物称为"亲神经性毒物"。中毒者会得神经衰弱综合征（头痛、头晕、乏力、情绪不稳、记忆力减退、睡眠不好、植物神经功能紊乱等）、周围神经病（运动障碍、反射减弱、肌肉萎缩或瘫痪等）和中毒性脑病（头痛、头晕、嗜睡、视力模糊、步态蹒跚、心情烦躁）等，严重者可发生脑疝而死亡。慢性中毒性脑病有痴呆型、精神分裂症型、震颤麻痹型、共济失调型等。

5.1.3.3 血液系统

有许多毒物能引起血液系统损害。如苯、砷、铅等能引起贫血；苯的氨基和硝基化合物（如苯胺、硝基苯）可引起高铁血红蛋白血症，患者突出的表现为皮肤、黏膜青紫；氧化砷可破坏红细胞，引起溶血；苯、三硝基甲苯、砷化合物、四氯化碳等可抑制造血机能，引起血液中红细胞、白细胞和血小板减少，发生再生障碍性贫血；苯可致白血症。

其他还有消化系统、循环系统、泌尿系统中毒和骨骼损伤、眼损伤、皮肤损伤、化学灼伤和职业性肿瘤等。

第 5 章 毒物与化学

5.2 食物中的毒物

食物中毒是指摄入了含有生物性、化学性有毒有害物质的食品或者把有毒有害物质当作食品摄入后出现的非传染性的急性、亚急性疾病。

5.2.1 食物中的生物性毒物

各种食物的腐败，如肉、蛋、牛奶、鱼、蔬菜的变质、酸臭都是由于细菌的作用，当吃进大量活的有毒细菌或细菌毒素时，就会产生食物中毒。一般症状为呕吐（图5-1）、腹泻，重者昏厥、致命。如大肠杆菌、葡萄球菌和霉菌毒素等。

图5-1　中毒呕吐

大肠杆菌是肠道最主要的细菌群落，由人的粪便排出，通过苍蝇和手传到食物和食具上，又未经消毒，传染而致病。其特点是严重水性腹泻（称为旅游者痢疾）。葡萄球菌是最普遍的致毒细菌，很多健康人都是这类带菌者，涉及的食品范围极其广泛。其症状是严重呕吐、腹泻，由于有脱水性而造成不支，通常在食后数分钟至数小时发作。应饮大量水并催吐。

霉菌毒素广泛存在于花生、玉米、高粱、麦类、稻谷等农产品中，如黄曲霉毒素和丹毒等。黄曲霉毒素是黄曲霉中产毒菌株的代谢产物。黄曲霉能在受侵染的粮食和油料作物（尤其是玉米和花生）上生长繁殖产生毒素，中毒症状是肝损伤、肝癌及儿童急性脑炎。丹毒毒素分布于各种黑麦、小麦、大麦中。长期吃麦角者会发生痉挛、发炎现象，严重者可能最终导致手脚变黑、萎缩等。

5.2.2 食物中的化学毒物

食物中的化学毒物品种繁多，成分复杂。

5.2.2.1 食油

① 生棉子油　常含棉酚、棉酚紫、棉酚绿等毒物，通常不能用加热法除去。主症状为头晕、乏力、心慌等，影响生育（棉酚为男性避孕药）。

② 菜子油　含有芥子苷。在芥子酶作用下生成噁唑烷硫酮，具有令

人恶心的臭味。因该毒物挥发性较大，在烹调时将油热至冒烟即可除去。

③ 陈油　指高温下用过的或长期存放的油。多次高温加热的油中的不饱和脂肪酸通过氧化发生聚合，生成各种聚合体。其中二聚体可被人体吸收，并有较强毒性。存放过久的油中的不饱和脂肪酸与空气、光、金属接触后，被氧化成有毒的过氧化物，会破坏维生素E。不饱和成分的双键断裂后形成低分子量的醇、醛、酮等物质，有异味和较大刺激性，俗称"变哈"。

5.2.2.2　蔬菜

① 四季豆　豆荚外皮中的皂素和子实中的植物血球凝集素均有毒，前者对消化黏膜有强刺激性，后者有凝血作用，产生胸闷、麻木等症状。烹调时需煮较长时间，使原来的生绿色消失，食用时无生味感，毒素方可完全破坏。切忌生吃、凉拌等。

② 发芽土豆　发绿的皮层及芽中含有龙葵素（茄碱），可破坏人体红血球而致毒，产生呼吸困难、心脏麻木等症状。去毒办法是将芽及发芽部位一起挖去，再用水浸泡半小时以上，炒煮时再适当加醋。

③ 鲜黄花菜　含秋水仙碱。此碱本身无毒，但在体内可被氧化成具有强毒的氧化二秋水仙碱，侵犯血液循环系统。去毒办法是先用开水烫鲜菜，再放入清水中浸泡2～3小时，即可去碱。干黄花菜无害，因为通过蒸煮晒制，秋水仙碱已被破坏。

5.2.2.3　水果

① 荔枝　荔枝中葡萄糖含量高达66%，有丰富的维生素A、维生素B、维生素C及游离氨基酸，是一种很受欢迎的营养食品，但过食会出现乏力、昏迷等症，中医称为"荔枝病"，西医称为"低血糖"。因其中含α-次甲基环丙基甘氨酸，有降低血糖的作用。

② 柿子　柿子中含丹宁较多，有强收敛性，刺激胃壁造成胃液分泌减少。空腹过量食用或与酸性食物及白酒等同食，易得"柿石"，又称"胃柿石"，妨碍消化，致胃痛。柿子不宜与蛋白质等同食。

③ 桃仁、杏仁　含苦杏仁酸，在体内水解转化成剧毒的氢氰酸，使人痉挛甚至死亡。宜炒熟后少量食用。

5.2.2.4　肉类

① 尸毒　肉类腐败后生成的生物碱之总称，主要有腐败牛肉所含的神经碱、鱼肉的组织毒素以及腐肉胺、酪胺和尸毒素等。尸毒是动物

死后其肌肉自行消化变软，细菌不断繁殖，使其蛋白质分解而成。应禁食各种腐肉。

② 熏鱼、熏肉　通常含黄曲霉素和亚硝基化合物两类毒物，有致癌性。黄曲霉素耐热性强，在280℃以上才分解，油溶性好。由于盐中常含有硝酸盐，受热时在还原剂作用下生成亚硝酸盐，然后转化成亚硝胺。

③ 生鱼　淡水鱼（如鲤鱼）大都含有破坏硫胺（维生素B_1）的酶称为硫胺素酶，如生吃易得硫胺缺乏症（脚气病或心力衰竭）而突然死亡。通过较长时间加热可破坏这种酶，并保留原有硫胺。

④ 河豚鱼　其内脏和皮肤中尤其是卵巢和肝中存在河豚毒素，是一种神经性毒剂，不仅可毒死猫、狗、猪等动物，也会毒死人。克服办法是将鲜鱼先去皮和内脏后再烹制。

5.2.2.5　农药残留

用装过农药的空瓶装酱油、酒、食用油等；食物在运输过程中受到农药污染；刚施过农药的蔬菜水果，没有到安全间隔期就采摘上市；把有机磷农药和粮食、食品混放于同一仓库保管，造成误食或污染食品。

5.3 烟草

图5-2 沉醉于烟雾之中

我国是世界上最大的烟草消费国。吸烟已经对中国人的健康构成重大威胁。13亿人中估计有3.5亿烟民（占世界吸烟人口的1/3），其中男性3.3亿，女性2000多万（图5-2）。同时有5.4亿人遭受被动吸烟的危害。更令人担忧的是烟民有向女性及低龄化方向发展的趋势。

5.3.1 烟草的化学成分

烟草的化学成分极为复杂，若按化学组成分类，可分为如下几种。

5.3.1.1 碳水化合物

烟草中碳水化合物约占50％。我国烤烟烟叶含有相当丰富的单糖，一般含量在10％～25％。单糖含量是烟叶质量的重要标志，通常品质好的烤烟烟叶含有较多单糖。烟叶中只含少量双糖，但含相当数量的多糖，如淀粉、纤维素等。

5.3.1.2 含氮化合物

烟叶中含有许多含氮化合物，主要有蛋白质、氨基酸和酰胺化合物、烟草生物碱。

烟叶中一般含蛋白质5％～15％，随蛋白质含量增加烟叶等级下降。蛋白质燃烧后会产生臭氧，因此，烟叶中含蛋白质过多就使烟气质量低劣。烟草中含氨基酸、酰胺等虽然不多，但经燃烧以及烟叶加工过程都产生氨，对吸食的品质影响很大。

烟叶中另一种含氮化合物为烟草生物碱。各种烟草含烟草生物碱量差别很大，低的只含0.5％以下，高的可达10％以上。烟草生物碱的存在，是烟草有别于其他植物的主要标志。烟草生物碱中，烟碱（即尼古丁，nicotine）约占95％以上。

5.3.1.3 有机酸

烟叶中含有不少酸性物质，含量较多的有机酸是柠檬酸，其次是苹果酸和草酸。有机酸可以增加烟气酸性，醇化烟气，使烟味甜润舒适。

一部分有机酸与烟碱结合成可溶性钠、钾盐存在于细胞液中,或以钙盐形式沉积于细胞中。

其他成分还有苷及多酚(能赋予烟芳香气味)、脂肪、挥发油和树脂物(燃烧分解后大多能产生特殊的芳香气味)和灰分元素(约10%)等。

5.3.2 烟气的化学成分

烟草制品在燃吸过程中,靠近火中心的温度可高达800~900℃,由于燃烧而发生干馏作用和氧化分解等化学作用,使烟草中的各种化学成分都发生了不同程度的变化。有的成分被破坏,有的则又合成了新物质。

烟草生物碱在燃烧过程中除了一部分经干馏作用进入烟气之外,其中大部分(60%以上)则受氧化分解为亚硝胺、烟酸、吡啶、吡啉、吡咯、胺以及二氧化碳等物质。蛋白质(高分子含氮化合物)经燃烧产生强烈氧化作用后,分解为一氧化碳、二氧化碳、硫化氢、氢氰酸、氨、简单胺化物和脂肪等化合物。糖和植物酸经氧化作用生成一氧化碳、二氧化碳、挥发酸、酚的衍生物、烯烃、醇、醛和酮等物质。树脂物、多酚和苷类经氧化后生成挥发性芳香油、醛、酮、醇和酸类物质。

以上物质均进入烟气中,故烟草制品经燃烧后所产生的烟气,化学成分更为复杂。据检测,一支香烟燃烧后可产生4000多种化学成分,其中气态物质占烟气总量的92%,颗粒状物质占8%。气态物质中主要是氮气(58%)和氧气(12%),其余为一氧化碳(3.5%)、二氧化碳(13%)、一氧化氮、二氧化氮、氨、挥发性N-亚硝胺、氰化氢、挥发性碳水化合物以及挥发性烯烃、醇、醛、酮和烟碱等类物质。颗粒状物质中包括烟草生物碱、焦油和水分以及70多种金属和放射性元素。焦油是不挥发性N-亚硝胺、芳香族胺、链烯、苯、萘、多环芳烃、N-杂环烃、酚、羧酸等物质总的浓缩物。

5.3.3 烟雾中的有害物质

在数千种烟气组分中,被认为对人体健康最有害的是焦油、烟碱、一氧化碳、醛类等物质。

5.3.3.1 焦油

烟气中焦油是威胁人体健康的罪魁祸首,烟焦油中的多环芳烃是致癌物质。其中具有强力致癌作用的苯并芘是其代表。致癌物质改变细胞的遗传结构，使正常细胞变为癌细胞。苯并芘在烟气中的含量大约为 2～122 微克/1000 支。

烟焦油中的酚类及其衍生物则是一种促癌物质。促癌物质本身虽不能改变细胞的遗传结构，但能刺激被激发的细胞，导致癌瘤发展。癌发展的两个阶段一般为：第一阶段，正常细胞在致癌物质作用下成为潜在癌细胞；第二阶段，潜在癌细胞在促癌物质作用下发展成癌瘤。因此，烟焦油被认为是诱发各种癌症的首要因素。

5.3.3.2 放射性物质

烟草中的放射性物质也是吸烟者肺癌发病率增加的因素之一。卷烟中最有害的放射性物质是 ^{210}Po，它放出的 α 射线能把原子转变成离子，后者很容易损害活细胞的基因，或是杀死它们，或者把它们转变为癌细胞。据估计，一个吸烟者一天平均接触了比非吸烟者多约 30 倍 ^{210}Po 的放射剂量。每天吸一包半卷烟的人，全年肺脏接受的放射剂量相当于其皮肤接触了约 300 次胸部 X 射线照射。有人认为，吸烟者肺癌的半数是由放射性物质引起的。

5.3.3.3 尼古丁（烟碱）

尼古丁是烟草的特征性物质。它在人体内的作用十分复杂。吸烟时，尼古丁很快被吸入血液，仅 7.5 秒即可到达大脑，其作用快于静脉注射。尼古丁主要作用于大脑而影响全身。它可刺激交感神经节、副交感神经节和肾上腺，使心肌和其他组织释放出强的刺激物——儿茶酚胺，从而使心率加速，血压升高，排血量加大，心脏负荷加重，促使冠心病发作。尼古丁还可使胃平滑肌收缩而引起胃痛。

尼古丁最大的危害在于其成瘾性，其作用相当于鸦片中的吗啡和可卡因。烟民对烟草产生需求愿望的决定因素是尼古丁。尼古丁在人体内无累积性，不会长久停留人体中，吸烟后 2 小时，尼古丁通过呼吸和汗腺绝大数量即被排除，故它进入血液后只停留几小时。但长期吸烟，身体会习惯于血液内存在一定浓度尼古丁的状态。当血液中尼古丁下降时，便会渴望要求尼古丁浓度恢复原来的水平，于是得再吸一支，所以加强了吸烟愿望，形成烟瘾，从而增加其危害性。

5.3.3.4 一氧化碳（CO）

CO 是烟草不完全燃烧的产物，一支卷烟烟雾中 CO 的含量约为

1%～5%。CO对血液的毒化及对心脏的危害在第2章已述。CO与尼古丁协同作用，危害吸烟者的心血管系统，对冠心病、心绞痛、心肌梗塞、缺血性心血管病、脑血管病以及血栓性闭塞性脉管炎都有直接影响，由此造成的死亡率是十分惊人的。与不吸烟者相比，冠心病要高5～10倍，猝死病高3～5倍，心肌梗死高20倍，大动脉瘤高5～7倍。

5.3.3.5 醛类

主要是甲醛和丙烯醛。甲醛是一种无色有强烈刺激性的气体，对呼吸道黏膜有刺激作用，长期慢性刺激可引进黏膜充血，诱发呼吸道炎症。丙烯醛可破坏支气管黏膜上的纤毛，促进黏液腺分泌更多的黏液，从而带来呼吸困难，发展成慢性支气管炎和肺气肿。一旦得了感冒，就有得肺心病、甚至有死亡的危险。且气管、支气管的黏膜上皮细胞为了对付长期不断的刺激，还会发生一定的改变，病理学上称作"化生"，这很可能就是向肺癌方向迈出的第一步。

5.3.4 吸烟对青少年的危害

吸烟对青少年的危害性更大。青少年正处于迅速生长发育的阶段，身体各系统、各器官还未成熟或正趋于成熟，因而对有毒有害物质比成人更容易吸收，受的毒害也更深。在青春期，大支气管比较直，烟尘中的有害物质，容易长驱直入地进入细支气管及肺泡，麻痹呼吸道黏膜上的纤毛，使纤毛失去排除异物的能力和抑制肺内巨噬细胞对异物的吞噬能力。结果，呼吸道的防御力量被削弱，各种疾病也会接踵而来。吸烟对青少年中枢神经系统损害也比较明显。吸烟可使学生记忆力和嗅觉灵敏性降低，课堂听课注意力不能持久，理解力差，成绩明显低于不吸烟的学生。而且长期吸烟会引起视力下降，视野缺损。严重者可引起视神经萎缩，最终将导致失明。医学上称"烟中毒视神经病变"。女青年吸烟会使月经初潮推迟、月经紊乱、发生痛经。还可引起子宫颈增生不良和子宫颈癌。吸烟开始越早，各种疾病发病的年龄也随之提早，而且发病率更高。例如15岁以前吸烟的，患肺癌的危险是不吸烟者的17倍。

世界上所有国家都意识到了吸烟对健康带来的危害。许多国家都通过立法措施控制有害物质在卷烟中的含量。这包括开展从烟草中脱除有害物质的研究，生产过滤嘴卷烟以减低烟气中焦油及尼古丁的含量，减少一氧化碳的产生量。但是目前一般醋酸纤维过滤嘴卷烟的过滤效率只有59%，加活性炭后效率也只有66%。因此，采用带过滤嘴的方法尚不能根除致病危险，所以卷烟生产正面临划时代变革。开发安全卷烟应该引进足够的重视。若能研制出既能防病又能治病的保健卷烟，将是对人类健康很可贵的贡献。

5.4 毒品

世界每个角落都充塞着各种各样的毒品，其传播速度之快，范围之大超过了任何一种瘟疫。世界卫生组织数据显示，目前世界上有超过2亿人吸食鸦片，5000万人使用可卡因。在我国，吸毒人数超百万，且每年以10%的速度递增（图5-3），更让人触目惊心的是，青少年竟占到72%。目前戒毒的形势十分严峻，宣传毒品的危害及禁毒已经引起社会各界的广泛关注。

5.4.1 毒品的种类

中华人民共和国刑法中第257条称："毒品，是指鸦片、海洛因、甲基苯丙胺（冰毒）、吗啡、大麻、可卡因以及国家规定管制的其他能够使人形成瘾癖的麻醉药品和精神药品。"

鸦片、杜冷丁等传统毒品的市场份额日趋萎缩，海洛因等主流毒品增长迅猛的同时，冰毒、摇头丸、K粉、麻古等新型毒品也相继"粉墨登场"，歌舞厅、酒吧、夜总会等娱乐场所公然吸食毒品的现象屡见不鲜，甚至成为毒品发展蔓延的源地和温床。

图5-3 中国吸毒人数增长曲线

5.4.1.1 鸦片

鸦片亦称阿片，俗称大烟，它是从未成熟的罂粟蒴果上划破后渗出的乳汁经干燥而成的，生鸦片呈褐色至黑色膏状块，味苦、有毒，并具有特殊的臭味。经加工成鸦片，褐色膏状，软硬如橡皮泥。鸦片中含有罂粟碱等20多种生物碱，可制麻醉药。可提取吗啡（5.6%～12.83%）、可卡因（0.63%～2.13%）。罂粟果汁中主要的有毒物质是罂粟碱。鸦片最早用作药物，有止痛、止泻、止咳等作用。但长期服用会成瘾，

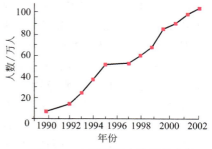

$C_{20}H_{21}NO_4$
罂粟碱

使人体质衰弱、精神颓废、寿命缩短。过量服用会使人急性中毒死亡。

5.4.1.2 吗啡与海洛因

吗啡也是一种异喹啉生物碱。吗啡是从鸦片中提取制成的最重要的生物碱，含量约10%。吗啡为无色棱柱状晶体，熔点254～256℃。味苦、有毒，其颜色因纯度而异，粗制品多为咖啡色或灰色粉末，纯品为白色。在多数溶剂中均难溶解，在碱性水溶液中较易溶解。它可与多种酸（如盐酸、硫酸等）和多种有机酸（如酒石酸等）生成易溶于水的盐。吗啡盐的pH平均值为4.68。吗啡在医疗上有镇痛等作用。但非法吸食、注射吗啡，严重危害吸食者的身心健康，导致精神不振、消沉，思维和记忆力衰退，并可引起精神失常、肝炎等综合征。其毒性比鸦片强10～20倍，超剂量吸食和注射吗啡会导致呼吸停止而死亡。吗啡对人的致死量为0.2～0.3克。

海洛因，又称二乙酚吗啡，俗称"白面"、"白粉"。海洛因是吗啡的二乙酰衍生物。纯净物是白色晶体、味苦、有毒，其毒性相当于吗啡的2～3倍，人称"毒品之王"。颜色因制作程序和方法不同而异，一般呈白色或淡灰色，有的也呈棕黄色、淡棕黄色、灰褐色或淡灰褐色等，纯品海洛因为白色柱状结晶或结晶性粉末。具有讽刺意味的是海洛因的发明是为了治疗对吗啡的依赖，现在几乎所有的医院都不准使用海洛因；高纯海洛因一尝就会使人死亡，所以不可用手蘸一下后尝味道；海洛因是毒品中最恐怖的东西，绝对不要因为好奇去尝试，甚至是燃烧的烟雾也会让人上瘾，而吸食一次就会上瘾；海洛因戒毒成功只有1%。

5.4.1.3 可卡因

又名古柯碱，从古柯树叶中提取的一种莨菪烷型生物碱，分子式为$C_{17}H_{21}NO_4$，相对分子质量为303.36。古柯碱是无色无臭的单斜形晶体，味先苦而后麻，熔点98℃，几乎不溶于水，可溶于一般的有机溶剂。但其盐酸盐易溶于水。古柯碱为酯类，用酸或碱水解时，生成苯甲酸、甲醇等。纯净的古柯碱是白色结晶性粉末，在医疗上可作为局部麻醉药，也是一种能导致神经兴奋的兴奋剂和欣快剂。但毒性较大，超量服用即成为毒品。

5.4.1.4 大麻

大麻，别名火麻，系一年生草本植物。大麻的叶、花、茎中含有多种大麻酚类衍生物，目前已能分离出15种以上，较重要的有大麻酚、大麻二酚、四氢大麻酚、大麻酚酸、大麻二酚酸、四氢大麻酚酸。大麻酚的分子式为$C_{21}H_{26}O_2$。大麻酚及它的衍生物都属麻醉药品，且毒性较强。世界上最大的大麻产地是哥伦比亚，因此哥伦比亚的毒枭是世界闻名的，它的年产量在7500～9000吨，其次是墨西哥和美国。由于种植和加工比较方便，价格便宜，故被称为穷人的毒品。它的毒性仅次于鸦片，可以口服，吸烟，也可以咀嚼。根据试验表明：人一般吸入7毫克即可引起欣快感。

5.4.1.5 咖啡因和安钠咖

咖啡因又称咖啡碱。系质轻、柔韧、有光泽的针状结晶体，无臭、味苦。具有兴奋中枢神经系统、心脏和骨骼肌及舒张血管、松弛平滑肌和利尿等作用。咖啡因在医疗上用作中枢神经兴奋药。但滥用就会成瘾，成为毒品。安钠咖，又名苯甲酸钠咖啡因。为白色结晶性粉末。在医疗上用作中枢神经兴奋药，主要用于对抗中枢性抑制和调节大脑皮质活动等。但滥用就会成为毒品。

5.4.1.6 摇头丸

摇头丸，其主要成分是MDA（3，4-亚甲二氧基安非他明）。主要作用于神经系统，食用后引起颈部运动神经兴奋，使头颈摇摆不停，对中枢神经的破坏相当严重。俗语说"摇头丸，摇断头"。

5.4.2 毒品的危害

关于毒品的毒性机理尚不完全清楚，但科学研究表明，毒品进入人体后，会使机体发生生理变化，产生一种新的机能。吸毒一次以上者，随着毒品在其体内代谢速度的加快而降低血液中的有效成分，使之作用减弱，有效时间缩短，从而被迫增加吸毒次数和毒品数量，以求得欣快感。同时，神经细胞已适应吸毒后的生理、生化变化。毒品

图5-4 毒品等于"魔鬼"

在体内浓度不高时，会出现精神、身体上的不适而造成人体对毒品的依赖性，而且越吸越多，越吸需要量越大（图5-4）。

经实验证明，人体内存在一种叫脑啡肽的物质，它是一种内源性吗啡样活性物质。当毒物进入机体后，即与体内脑啡肽结合，模拟脑啡肽发挥作用。因此毒品可起镇痛和欣快作用，并会引起适应性和成瘾性。

吸毒可以导致多种疾病。如造成血压降低、造血功能受损、新陈代谢减退、体内循环和呼吸减弱，引发肺炎等肺部疾病。如用注射方式吸毒者会使皮肤感染，形成脓肿、糜烂等疾病。长期吸毒者普遍出现反应迟钝、思维记忆功能减退、眼神痴呆、视力下降等症状。吸毒还会引发身体其他器官的许多疾病，如心脏、生殖、免疫等系统的疾病，使吸毒者免疫功能下降，造成吸毒者体质衰弱。

吸毒者对毒品的依赖性极强，如果中止毒源，马上便引起一系列的生理变化和生物化学变化，从而出现过敏、震颤、周身无力、精神恍惚、打哈欠、涕流泪淌、恶心、呕吐、周身发凉、骨头发痒等。严重者有痉挛性腹痛、血压升高、心动过速、瞳孔放大、白细胞增多、体液丢失、电解质紊乱而危及生命。此时，吸毒者往往无法自拔，或抱头乱窜，或发疯自杀等。

吸毒严重地危害人体健康与社会安定，是社会的一大公害。吸毒与犯罪、艾滋病就像孪生兄弟，在一些地区60%～80%犯罪案件来自吸毒人群，全国55.3%的艾滋病患者是由吸毒感染。中国艾滋病最初源自146名吸毒者。吸毒者成瘾后对毒品有一种极为强烈的渴求，为了满足毒瘾，会不择手段、六亲不认、廉耻全无，诈骗、偷盗、卖淫、抢劫、杀人，伤天害理地去获取毒品，严重地扰乱社会治安，造成国家和民族的危机。因此，我们必须深刻认识吸毒的危害性，坚决制止吸毒、贩毒。

4种常见毒品对人体的毒害如表5-1所示。

表5-1　4种常见毒品对人体的毒害

毒品名称	主要毒害作用
鸦片（阿片、大烟）	吸食鸦片，可造成吸食者在心理、生理上对鸦片产生很强的依赖性（即成瘾）。长期吸食，会导致人体各器官功能消退、免疫力丧失，尤其是破坏人的胃功能和肝功能以及生育功能，超剂量吸食鸦片会致人死亡
海洛因（白粉、白面）	吸食、注射海洛因比吸食、注射鸦片和吗啡更容易使人成瘾，而且对人体危害更大，人称"毒品之王"。长期吸食、注射海洛因，易感染病毒性肝炎、肺脓肿、艾滋病等。吸食、注射高纯度的海洛因，会引起昏迷、呼吸减弱、体温降低、心跳缓慢、血压降低而导致死亡
大麻（火麻）	吸食大麻使人的脑功能失调、记忆力消退、健忘、注意力分散。吸食大麻不仅破坏男女的生育能力，而且由于大麻中焦油含量高，其致癌率也较高
可卡因	吸食可卡因打乱人体机能和肾上腺素分泌对人体的调节作用，使中枢神经和交感神经系统产生强烈的兴奋源。可使人瞳孔散大、体温升高、过分兴奋激动、周身颤抖、痉挛、肌肉扭曲、变形，严重时可出现癫狂的幻觉病。大剂量的可卡因能导致中枢神经传导受阻，甚至窒息、极度痉挛和心力衰竭，直至死亡。怀孕妇女服用，有可能导致胎儿的流产、早产或死胎

第6章
穿戴与化学

　　穿戴用品主要指服装鞋帽,它们兼有生理功能及社会功能,是生活美的重要内容。主要包括纺织品、皮革、橡胶、塑料制品和一些特殊制品。

6.1 纤维与纺织品

穿着时尚的女郎见图6-1。

6.1.1 纤维的种类和特征

用于制作纺织品的纤维指长度比直径大很多倍（其比值为100以上）并有一定柔韧性，经加工可制成各种纺织品的纤细物质（图6-2）。根据来源，可将服装材料的纤维分为天然纤维和化学纤维两大类。化学纤维又分为人造纤维和合成纤维两类。人造纤维由天然原料用化学方法加工而成；合成纤维由纯粹的化工原料经化学合成而得。

6.1.1.1 天然纤维

大自然是一个绿色化工厂，为人类提供了棉、麻、丝、毛等天然纤维。这些天然纤维都来自动植物的有机化合物，主要成分都是纤维素。天然纤维分植物纤维和动物纤维两类。

图6-1 时尚女郎

（1）植物纤维 主要有棉、麻两类。主成分是纤维素，为β-葡萄糖（$C_6H_{12}O_6$）（分子中C_1上的羟基和C_2上的羟基分别在环的两面）的聚合物，包括约5000个该糖的单体，燃烧时生成二氧化碳和水，无异味。因每个葡萄糖分子中至少有3个羟基（—OH），而羟基是亲水的，所以天然纤维都有很强的吸水性。又因纤维素在大于150℃都会分解而变成焦黄，所以纤维制品应远离高温或火种。

① 棉 棉纤维呈细长略扁的椭圆形管状、空心结构，吸湿（吸汗）性、透气性、保暖性好，是做内衣的理想材料。

② 麻 为实心棒状的长纤维，不卷曲，洗后仍挺括，适于做夏季衣裳、蚊帐。

图6-2 纤维与纺织

棉麻纤维不耐酸、碱的腐蚀,当强酸(如硫酸、硝酸或盐酸)或强碱(如氢氧化钠)滴落在棉或麻织品上时,就会严重损伤。弱碱性物质(如普通洗衣皂)对它们损伤很小。

(2)动物纤维　动物纤维主成分为蛋白质,系角蛋白,因为不被消化酶作用,故无营养价值。均呈空心管状结构,常用的有丝、毛两类。

① 丝　纤维细长,由蚕分泌液汁在空气中固化而成,除含C、H、O元素外,还有N元素。一个蚕茧通常由一根丝缠绕而成,长达1000～1500米。强度高,有丝光,宜做夏季衬衫,为高级衣料。

② 毛　纤维粗短,包括各种兽毛,以羊毛为主,成分除C、H、O、N元素外,还有S元素。构成羊毛的蛋白质有两种:一种含硫较多,称为细胞间质蛋白;另一种含硫较少,叫做纤维质蛋白。后者排列成条,前者则像楼梯的横档使纤维角蛋白连接,两者构成羊毛纤维的骨架,有很好的耐磨和保暖功能,适宜做外衣和水兵服。

用天然纤维纺成纱,织成布,制成衣服既可保暖,又能防晒。因为天然纤维的导电传热能力差,加上纤维分子卷曲缠绕、左右勾连,形成许多缝隙洞穴,包藏了不少空气,使热量不宜穿过纤维层。

使用丝、毛织品注意点如下。

① 怕高温　蛋白纤维被加热到130～140℃时就会分解放出氨气(NH_3)和二氧化硫(SO_2)。

② 不耐碱　若将羊毛纤维置于40%的NaOH溶液里煮几分钟就会被溶解而消失。

③ 易虫蛀　尤其在潮湿的梅雨季节或沾上油污后,毛料服装容易发霉或虫蛀,收藏时应用樟脑驱虫。现在羊毛织物内多添加防虫蛀成分以避免发霉、虫蛀之弊。

④ 对光敏感　因为光会加速蛋白质分解,所以羊毛织品应尽量避免烈日暴晒,洗涤后宜置阴凉通风处晾干。

6.1.1.2　人造纤维

人造纤维就是用木材、芦苇、蔗渣、玉米芯、麦秆、稻草、竹子等富含纤维素的植物为原料,经化学方法将其中的粗短纤维转化而成的纤维。先用亚硫酸钙和烧碱等使富含纤维素的植物水解、蒸煮、漂白做"浆箔",制得纯净的纤维素;再用氢氧化钠、二硫化碳处理得到制成"黏胶液";最后通过许多微细的小孔喷射到含硫酸等成分的溶液中,凝固成再生纤维。这就是黏胶纤维。

所谓的人造丝、人造毛、人造棉其实都是黏胶纤维，只是纤维长短、曲直不同罢了。其中纤维长的丝状物叫人造丝；将人造丝截短后，卷曲度高的叫做人造毛；卷曲度低的叫做人造棉。黏胶纤维穿着舒适，透气性好。人造棉容易染色，织出的布色彩鲜艳绚丽；人造丝织物轻柔滑软，可制成多种丝绸；人造毛同羊毛可混纺成毛黏绒线，还可同合成纤维混纺，取长补短，改善织物性能。

6.1.1.3 合成纤维

合成纤维指由石油、煤、天然气、石油废气、石灰石、空气、水等非纤维类的化工原料合成的纺织品，通常成丝状，是重要的高分子聚合物，不含纤维素和蛋白质。有优异的化学性能和机械强度，在生活中应用极广。如为片状或块状者则称为树脂。合成树脂添加各种助剂后的制品称为塑料。合成纤维与人造纤维的主要区别在于，它的抽丝原料不再是天然的高聚物，而是合成高聚物，故又称化学纤维，是真正的"人造纤维"。合成纤维的品种早已超过任何其他纤维。合成纤维具有天然纤维所没有的一系列优良性能，如强度高、耐磨、耐虫蛀、密度小、保温性好，并且还耐酸碱的腐蚀。

（1）普通合成纤维　普通合成纤维主要有锦纶（聚酰胺，1939年）、涤纶（聚酯，1953年）、腈纶（聚丙烯腈，1953年）、维纶（聚乙烯醇，1940年）、丙纶（聚丙烯，1957年）、氯纶（聚氯乙烯，1931年），简称"六纶"。其中锦纶、涤纶、腈纶产量最大，占合成纤维总量的90%，被称为现代化纤的三大支柱。

常见合成纤维（六纶）的特性如表6-1所示。

表6-1　常见合成纤维（六纶）的特性

品种		主要特性	
商品名	别名	优点	缺点
涤纶	的确良	强度高、弹性好、耐蚀耐磨、挺括不皱、免烫快干、良好的电绝缘性	吸湿性、透气性不好
锦纶	尼龙、卡普隆	耐磨性高、强度高、弹性好、密度小、耐腐蚀、抗霉烂和不怕虫蛀、着色性好、鲜艳夺目	耐光性、保型性较差，表面光滑而有蜡状手感
腈纶	奥纶、开司米、合成羊毛	蓬松、温和、柔软、软化点高、保暖性好	

续表

品种		主要特性	
商品名	别名	优点	缺点
维纶	人造棉	耐磨、吸湿、透气性均佳,耐化学腐蚀、耐虫蛀霉烂、耐日晒等	弹性、染色性较差,耐热水性不够好
丙纶	梅克丽	坚牢、耐磨、耐蚀,又有较高的膨松性和保暖性	耐光性、耐热性、染色性、吸湿性和手感较差
氯纶	天美纶、罗维尔	耐化学腐蚀性、保暖性、难燃性、耐晒性、耐磨性和弹性	吸湿性小、易产生静电、耐热性差、沸水收缩率大和难以染色

(2) 新型合成纤维　研制新型的化学纤维,不外两条途径:一是采用物理改性技术,用原有材料经过特种喷丝法,制成异形纤维、中空纤维,使之产生新的性能;二是改变纤维的高分子结构或采用新的化合物聚合成新的合成纤维。复合纤维、超细纤维、高缩纤维、有色纤维、变色纤维等层出不穷。

① 异形纤维　异形纤维的截面五花八门、种类繁多,甚至可以随心所欲地生产各种截面的化学纤维。一般可分为4类:异形截面纤维、中空纤维、异形中空纤维、复合异形纤维。这些纤维同一般断面圆形的纤维相比,具有柔和、素雅、光泽好、合抱力高、更蓬松、柔软等特点。异形纤维的制造并不复杂,只要把各种高分子聚合物通过特别的畸形喷丝头,就可以喷出异形纤维。各种化学纤维,无论采用什么纺丝形式,都能制成异形纤维。

② 超细纤维　通常的化学纤维一般在1.5～15旦("旦尼尔"的简称,缩写为D,是表示纤维粗细的一种单位,直径大致为10～50微米)。超细纤维通常在0.1～0.5旦之间,200根超细纤维并列排紧一起,还不到1毫米宽。特殊用途的超细纤维甚至只有0.001旦。锦纶、涤纶、腈纶、氯纶、过氯纶、特氟纶等都能纺成超细纤维,用它们编织的织物特别柔软光滑,精巧细致,光泽美丽。

③ 高缩纤维　是一种受热后收缩力特别强的化纤,常规涤纶受热后的收缩率为10%,而涤纶高缩纤维的收缩率达25%以上。这种纤维经加热处理后,由于纤维收缩,织物显得丰满致密。它同别的纤维组成复合纤维,热处理收缩后,类似泡泡纱,或出现立体感很强的浮雕花纹。它还可用做化纤平绒、灯芯绒、花色起圈呢绒的底布,用来制作仿

鹿皮、花色丝绸等。

其他还有彩色纤维、防火纤维、改性纤维、镀金属纤维、发光纤维、变色纤维、空气变形纱和军用防弹纤维等。

（3）复合（混纺）纤维　用特种喷丝工艺，把两种不同的原液分别输进同一只喷丝头，在同一喷丝孔前方一齐压喷出来，就可制成复合纤维。也就是利用不同纤维的特点，优势互补，制成各种混纺纤维。

人造纤维印染花色容易，吸水性好，缺点是润湿状态时强力低，因此不经洗、不耐穿；合成纤维结实、耐磨，但不易染色，吸水性差。把它们混纺以后，就可以相得益彰，织成既美观又结实耐穿的衣裳。如用腈纶和蛋白质人造纤维制成复合纤维，其编织物的弹性、手感可同羊毛媲美，洗后不易松散，也不易起毛结球。还可根据需要，采用不同的化纤组成，制成各种复合纤维，来改进纤维的卷曲性、蓬松性、手感、吸湿性、耐磨性、染色性和抗静电性等性能。

纺织物的命名原则：混纺比大的在前、混纺比小的在后；混纺比相同时，天然纤维在前，合成纤维其次，人造纤维最后。如25％锦纶-75％黏丝混纺华达呢称黏/锦华达呢，50％黏胶-40％羊毛-10％锦纶混纺凡立丁称黏/毛/锦花呢或三合一等。

再如"棉的确良"就是涤纶与棉花混纺的织物，"毛的确良"就是涤纶与羊毛混纺的织物，"快巴的确良"就是涤纶与人造毛混纺的织物，"涤绢绸"是涤纶与蚕丝的混纺织物，轻盈细洁，多作夏衣。"包芯纤"用涤纶长丝纤维作轴芯，外面均匀包卷上一层棉纤维，透气性、吸湿性、耐磨性均佳。"毛线"除纯羊毛（保暖好）、氯纶（便宜，易起静电）、腈纶（蓬松）毛线外，还有腈-毛、棉-毛及毛-黏混纺毛线，除保持毛的优良保暖性外，还增加了耐磨性和强度。

6.1.2　纺织品的服用功能

6.1.2.1　纤维织品的使用特点

（1）基本要求　纤维很多，但要用于纺织还必须有良好的服用（穿着）性能和机械强度，而这些均由其化学结构决定。

① 柔弹性　即织物没有粗硬感。纤维分子呈链状，可缠绕因而柔顺。如聚酯及蛋白质纤维（涤纶、羊毛）分子较整齐，规整性好，抗变

形能力强，回弹性优异、挺括。

② 耐磨性　取决于化学链的强度，也与柔弹性有关。酰胺基组成的纤维大分子主链共价键结合力大，链间距离小，从而使锦纶成为耐磨和强度冠军。

③ 精致性　即纤维要足够细。就人造纤维和合成纤维而言与喷丝孔径有关，通常孔径为0.04毫米，长度与直径比为1000。

（2）其他性能

① 缩水性　是服装合身的重要因素。各类纤维的缩水率：丝绸、黏胶10%（亲水性强），棉、麻、维纶3%～5%，锦纶2%～4%，涤纶、丙纶0.5%～1%（疏水性强），混纺品1%（经树脂整理）。缩水原因：除组成纤维单体的化学结构影响外，还由于纺织和染整过程中受的机械作用使纤维被拉长，因而有潜在的收缩性，落水就会显示。织品落水后横向膨胀，纵向则缩短。使用时缩水率大的要落水预缩。

② 熨烫　高温下化纤制品会熔融和收缩。熨烫温度一般应比软化温度低80～100℃。各类纤维的软化温度（℃）为：黏胶260～300，涤纶240，维纶220，腈纶190～230，锦纶180，丙纶140～150，氯纶60～90。混纺制品，以最低烫温的物料为准。天然纤维均不耐高温，150℃以上就开始分解，变成焦黄色。除氯纶不宜烫以外，其他通常用水汽烫较合适，温度太低起不到应有作用，太高则会烫坏纤维。

③ 洗涤　洗涤条件亦取决于纤维的化学特征。黏胶纤维、腈纶、蚕丝、羊毛（及其与化纤维混纺品）不耐碱，宜用中性洗涤剂，温度应在40℃以下。由于湿态时强度低，切忌搓揉拧绞，应自然沥干。涤、锦、维、丙4大纶，洗水不应超过50℃，可用碱性洗衣粉，耐光性差，洗后宜阴干。氯纶，可用碱性洗涤剂，切忌热揉。棉织品，可用热水（70℃）。麻织品宜中温（50～60℃）。

④ 染色　丝、毛纤维是蛋白质分子，有氨基和羧基，容易和酸性或碱性染料作用，故可直接着色。棉、麻和人造纤维是中性的聚葡萄糖分子或纤维素单体，需用媒染法，即用媒染剂如明矾水解成氢氧化铝，挂上染料后再吸附在纤维上，有的也可直接上色。合成纤维的染色性取决于化学结构。锦纶染色性好，涤纶、丙纶、氯纶则难，通常在喷丝前将颜料与原料混合，喷出色丝后再纺织。

⑤ 保暖性　取决于纤维的热导率〔$\times 10^{-4}$卡/（厘米·秒·℃）〕：

羊毛3.6，丝3.8，锦纶4.2，棉5.3，人造丝5.8（空气0.6）。为使服装保温良好，应尽可能保持空气在服装内部不发生流动。

6.1.2.2 纤维和织品的鉴别

纤维和织品的鉴别有感官鉴别法、燃烧法和溶解法三种方法。其中燃烧法和溶解法都属于化学法。

（1）感官鉴别法（手感目测法） 就是用手触摸，眼睛观察，凭经验来判断纤维的类别。除对面料进行触摸和观察外，还可从面料边缘拆下纱线进行鉴别。

常见纤维的感官鉴别如表6-2所示。

表6-2 常见纤维的感官鉴别

感官内容	感官特征
手感	棉、麻手感较硬，羊毛很软，蚕丝、黏胶纤维、锦纶则手感适中。用手拉断时，感到蚕丝、麻、棉、合成纤维很强，毛、黏胶纤维、醋酯纤维较弱。拉伸纤维时感到棉、麻的伸长度较小；毛、醋酯纤维的伸长度较大；蚕丝、黏胶纤维、大部分合成纤维伸长度适中
光泽	涤棉光亮，富纤色艳，维棉色暗，丝织品有丝光
重量	棉、麻、黏胶纤维比蚕丝重；锦纶、腈纶、丙纶比蚕丝轻；羊毛、涤纶、维纶、醋酯纤维与蚕丝重量相近
挺括	用手攥紧布迅速松开，毛纤混纺品一般无皱折且毛感强。涤棉皱折少，复原快。富棉和黏棉皱折多，恢复慢。维棉则不易复原且留有折痕
长度	可抽出丝观看，并在润湿后试验。黏胶湿处易拉断，蚕丝干处断，锦丝或涤丝干、湿处都不断。短丝则为羊毛或棉花，粗的为毛，细的为棉。如较长且均匀，则为合成短纤维

（2）燃烧法 利用常用纺织纤维的燃烧特征，如近焰时、在焰中、离焰以后的燃烧方式、火焰颜色、气味、灰烬形状等现象来判别纤维的品种。

常用纺织纤维的鉴别如表6-3所示。

表6-3 常用纺织纤维的鉴别[①]

纤维种类	燃烧情况	产生的气味	灰烬颜色与状态
棉	燃烧很快，产生黄色火焰及黄烟	有烧纸气味	灰末细软，呈浅灰色
麻	燃烧快，产生黄色火焰及黄烟	有烧枯草气味	灰烬少，呈浅灰或白色
丝	燃烧慢，烧时缩成一团	有烧毛发的臭味	灰为黑褐色小球，用手指一压即碎

续表

纤维种类	燃烧情况	产生的气味	灰烬颜色与状态
羊毛	不延烧，一面燃烧，一面冒烟起泡	有烧毛发似的臭味	灰烬多，为有光泽的黑色脆块，用手指一压即碎
黏胶纤维	燃烧快，产生黄色火焰	有烧纸气味	灰烬少，呈浅灰或灰白色
醋酯纤维	燃烧缓慢，一面熔化一面燃烧，并滴下深褐色胶状液滴	有刺鼻的醋酸味	灰烬为黑色有光泽的块状，可用手指压碎
涤纶	燃烧时纤维卷缩，一面熔化，一面冒烟燃烧，产生黄白色火焰	有芳香气味	灰烬为黑褐色硬块，用手指可以压碎
锦纶	一面熔化，一面缓慢燃烧，火焰很小，呈蓝色，无烟或略带白烟	有芹菜香味	灰烬为浅褐色硬块，不易压碎
腈纶	一面熔化，一面缓慢燃烧，产生明亮的白色火焰，有时略有黑烟	有鱼腥臭味	灰烬为黑色圆球状，易压碎
维纶	烧时纤维迅速收缩，发生熔融，燃烧缓慢，有浓烟，火焰较小，呈红色	有特殊臭味	灰烬为褐黑色硬块，可用手压碎
丙纶	靠近火焰迅速卷缩，边熔化，边燃烧，火焰明亮，呈蓝色	有燃蜡气味	灰为硬块，能用手压碎
氯纶	难燃，接近火焰时收缩，离火即熄灭	有氯气的刺鼻气味	灰为不规则黑色硬块

① 摘自王玉标. 实用化学上海：上海交通大学出版社，2000：132.

（3）溶解法　不同纤维的溶解特征取决于形成纤维的单体的化学结构，有的机制尚不清楚。

常见纤维的溶解特征如表6-4所示。

表6-4　常见纤维的溶解特征

纤维品种	溶解特征（现象）
棉、黏胶纤维	易溶于浓硫酸（脱水及酯化作用）、铜氨溶液（羟基及醛基的配合及还原作用）
麻	易溶于铜氨溶液
丝	易溶于酸、碱（氨基酸的两性）、铜氨
羊毛	易溶于氢氧化钠（脂层破坏后进攻蛋白质）
涤纶	易溶于苯酚（缩合）
锦纶	易溶于苯酚及各种酸（酰胺的碱性）
腈纶	易溶于硫氰化钾溶液、二甲基甲酰胺
丙纶	易溶于氯苯
维纶	易溶于酸
氯纶	易溶于二甲基甲酰胺、四氢呋喃、氯苯等

6.1.2.3 纺织品加工和保护

（1）加工　除了必须注意前述的缩水、熨烫等基本性能外，缝纫亦是加工的重要环节。应注意以下几点。

① 缝线　要求线缝的理化性能与衣料品种相同，亦可用涤纶、锦纶线（耐磨、缩水少）或高级丝光棉线、丝线。

② 衬布　其缩水率应和本底布相近，否则下水后起皱。

③ 图案　无论染色或布贴均应适应本底布结构。

（2）保护　根据纺织品的化学特征，主要办法有以下两种。

① 防虫　常用樟脑丸防止衣服被虫蛀。

② 防霉与去霉　如衣物已生霉则应去霉，办法主要有日晒（紫外线照射）或烤干后刷去，喷酒或沾酒刷净，喷醋擦净。然后再用高效、低毒的山梨酸、尿囊素防霉。

（3）其他　涉及一些特殊衣料，主要有以下两种。

① 丝绸　因丝绸薄、软、滑，故缝制困难，不易剪裁。克服办法：湿硬法，即喷水使其硬化；苯甲酸法，喷洒苯甲酸的酒精溶液后，再使酒精蒸发，苯甲酸在衣料中凝固而硬化，裁剪后，苯甲酸可升华除去，绸料恢复柔滑。

② 毛料　收藏前注意阴干、晾凉，不可让热、潮的料入箱，否则纤维分解、变脆。毛衣编好后，初穿时易起小球，系羊毛纤维外露经摩擦卷曲造成，千万不可拉掉。毛织物缩水后无法恢复，称为毡缩。成衣最好干洗、勤晒、拍打去尘和防污。

6.2 皮革及其制品

皮革制品也是一类重要穿戴品，并具有其他更广泛的用途。

6.2.1 皮革

皮革包括动物革和人造革，后者属于塑料（图6-3）。

6.2.1.1 生皮与制革

皮革的质地首先取决于生皮，常见的动物皮有牛皮、羊皮和猪皮，也有其他珍奇动物（如鹿、虎、狐）的皮，这些皮的化学结构大体相近，但细腻程度及毛色不同。实用的生皮包括如下两种。

① 表皮　是皮肤最外层组织，主要由角朊细胞组成。根据角朊细胞的形态，表皮还可细分成若干层，它决定皮的粗糙程度。

② 真皮　是含有胶质的纤维组织，决定了皮的强韧程度和弹性。化学上均把它们划为蛋白质。

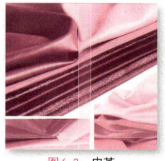

图6-3　皮革

根据加工要求，生皮还有去毛和附毛两种。皮和毛中的蛋白质主要为角蛋白，不溶于水、酸、碱及一般有机溶剂，有一定硬度和耐磨性。

制革就是把动物体上剥离的生皮加工成实用皮料的过程，也称为鞣制，即用鞣酸及重铬酸钾对生皮进行化学处理。

① 鞣酸　又称单宁酸，是某些植物中存在的一类无定形固体物质，分子结构中含多个羟基，可溶于水，能使蛋白质凝固。当生皮充分润湿并压榨后，它的每条纤维周围均充满蛋白质。经鞣酸处理后，生皮可变得规整。

② 重铬酸钾　在鞣制时加入，经还原使 Cr^{6+} 成为 Cr^{3+}，铬离子与氨基酸的活性基团作用，使皮的纤维键合，强度大增。

鞣制后，本来容易发臭、腐烂的硬生皮，变成干净、柔软的皮革。

6.2.1.2 人造革

通常的人造革由聚氯乙烯制成，办法是在织物纱线之间用这种合成树脂黏合。原则上任何树脂（包括橡胶）均可制革。

6.2.2 皮革制品

皮革和人造革两者在应用上有某些共同性。

① 衣　均适合做御寒外衣。动物皮革较透气，保暖性更好，但怕水；人造革表面不怕受潮。

② 鞋　二者均耐磨、坚韧，但动物皮革做成的皮鞋（及其他皮制品）受潮后易变形，产生折皱，甚至断裂。人造革制的鞋不怕水但比较闷。

6.3 橡胶及其制品

橡胶是具有显著弹性的一类高分子化合物。根据其来源通常分为天然橡胶和合成橡胶两大类。橡胶在日常生活和工农业生产中用途很广。生活中的胶鞋、雨衣、橡皮管、热水袋、球胆、防酸手套、自行车车胎等，还有汽车、飞机轮胎等配件都可用橡胶制成。橡胶制品达几万种之多，其中80%的橡胶用来制造轮胎（图6-4）。

6.3.1 天然橡胶

6.3.1.1 生胶

橡胶的主要产地在南美洲。我国云南、海南等地也多产橡胶。胶树的经济寿命约30～40年，7～8年树龄的胶树开始割胶，产1吨胶约需割3万棵胶树。天然橡胶的组成是异戊二烯的聚合物（即单体是异戊二烯），相对分子质量约为30万左右，它的分子链极为柔顺，有一定弹性，但显示弹性的温度范围不宽，温度较高会变黏，低温会变脆，影响使用效果。这种未经化学处理的橡胶叫做"生胶"。

图6-4 橡胶制品

6.3.1.2 加工——硫化

把生胶与硫黄一起加热生成硫化橡胶，性能将大为改善。这个过程就叫做"硫化"。硫黄的用量一般不超过生胶的5%。硫化后橡胶的分子量增加不多，仅在100个异戊二烯链中形成一个交联点，但物理性能显著改善。如张力及弹性增大，在有机溶剂中的溶解度降低，受热后不变软。硫原子在生胶的大分子链节之间建立起"桥梁"（简称"硫桥"），好像做沙发时一个个弹簧互相之间用麻绳、铁丝勾联成一个整体，既加强弹性，又防止松散。

橡胶硫化除了硫化剂硫黄外，还需要添加各种配合剂，如硫化促进剂、防老剂及补强剂（填料）等。硫化促进剂的作用是促进橡胶硫化，缩短硫化时间，降低硫化温度。常用的硫化促进剂有TMTD（二硫化四甲基秋兰姆)和促进剂M(2-硫基苯并噻唑)。防老剂就是抗氧化剂。由于橡胶分子中残留双键,对光、热、氧的作用敏感、易氧化,引起分子链断裂或进一步交联,从而使橡胶制品变黏或龟裂,强度降低,弹性丧失。常用的防老剂有3-羟基丁醛-α-萘胺和N-苯基-β-萘胺等。补强剂可以增加橡胶的强度和耐磨性,比如有时加入一些合成纤维(称为帘子线)以进一步增强橡胶制品的使用强度。往橡胶里掺上炭黑,可以做成较硬、耐磨的黑橡胶,用以做鞋底、轮胎等。相反,掺入白色的碳酸钙、钛白粉等填料就变成了白橡胶。可做擦铅笔字的白橡皮。

6.3.2 合成橡胶

合成橡胶是由分子量较低的单体经聚合反应而成的,其基本成分是丁二烯及异戊二烯分子。

6.3.2.1 合成橡胶的分类

合成橡胶的性能和种类因单体不同而异。按照不同的性能和用途,可分为通用橡胶和特种橡胶两类。通用橡胶有丁苯橡胶(单体为丁二烯、苯乙烯)、顺丁橡胶(单体为丁二烯)、异戊橡胶(单体为异戊二烯)、氯丁橡胶(单体为氯丁二烯)、乙丙橡胶(单体为乙烯、丙烯)、丁基橡胶(单体为异丁烯、异戊二烯)、丁腈橡胶(单体为丁二烯、丙烯腈)。特种橡胶主要有硅橡胶、氟橡胶和聚氨酯橡胶。生产合成橡胶所需的单体,主要来自石油化工产品。

6.3.2.2 合成橡胶的性能

天然橡胶在耐寒性、弹性等方面均优于目前任何合成橡胶。如何用合成方法,制出性能与天然橡胶相仿的橡胶品种,是人们百余年来探索的重大课题。

100多年前人们已经基本弄清天然橡胶的组成和结构,但是大量制取合成聚戊二烯橡胶还是20世纪50年代才开始的。50年代后人们才从石油产品中大量生产异戊二烯,真正使异戊二烯聚合成聚戊二烯是1954年才实现的。因为那一年发现了新型的聚合催化剂——钛催化剂和锂催化剂。在钛催化剂、锂催化剂催化下,合成橡胶中顺式聚合体的含量可分别达到97%和92%,而天然橡胶中为98%。一些主要橡胶品种的性能及用途见表6-5。

表6-5 主要橡胶品种的性能及用途

品　种	性　能					特点和主要用途
	耐热/℃	耐寒/℃	弹性	耐油	耐老化	
天然橡胶（NR）	120	$-50 \sim -70$	优	劣	良	高弹性。做轮胎、胶管、胶鞋、胶带
丁苯橡胶（SBR）	120	$-30 \sim -60$	良	劣	良	耐磨、价格低，最大品种的工业用胶。做轮胎、鞋、地板等
顺丁橡胶（BR）	120	-73	优	劣	良	弹性比天然橡胶好，耐磨优。做飞机轮胎兼改性剂
异丁橡胶（IBR）	150	$-30 \sim -55$	次	劣	优	高度气密性、耐老化、适做内胎、气球、电缆绝缘层
氯丁橡胶（CR）	130	$-35 \sim -55$	良	良	优	耐油、不燃、耐老化，制耐油制品、运输带、胶黏剂
聚硫橡胶（BR）	—	-7	尚可	优	良	气密性好，做管子、水龙头衬垫等
丁腈橡胶（NBR）	150	-20	良	优	良	高耐油、耐酸碱。做油封、垫圈、胶管、印刷辊等
乙丙橡胶（EPR）	150	$-40 \sim -60$	良	良	优	耐老化、电绝缘。用作电线包层、气输管、运输带
硅橡胶	$200 \sim 250$	$-50 \sim -100$	尚可	优	优	耐热、耐寒。做高级电绝缘材料、医用胶管、衬垫
氟橡胶	120	-100	良	优	优	耐热、耐寒。用于飞机、宇航、特种橡胶元件

6.3.3　橡胶制品

① 防水用具　橡胶不透水且轻便、易成型，广泛用来制雨衣、雨靴、水管、热水袋等。

② 鞋底　橡胶柔软、耐磨、富弹性，多用于制造运动鞋和皮鞋的鞋底。

③ 车胎　长期以来大量橡胶用于制造自行车、汽车、拖拉机、飞机等各种交通工具的轮胎，对于提高这些交通工具的速度和运输效率起了很大作用，并且迄今尚未发现更好的代用品。

④ 小日用品　因橡胶具有独特的弹性和柔韧性，故常用制作婴儿的奶嘴、小学生的橡皮擦、皮筋和松紧带。

6.4 塑料及其制品

图 6-5　塑料制品

塑料是有可塑性的高分子材料，在日常生活里几乎天天碰到它们。从衣服的塑料纽扣到凉鞋、雨衣，从五光十色的儿童玩具到永不凋落的塑料鲜花，从塑料牙刷、皂盒、梳子、筷笼到食品袋、水桶、空调壳等，都可用塑料制作（图6-5）。

目前全世界投入一定规模生产的塑料品种达300多种，大致可分为通用塑料、工程塑料和特种塑料三种类型。常见的通用塑料主要有聚乙烯、聚丙烯、聚苯乙烯、聚氯乙烯、酚醛塑料、氨基塑料等，工程塑料主要有聚酰胺、有机玻璃、ABS塑料等，特种塑料主要有有机硅树脂、环氧树脂和离子交换树脂等。

通常所用的塑料不是一种纯物质，而是由许多材料配制而成。其中主要成分是各类合成树脂，另外是添加剂及助剂，如稳定剂、增塑剂、着色剂等。根据合成树脂的性质，可分为热塑性树脂和热固性树脂两大类。热塑性树脂呈线型或链型结构，冷却后再加热时同样具有可塑性；热固性树脂呈网状结构，在加热时一开始具有一定的可塑性，可以制成各种不同形状的产品，但是过一段时间后，随着网状结构的逐步形成，便逐渐失去可塑性。聚氯乙烯、聚苯乙烯、聚乙烯、聚丙烯、有机玻璃、赛璐珞等属于热塑性塑料。酚醛树脂、尿醛树脂、环氧树脂等属于热固性树脂。

6.4.1　常用塑料品种

6.4.1.1　赛璐珞

"赛璐珞"就是"赛过美玉的塑料"的意思。往含氮10.7%～11.2%的硝化纤维中加入酒精吸去水分，再加入2%～20%的樟脑作增塑剂，便可制成透明的赛璐珞。赛璐珞本身是无色透明的，然而如果往里加入各种增色剂，可染上鲜艳的颜色，并可制成漂亮的洋娃娃等玩具。白色的赛璐珞在外貌上酷似象牙，常被用来制作既漂亮又便宜的"象牙"雕刻工艺品。赛璐珞的弹性是塑料中最好的一种，因此，被用来制乒乓球。赛璐珞的最大缺点是易燃。当你把乒乓球扔到火里，它比纸烧得还快和猛。再一点是用久了会发黄。

6.4.1.2 聚乙烯

聚乙烯于1933年开发，由乙烯聚合而成。乙烯是石油化工中的最基本产品，从石油裂解、炼油厂尾气都可得到乙烯。聚乙烯性能好、发展快，目前占据"四烯"（聚氯乙烯、聚乙烯、聚丙烯、聚苯乙烯）之首。

聚乙烯因采用的聚合方法不同，可制得高压聚乙烯、中压聚乙烯、低压聚乙烯三种，它们的性质略有差异，作用各有千秋。聚乙烯塑料，属于热塑性塑料，优点是无毒、耐酸碱、柔软、质轻（相对密度为$0.92 \sim 0.97$），能浮于水面，手摸有蜡感，不怕碰摔和挤压，耐热超过100℃，还具有优良的绝缘性能和耐化学药品性能，广泛适宜于做塑料薄膜包装食品、育秧、育种，以及电缆护套、通讯绝缘材料等。缺点是强度低，有一定的透气性，不适于包装易挥发的液体或饮料，不宜长时间与汽油、煤油相接触，以免引起膨胀或破裂。

6.4.1.3 聚氯乙烯

聚氯乙烯具有原料易得、价格低廉、较好的机械强度、耐腐蚀、耐酸碱和一定的难燃性等优点，在1966年以前一直位居"合成塑料家族"首位，现在屈居聚乙烯之后，排行"老二"。不足之处有耐热不超过60℃，耐低温、抗冲击性、韧性较差，满足不了某些机械制品的要求。还有一定的毒性，不适用于包装食品。聚氯乙烯分软、硬两类，前者增塑剂多（可达50%），适合制软材如塑料布、软管等；后者可制硬质品如塑料凉鞋、水桶、盆、棍、板。

6.4.1.4 酚醛塑料

酚醛塑料俗称"电木"或"胶木"。用苯酚和甲醛为原料，加入适量的盐酸，加热到$96 \sim 98$℃，即可制得酚醛树脂。再将酚醛树脂粉碎，加入填料、塑料等混匀后，便得酚醛塑料。这种塑料的绝缘性能非常好，能承受高电压，又是热固性塑料，成型后不易变形，机械强度高，耐磨、耐水，所以广泛用来制作电话外壳、电器开关、灯头、接线柱、电子管灯座、仪表外壳、电插头、蓄电池盖板等电气材料。往电木粉中掺些石棉粉，使摩擦系数大增，可制作汽车刹车板。如掺入一些有颜色的细粉填料，可以仿制漂亮的"大理石"。它还可和玻璃纤维牢固黏合加工成增强塑料，也称为"玻璃钢"，可部分代替钢材。酚醛塑料的缺点是弹性差、较脆，加工制造比热塑性塑料麻烦，废料不能回炉再用。

此外还有聚苯乙烯、聚丁二烯、有机玻璃（聚甲基丙烯酸甲酯）、玻璃钢（聚碳酸酯）、聚四氟乙烯（俗称"塑料之王"）和泡沫塑料等。

6.4.2 塑料的日用功能

6.4.2.1 塑料的共同特性

塑料有许多优异性能。

① 可塑性　即可通过加热使其变软再冷却成型。

② 弹性　有的链状聚合物有一定的弹性，其卷曲的分子可被拉直伸长，拉力撤掉后又复原。

③ 密度小　如聚丙烯塑料为0.9，泡沫塑料由于充气，密度更小。

④ 耐蚀　大多数塑料由烃类化合物组成，具有抗水、酸、碱的作用。

⑤ 绝缘性好　由于无自由电子故不导电。

⑥ 强度高　尤其是立体网状结构的塑料，硬度大且坚韧耐磨不脆。

⑦ 成型和着色性能好。

6.4.2.2 塑料的硬和软

冬天在室外，塑料雨衣好似硬纸壳，塑料鞋底硬得梆梆响。塑料为什么冷的时候硬，热的时候软呢？塑料是高分子化合物。它由成千上万个小分子互相"手拉手"地联结起来，形成大分子"链条"。在金属链条里滴上润滑油，各链节之间就活动自如了。在塑料的大分子链条之间，不能加润滑油，但是在加入"增塑剂"以后，硬塑料也就变得柔软起来。塑料雨衣、床单的增塑剂加得多，就可以随意折叠，揉成一团；塑料凉鞋里增塑剂少一些，虽然柔软，却不能折叠；有些硬塑料管的增塑剂就更少，只有在火上烘烤，才能变软、弯曲。普通的增塑剂随温度下降变得黏稠，润滑的本领越来越小。塑料大分子链条里的"润滑油"都凝冻了，塑料自然变得僵硬。因此，寒冷地区使用的塑料制品和热带用的塑料，在增塑剂的品种和比例上，都是不相同的。塑料制品用久了，经过风吹、日晒、雨淋以及增塑剂的挥发，就会变硬发脆，这叫做塑料的"老化"。

6.4.3　皮革、橡胶和塑料制品的维护

6.4.3.1　使用

一般的聚氯乙烯、聚苯乙烯等塑料制品有毒，不能用来盛放食物。牛奶瓶、口杯、水壶和食品袋是用聚乙烯做的。聚乙烯的化学成分和蜡烛油差不多，没有毒性，也没有添加增塑剂，可以放心地使用。聚氯乙烯、聚苯乙烯、有机玻璃虽然也和聚乙烯一样，受热会熔融、变软，但是燃烧时却有不同的气味。

6.4.3.2　保养

皮革、橡胶、人造革和塑料的主要问题有以下几种。

① 老化　空气的氧化作用、紫外线照射、温度骤变（受热或经冻），会使皮革、塑料中的添加剂分解、挥发而功能降低，使橡胶中的硫键断裂，硫分子和橡胶单体脱开，结果制品变硬、发脆，严重时会龟裂，甚至折断。

② 腐蚀　橡胶不能接触碱、油；皮革可被酸、碱及有机溶剂侵蚀并且遇水发硬，许多塑料如尼龙亦怕酸、碱。

③ 发霉　皮革和人造革中蛋白质和纤维易发霉和受虫蛀，有些塑料亦可受微生物作用。

6.4.3.3　修补

橡胶和塑料有两种修补法。

① 热补　除酚醛树脂（电木）以外，橡胶及日用塑料大多有热塑性，即将其加热会变软甚至熔化，冷却后会复原。车胎、塑料薄膜、牙刷柄、鞋底等均可用烙铁使已洗净并晾干的修补处烫至发黏，立刻对准缝口，趁热用力将接缝挤压密合，待冷后即粘牢；为防止塑料受热时炭化变黑，烙处应隔以铝箔或玻璃纸。

② 冷补　即用胶黏剂将破损或断裂的橡胶及塑料面黏合。如轮胎、眼镜架、塑料梳、钢笔杆、塑料薄膜等损坏后均宜用冷补。关键是选择合适的粘接材料和胶黏剂，如自行车内胎破洞则用同质地的胶片涂上专用胶水（橡胶溶于汽油中配成）或用化学胶黏剂补即可。其他塑料则用溶剂接接更佳，如有机玻璃用丙酮、二氯乙烷或氯仿，聚氯乙烯用四氢呋喃，聚苯乙烯用苯。

第7章
美化与化学

　　随着生活水平的提高和科技的发展,人们对生活质量的要求越来越高。本章讨论一下洗涤用品、化妆品和首饰制品。

7.1 洗涤用品

洗涤是指以化学和物理作用并用的方法，将附在被洗涤物表面的污垢去掉，从而使物体表面洁净的过程。琳琅满目的洗涤用品见图7-1。

7.1.1 洗涤原理

图7-1　琳琅满目的洗涤用品

洗涤机制包括润湿作用和洗涤过程。

7.1.1.1　润湿作用

如果没有润湿作用，想把物体洗净是不可能的。润湿作用涉及有关表面的性质。通常吸附在衣物和皮肤上的污物如尘埃、煤烟、油渍、汗分泌物等，大都是疏水物质。丝、毛、棉、麻等动植物及人造纤维，虽然有的本身亲水（含多个羟基），但大都有一层油膜，故表面也多是疏水的。若要使被吸附的污垢与衣物表面分离，就要求洗涤剂分子一方面能"挤入"织物和污垢之间，在其界面形成一亲水的吸附层，使界面张力降低，因而削弱其黏附力。另一方面，洗涤剂分子又会渗进原来粘在一起的污垢的间隙和裂缝中把他们分散成更小的颗粒。这一作用就是润湿。液体对固体表面的润湿能力可用接触角θ来表示。所谓接触角就是指液滴在固体表面形成的角度。当$\theta=0°$时为完全润湿，90°为润湿，90°～180°不润湿，180°完全不润湿。如水对几种面的接触角分别为：石蜡108°，羊毛哔叽141°，雨衣156°±9°。可见水对这些物质都不润湿。

7.1.1.2　洗涤过程

洗涤的基本过程为：

$$被洗物-污垢+洗涤剂 \xrightarrow{介质} 被洗物+洗涤剂-污垢$$

式中的介质决定于水洗还是干洗，水洗介质为水，干洗介质为有机溶剂。当然，关键是洗涤剂。除上述润湿作用外，还有以下作用。

① 机械作用　通常与起泡沫有关，借助揉搓及泡沫的活动，使污垢从纤维上脱落。

② 乳化作用　使污垢分散，不再回附于纤维。

③ 增溶作用　污垢可能进入洗涤分子的胶束，最终脱离被洗物。

洗涤剂的去污作用就是上述由降低界面张力而产生的润湿、渗透、起泡、乳化、增溶等多种作用的综合结果，可用去污力表示：

$$去污力 = \frac{洗涤前附着量 - 洗涤后附着量}{洗涤前附着量} \times 100\% = \frac{洗涤掉的附着量}{洗涤前的附着量} \times 100\%$$

也可以制备标准人工污布，测定其反光率，作为洗涤剂或一定洗涤过程去污能力的标准。

7.1.2　洗涤剂的化学结构

7.1.2.1　洗涤剂的一般组成

洗涤剂是按专门配方配制的具有去污性能的产品。洗涤剂种类繁多，用途各异，其主要成分不外乎由表面活性剂和洗涤助剂两部分构成。表面活性剂是一种用量很少但对体系的表面行为有显著效应的物质。它们能降低水的表面张力，起到润湿、增溶、乳化、分散等作用，使污垢从被洗物表面脱离分散到水中，然后再用清水把污物漂洗干净。洗涤助剂是能使表面活性剂充分发挥活性作用，从而提高洗涤效果的物质。

7.1.2.2　表面活性剂的结构与种类

迄今为止，表面活性剂已有2000多种。但它们的分子在结构上的共同特点是分子中同时带有"双亲"基团，即既带有亲水的极性基团（如羟基、羧基等），又带有疏水的非极性基团（如碳原子数≥8的烃基）。

洗涤剂中常用的表面活性剂有脂肪酸盐、烷基苯磺酸钠、烷基醇酰胺、脂肪醇硫酸钠、脂肪醇聚氧乙烯醚（平平加）等。它们分为离子型和非离子型两大类。

① 离子型　离子型又分为阴离子型、阳离子型和两性型三种。如作为普通肥皂的脂肪酸盐、大部分民用洗衣粉的烷基苯磺酸钠、用作化妆品原料的脂肪醇硫酸钠都是阴离子型；一些用作杀菌剂的铵盐如季铵盐（新洁尔灭）、叔胺（萨帕明A）为阳离子型；如可用作乳化剂、柔软剂的氨基酸盐（十二烷基氨基丙酸钠），它们在水中可离解成阴、阳两类离子，故称为两性型。

② 非离子型　这一类活性剂在水中并不离解出离子，而是以分子状态存在，比如一些山梨醇的脂肪衍生物大多制成液态洗净剂或洗涤精；一些酰胺（主要有烷醇酰胺）制为液体合成洗涤剂，去污力强，多

作泡沫稳定剂；还有一些聚醚类如丙二醇与环氧乙烷加成聚合而得的低泡沫洗涤剂（如上海美加净）等。

7.1.2.3 洗涤助剂

助剂的选择、配比必须与表面活性剂的性能相适应。选择适当的助剂可大大提高洗涤剂的效果。表7-1是烷基苯磺酸盐系表面活性剂中添加各种无机助剂对棉布去污力的影响。

表7-1 助剂对烷基苯磺酸钠去污力的影响

烷基苯磺酸盐	含量/%				去污力的增加率/%
	Na_2SO_4	Na_2CO_3	$2Na_2O \cdot SiO_2$	$Na_5P_3O_{10}$	
40	60				16.5
40	20	40			18.0
40	20		40		34.0
40	20		20	20	41.0
40	20	20		20	42.0

主要助剂及作用如下。

① 三聚磷酸钠（$Na_5P_3O_{10}$） 俗称五钠，为洗涤剂中最常用的助剂，配合水中的钙、镁离子，造成碱性介质有利油污分解，防止制品结块（形成水合物而防潮），使粉剂成空心状。

② 硅酸钠 俗称水玻璃，除有碱性缓冲能力外，还有稳泡、乳化、抗蚀等功能，亦可使粉状成品保持疏松、均匀和增加喷雾颗粒的强度。

③ 硫酸钠 其无水物俗称元明粉，10水物俗称芒硝；在洗衣粉中用量很大（约40％），是主要填料，有利于配料成型。

④ 羧甲基纤维素钠（简称CMC） 可防止污垢再沉积，由于它带有多量负电荷，吸附在污垢上，静电斥力增加。

⑤ 月桂酸二乙醇酰胺 有促泡和稳泡沫作用。

⑥ 荧光增白剂 如二苯乙烯三嗪类化合物，配入量约0.1％。

⑦ 过硼酸钠 水解后可释出过氧化氢，起漂白和化学去污作用，多用作器皿的洗涤剂。

⑧ 其他 如磷酸盐的代用品等。

7.1.3 各类洗涤剂的配方举例

7.1.3.1 家庭常用洗涤剂

家庭常用洗涤剂有粉剂、液剂、膏状和块状几类，应用上各有特色（图7-2）。

（1）洗衣粉 适用于洗涤棉、麻、聚丙烯腈等纤维制品的为重垢型，用于丝毛等蛋白质纤维的为轻垢型（要求中性），还有常规或通用型。

① 重垢型 按活性物质烷基苯磺酸钠含量分为30型（30%）、25型、20型三种，如灯塔牌洗衣粉配方为烷基苯磺酸钠30%、三聚磷酸钠16%、硫酸钠43%、硅酸钠5%、羧甲基纤维素钠2%、荧光增白剂0.1%。

图7-2　去污克星

② 轻垢型 通常在前述30型的基础上，降低三聚磷酸钠（至2%～15%）、硅酸钠（至1%）的用量。国内这类产品尚缺。

③ 其他 复配粉即含多种活性物但总量降低，其特点为去污力强、泡沫少、易漂洗；低泡粉适合洗衣机普及的形势，其特点是活性物中除阴离子型、非离子型表面活性剂外，还加了皂片。

（2）液体洗涤剂 随着生活水平的提高，这类洗涤液发展迅速，主要包括厨房用液、地毯洗液等。

① 餐具洗液 为轻垢型，亦可用于洗涤蔬菜、水果，但对安全性要求高；主成分为烷基苯磺酸钠或十二烷基磺酸钠5%～25%、月桂醇酯硫酸钠2.5%～7%、椰子油酸单二乙醇酰胺或其他酰胺2%～1.5%（稳泡剂）、福尔马林0.2%（杀菌剂），pH值接近中性。

② 洗衣用液剂 为重垢型或轻垢型，前者多用于洗涤内衣，通常含有碱性助剂；后者多用于洗涤外衣及毛料，为中性。重垢型的典型配方为烷基苯磺酸钠10%，壬基酚聚氧乙烯醚2.0%，二乙醇胺3.6%，焦磷酸钾12.0%，硅酸钾4%，二甲苯磺酸钾5%（助溶剂），聚乙烯吡咯烷酮0.7%（增稠剂），荧光增白剂及福尔马林各0.2%，余皆为水；轻垢型无上述碱性的钾盐，但加入月桂酸二乙醇酰胺（2%）、吐温60（1%～4%）及乙醇等；液剂类的一个显著特点是淡雅清香、悦目怡人。

③ 地毯清洗剂　多用低碱度及易于干燥的液汁，主成分为脂肪醇硫酸酯钠（或镁）、磺化琥珀酸半酯、焦磷酸钠、胶体二氧化硅及少许溶剂。

（3）膏状洗涤剂　即将配方中的各种液体和固体混合物制成黏稠的胶体，要求在运输、贮存中不得分层、析晶、结块等，其加工比粉状方便，效能比液状优异，近年来有所发展。重垢型配方如烷基苯磺酸钠25%，乙醇2%，三聚磷酸钠15%，水玻璃7%，纯碱5.3%，羧甲基纤维素钠1%。

（4）块状洗涤剂　泛指各类新型肥皂（图7-3），其突出优点是应用方便。

图7-3　肥皂

① 肥皂　主成分为高级脂肪酸钠盐、松香（提高肥皂中脂及酸含量）、硅酸钠（有利于成型）、滑石粉（增加固体量防止收缩变形）。

② 改性肥皂　品种甚多，主要在肥皂基质上加入其他特效助剂如香皂（加入香精如香草油）、增白皂（荧光增白剂）、儿童皂（碱性弱，油脂含量高，还加少许硼酸和羊毛脂）、药皂（加入苯酚、混合甲酚及硼酸，可杀身上细菌，但不宜洗脸和洗头）等。

③ 合成皂　用表面活性剂加工而成，由于合成的表面活性剂不能形成硬块，需加一些黏合剂如石蜡、淀粉、树胶等。

7.1.3.2　其他去污及消毒方法

（1）新型洗涤剂不断涌现　近20年来，针对不同需要开发的新型洗涤剂品种繁多。

① 加酶洗衣粉　这类洗衣粉主要用于洗涤含较多蛋白质的污渍如血渍、粪渍、汗渍等。应用的最佳温度为40℃（超过70℃时酶会失去活性），适宜pH值为8.5～10.5。

② 低磷洗衣粉　由于磷酸盐排入江河中会造成富营养化，使水藻大量繁殖，而水中动物则因缺氧而死亡。随着对环境问题的重视，人们广泛开展了磷酸盐代用品的研究，如有人用EDTA、氨三乙酸、柠檬酸钠、合成分子筛等代替三聚磷酸钠，制造各种低磷、无磷洗衣粉。

③ 洁厕粉　表面活性剂与三聚磷酸钠及摩擦剂（碳酸钙等）的混

合物，去污效果好。

（2）常用去污方法　　常见污渍的去污方法如表7-2所示。

表7-2　常见污渍的去污方法

污渍种类	去污方法
油渍	润滑油、皮鞋油、油漆、印刷油墨的污渍可用汽油、四氯化碳、乙醚等有机溶剂除去；煤焦油渍、圆珠笔油渍可用苯擦去。动、植物油渍，先用松香水、香蕉水、汽油擦或用液体洗涤剂洗，再用清水漂洗
酱油渍	新渍用冷水搓洗后再用洗涤剂洗。陈渍在温洗涤剂溶液中加入2%氨水或硼砂进行洗涤，然后用清水洗净
墨渍	由于碳很稳定，不易与一般化学试剂作用，通常用吸附力强的淀粉吸收。新墨汁渍用米饭粒涂在污迹表面，细心揉搓，再用洗涤剂揉洗。陈迹用1份酒精、2份肥皂混制的溶液反复搓洗
墨水渍	新的蓝黑墨水渍可用洗涤剂水洗，因鞣酸亚铁可溶于水。对陈迹（已氧化）则先用水浸湿，再用2%亚硫酸钠、硫代硫酸钠或草酸还原后再用肥皂或洗涤剂水洗，或用维生素C浸洗；红墨水渍可用20%酒精及0.25%高锰酸钾使染料氧化去除；对于中性墨水渍，新渍水洗，再用温肥皂液浸洗一些时间，用清水浸洗。陈渍先用洗涤剂洗，再用10%酒精溶液洗，最后用水漂洗。也可用0.25%高锰酸钾溶液或双氧水漂洗
血渍、尿渍、汗渍	主成分为蛋白质，宜先用冷水浸泡（如用热水烫煮则蛋白质凝固，粘牢于纤维上），再用加酶洗衣粉洗涤。这类污渍日久由于阳光和空气作用氧化成尿胆素的黄斑，可用稀氨水（氨水与水体积比为1∶4）揉搓脱色
菜汤、乳汁、果汁、茶迹污渍	菜汤、乳汁先用汽油揉搓去其油脂，再用稀氨水浸洗；果汁，如番茄汁，先用食盐水刷洗再以稀氨水处理；茶迹，先用浓食盐水搓，羊毛织品则用10%甘油轻揉后再用清水漂洗
口红渍	用纱布沾酒精或挥发油擦洗
口香糖迹	先撕下残迹，再放置冰箱中冷却剥离，最后用挥发油擦洗
铁锈斑	不同环境的锈斑组成不同，日常由于工作、劳动时衣服上沾的铁锈斑为羟基氧化铁，呈棕黑色，通常用2%草酸溶液或5%～10%柠檬酸溶液浸洗
毛织物上的油污	通常用于干洗精去除；市售干洗精为非离子表面活性剂与乙二醇（助溶剂）及四氯乙烯或汽油和少量水的混合液
首饰污渍	指金、银合金受酸、碱、油脂作用失去光彩，甚至形成斑点，可用碳酸氢钠溶液、含皂素及生物碱的溶液、中药（如桔梗）的浸汁或5%～10%的草酸溶液浸泡后再刷洗
铝制品油污	如饭锅、水壶上的污渍，主成分为油垢，切不可擦拭或刮挖，可用棉花蘸少许醋轻搓待熏黑部位光洁后，再用中性洗衣粉洗净
厕所污渍	10%酸（除去尿碱和水锈）、硫酸氢钠与松节油或烷基苯磺酸钠混合物可擦除尿碱

(3) 常用消毒剂 这是指常温下应用的能摧毁病原菌而对一般细菌孢子无作用的化合物。通常水对保洁消毒有重要意义，把伤寒菌涂在清洁的手上，10分钟内80％死亡；如果手脏则只5％死亡，所以水是最基本的消毒剂和清洁液。除水以外还有以下几种。

① 75％乙醇（酒精）溶液 为稳定的等渗液，用时乙醇渗进细菌体内，使细胞内的蛋白质整体凝固。

② 浓盐水 利用其高渗透压使细菌的细胞内液渗出干涸而杀灭。

③ 花露水 为香精的乙醇溶液，具有等渗性，杀菌效果好，常用于消肿止痒。

④ 酚类 包括杂酚油、五氯酚钠溶液，可被细菌迅速吸收，是一种广谱消毒物。

⑤ 季铵盐 为阳离子表面活性剂（如新洁尔灭），其杀菌作用可能与它们削弱细胞壁、使细胞无法保存养分的能力有关。

⑥ 艾奥多福 为聚乙烯吡咯烷酮和碘的配合物，水溶液是一种高效无痛消毒液。

⑦ 芬顿试剂 即亚铁离子和过氧化氢的水溶液，为一种有效杀菌剂。

⑧ 波尔多液 即硫酸铜的石灰乳，有杀虫及杀菌作用，多用于植物如树木及果类的防虫及消毒。

此外还有氯化锌、硫酸锌、氟化钠的水溶液、碘酒（3％或10％）、高锰酸钾、次氯酸钠等以及红溴汞（其2％水溶液称红药水）、氯化汞、松油、己基间苯二酚、冰醋酸、三氯乙酸、甲醛（福尔马林）等均是良好消毒液。

图7-4 浴盐

(4) 盐浴 国外美容界近年来时兴盐浴美容。所谓盐浴，就是温水浸湿皮肤后用盐粉末涂抹在皮肤上进行"洗浴"。实践证明，盐浴可以细腻皮肤、苗条身材、防治关节炎、风湿症和皮肤病。用作盐浴的盐是极细呈粉末状的盐（图7-4）。如果买来的盐不够细，可以捣细再用。下面介绍几种盐浴的方法。

① 人体在浴盆内用水充分浸泡后，从头到脚顺序用盐粉末涂抹全身，全身皮肤则顿然出现滑腻、油脂，经清水仔细冲洗干净后，再一次

在温水中浸泡擦干身体，结束盐浴。在全身盐浴过程中不要忘记双手最难摸到的背部。因为清除了背部的污物不仅能光洁皮肤，而且能令全身更加轻松舒适，且能预防背部疖疮及皮肤病。选用一把长柄柔软毛刷沾盐粉末在背部进行均匀涂抹，会感到轻松自如。盐浴后全身舒适、清爽、精神抖擞。

② 用盐粉末揉搓脚后跟。盐浴全身大都是用盐粉末进行涂抹，唯有脚后跟可以用盐粉末揉搓。因为人的脚后跟容易角质化，非常粗糙，用盐粉末上下揉搓能去掉角质层，使脚后跟的皮肤光滑润泽。

③ 在浴盆中用加盐的热水浸泡身体15分钟，长期坚持可减少全身脂肪，身材变得苗条。

④ 用细盐粉末反复涂抹眼睛周围能消除黑眼圈，用细盐粉末反复涂抹鼻梁能消除鼻梁上溢出的过多的油脂，使鼻子清洁爽滑。

⑤ 在用牙膏刷洗牙后，用手指沾盐粉末紧压在牙龈上轻揉。此法对坚固牙齿、消除牙病大有益处。

7.2 化妆品

7.2.1 化妆机制和化妆品的化学组成

7.2.1.1 化妆机制

所谓化妆，通常泛指装饰人体的技巧。化妆或化妆品指清洁人体、改善容颜、保持健美的技术及有关用品，其作用机制涉及皮肤、头发及牙齿的结构和功能等。

(1) 皮肤　成年人的皮肤约有1.5～2平方米，重达2.5～3千克，厚2毫米（手掌、脚掌处可达3～4毫米）。皮肤由外向内分表皮（没有血管和神经）、皮、皮下组织三层（后两层有微血管、淋巴管、神经、脂肪、内分泌腺等）。表皮又分为皮脂膜、角质层、颗粒层、有棘层和基底层，其中最外两层即皮脂膜和角质层由含水量较少的死细胞组成，含22种不同氨基酸（其中胱氨酸约2.3%～2.8%），pH约等于4，与美容化妆关系最密切。

皮肤的性状和吸收功能决定了化妆品的选用，油性皮肤的分泌物常堆积，宜用清洁霜类化妆品及时清除，干性皮肤宜用油包水型化妆品滋润。皮肤对外物包括对化妆品的吸收，主要是通过角质层、毛囊、皮脂腺及汗腺管口进行的。在角质层外有一层皮脂膜由氨基酸、尿素、尿酸、乳酸、脂肪酸、油脂、蜡类、固醇、磷脂、多肽等构成。化妆品如欲进入角质层，先应将皮脂膜洗去。通常低分子量的小分子物如香料较易被吸收，挥发性油类如羊毛脂、豚脂、鱼肝油等比较大分子的动植物油、凡士林易渗入。温度高时皮肤吸收能力强。婴儿比成年人的皮肤吸收好。化妆品中的酸及碱可分别与角质层中的蛋白质发生缔合，并被水化、乳化，从而被吸收。水分子可自由通过角质层，使微量元素、溶于水的营养成分、有机酸、生物碱及中草药的某些有效成分也随之进入。

(2) 毛发　毛发和指（趾）甲是皮肤的附属器官，但它们的结构、功能和性状又各有特色。毛发的主成分是角朊，和皮肤的区别在于其胱氨酸含量达16%～18%（而在角质层细胞中该酸只2.3%～3.8%）。

通常毛发微结构的pH值约为4.1（相当于赖氨酸和谷氨酸结合成离子型物的等电点）。当头发变湿时，由于水的pH值为7，使离子键减弱，并引起角朊膨胀,于是可被拉伸到干燥时的1.5倍。高含量的胱氨酸在蛋白质纤维间形成双硫原子桥键,使头发卷曲并可冷(热)烫。单根毛发为一空心结构,中心为毛髓质,外层为毛皮质,最外层为毛表皮。

头发的结构和性状与其化妆品选用关系很大,例如头发的颜色和浓密、稀疏决定了其染烫及洗理方式。头皮分泌皮脂过多的油性发,可勤用中性及稍强碱性的洗涤剂洗,不宜用头油。否则由于毛囊堵塞,营养供应不足而造成脂溢性脱发。对于头皮分泌皮脂过少的干性发,不能洗得过勤,并且洗发后要用发油保护,否则有抑制细菌作用的皮脂减少,可能导致发癣感染。

(3) 牙齿 成人一共有32颗牙齿。牙齿的结构分齿头(又称牙冠,指露在口腔的部分)、齿颈及齿根(埋在齿槽内的部分)三部分,牙釉质与牙骨质分别覆盖于牙冠和齿根的表面,其内层为牙本质,它们构成牙体的硬组织。牙釉质由难溶的羟基磷酸钙[$Ca_5(PO_4)_3OH$,$K_{sp}=6.8\times10^{-37}$]组成,呈乳白色,有一定的透明度,还有骨胶原等有机物以联结牙体和牙周组织。

常见的牙病是龋齿(即蛀牙)。这是由于糖类残渣留于牙缝内形成牙垢,加上口腔和外界相通,细菌进入使牙垢感染引起。伴随龋齿还常见牙髓牙周炎。蛀牙是由牙釉质的溶解开始的。当羟基磷酸钙溶解时(又称脱矿化),相关离子就进入唾液。

$$Ca_5(PO_4)_3OH(s) \longrightarrow 5Ca^{2+}(aq)+3PO_4^{3-}(aq)+OH^-(aq)$$

在正常情况下,这个反应向右进行的程度很小。该溶解反应的逆过程叫再矿化作用,是人体自身的防蛀牙的过程:

$$5Ca^{2+}(aq)+3PO_4^{3-}(aq)+OH^-(aq) \longrightarrow Ca_5(PO_4)_3OH(s)$$

在儿童时期,釉质层(矿化作用)生长比脱矿化作用快,而在成年时期,脱矿化与再矿化作用的速率大致相等。

进餐之后,口腔中的细菌分解食物产生有机酸,如醋酸(CH_3COOH)、乳酸[$CH_3CH(OH)COOH$]。特别是像糖果、冰淇淋和含糖饮料等高糖含量的食物产生的酸最多,因而导致pH减小,促进了牙齿的脱矿化作用。当保护性的釉质层被削弱时,蛀牙就开始了。

防止蛀牙的最好方法是吃低糖的食物和坚持饭后立即刷牙。大多数牙膏含有氟化物,如NaF或SnF_2。这些氟化物能够减少蛀牙。这是因为在再矿化过程中F^-取代了OH^-,使牙齿的釉质层组成发生了变化。

$$5Ca^{2+}(aq)+3PO_4^{3-}(aq)+F^-(aq) \longrightarrow Ca_5(PO_4)_3F(s)$$

氟磷灰石［$Ca_5(PO_4)_3F$］是更难溶的化合物（$K_{sp}=1\times10^{-60}$），而且F^-又是比OH^-更弱的碱，不易与酸反应，从而赋予牙齿较强的抗酸能力。

7.2.1.2 化妆品的化学组成

化妆品首先是保健品，故应具备抵抗病菌的能力，能保护人体，而不应有毒害作用。作为外用品又有下列特点。

（1）化妆品的一般功效　主要通过调整有关器官如皮肤、头发、牙齿的性状及功能来体现其效果。它们的主要作用有以下几种。

① 清洁　即除去相应部位的污垢，如各类香波、牙膏均有杀菌作用。

② 保护　针对皮肤、头发的不同性状进行调整，控制其水分蒸发和脂质分泌，以保持润滑、柔韧，防止开裂、脱落等，如雪花膏、发蜡。

③ 营养　增加肤、发组织的活力，保持角质层的水分，加速血液循环，如人参霜、珍珠霜等高级护肤品及各类生发精，某些药物牙膏均有特定营养价值。

④ 美容　通常是化妆的直接目的或某些职业表演艺术的特定需要，如眼影膏、胭脂、指甲油、染发剂等。

⑤ 治疗　防止皮肤病，如粉刺霜、痱子粉、祛臭剂，功能与外用药作用相似。

（2）化妆品的一般组成　施用化妆品旨在使皮、毛处于水分和脂肪含量的正常或最佳状态。皮肤的湿度应维持在10%，过高细菌易繁殖，过低角质层会脱落。脂肪量应适当，过高，肤、毛易生污垢，过低，则易干燥裂开或脱落。这样化妆品的组成应同皮脂膜组成基本相同，即有适当的水分和脂质。所以，化妆品的一般成分为以下几种。

① 基质　包括油蜡类（如羊毛脂、蜂蜡、橄榄油、卵磷脂、凡士林等）、粉状物（如滑石粉、膨润土、钛白粉、碳酸钙、淀粉）、溶液（酒精、乙酸乙酯等），约占总量的90%。

② 乳化剂　主要有合成表面活性剂（如三乙醇胺、磺化琥珀酸盐、甜菜碱类）和天然乳化剂（如阿拉伯胶），它们约占总量的3%～5%，主要用于将各成分混匀，保持稳定及维持一定黏度。

③ 香料　是化妆品的必要辅料，包括植物香料（如玫瑰油、白兰花油）、动物香料（如麝香、灵猫香）、合成香料（各种香精）等，用量在0.1%～1%。

④ 色素 包括有机合成染料（如萘酚黄S、靛蓝）、无机颜料（如氧化铁、氧化铬绿、炭黑）、天然色素（如胭脂虫红、叶绿素、胡萝卜素），用量0.1％以下。

⑤ 防腐剂 包括杀菌剂（如山梨酸、邻苯基苯酚，主要用以抑制细菌活动）、抗氧剂（如维生素C、维生素E，对羟基苯甲酸丁酯，常用于防止油脂的酸败）等，用量在0.1％以下。

7.2.2 常用化妆品

常用化妆品按应用功能可将化妆品分为洁肤护肤、美容医疗、洁发护发、洁齿护齿几类。

7.2.2.1 洁肤护肤类

洁肤护肤品（图7-5）包括膏霜和液剂两大类。

（1）膏霜类 由油、脂、蜡和水、乳化剂组成的乳化体，有油包水和水包油两种类型（前者油多后者水多），适合不同性状皮肤的需要。

① 雪花膏 为高级脂肪酸铵，加甘油作保湿剂，含水量较多，属水包油型，适合油性皮肤，宜秋冬季用。

图7-5 护肤品

② 清洁霜 主成分为白油（去油污）、鲸蜡加表面活性剂（去水溶性污秽）、羊毛脂（润肤），特点是37℃时液化，黏度适中，借助按摩可在表皮留下一层滋润性膜，对干性皮肤护肤效果尤佳，多用于演员卸装，可除去粉、胭脂、唇膏、眼影膏残留物，用软纸完全擦去后，肤感舒畅。

③ 香霜 主成分为矿物油（50％）、蜂蜡加吐温40等，属油包水型，适合干性皮肤。

④ 防晒膏（霜） 主成分有植物油、水杨酸薄荷酯、对氨基苯甲酸乙酯、氧化锌等，其特点是可屏蔽紫外线，又不妨碍皮肤晒黑。

⑤ 柠檬霜 以上述膏霜的主成分为基础，加入柠檬酸使pH值为4左右，与雪花膏或清洁霜相比其优点是酸度与皮肤更适应，有利于中和皮肤在洗涤后留下的碱性物，减少刺激并增强杀菌作用。

(2) 液剂　以酒精或水及甘油为基体加入无机盐（如硫酸铝、氯化铝作为收敛剂）、有机酸（乳酸、苯甲酸作为防腐剂）及香料和祛臭剂组成。

① 香水　即香精的酒精溶液，用于去臭和赋香，也是一种消毒剂，质地取决于所用香精（图7-6）。

② 花露水　以香水为原料加少量螯合剂、抗氧剂及色素而成。

③ 化妆水　又称爽肤水，稀有机酸水溶液（pH=3～4）加无机盐如铝盐或苯酚磺酸锌配成，使皮肤蛋白质轻微收敛且杀菌，有爽感，适于油性皮肤。

图7-6　香水

④ 驱蚊液　氨水或酚的酒精或香水溶液，主要用于防蚊咬、消蚊痒，杀菌作用较强。

⑤ 防晒液　高级脂肪酸或高级脂肪醇的酒精及水溶液，外加对氨基苯甲酸等能吸收紫外线的制剂，功能同前述防晒膏。

⑥ 浴液　主成分为阳离子表面活性剂（15%～35%），外加发泡剂、稳泡剂、增稠剂、螯合剂及着色剂等，有液态及胶剂不同类型。还可加入不同药物如杀菌剂、中草药提取液以获得不同效果。例如含硫黄的浴液有消炎、去癣、止痒功能。

7.2.2.2　美容医疗类

美容医疗类多属高级化妆品，品种甚多，有粉剂、膏霜、液剂等（图7-7）。

（1）粉剂　粉状物通常可黏附在皮肤上有一定掩盖能力并使皮肤平滑，主要有以下几种。

图7-7　化妆品

① 擦面粉　又称香粉，主成分为滑石粉或高岭土（滑爽并有光泽感）、锌氧粉和钛白粉（遮盖）、硬脂酸锌（黏合剂）等，外加接近肤色的颜料、杀菌剂及香料而得。

② 痱子粉　以香粉主成分为基础加收敛剂如硫酸铝、明矾（吸汗，退肿）、杀菌剂如水杨酸、香精。

③ 粉底霜　供化妆敷粉前搽用打底，以增强黏附力和遮盖力并防止粉粒钻进皮肤毛孔，主成分为润肤性油料如白油加钛白粉和锌氧粉。

（2）膏霜类　基质与前述洁肤护肤类用的膏霜类相同，必要时略加调整，主要有以下几种。

① 胭脂　涂于面颊使之红润，主原料同擦面粉，外加各色颜料（大红、朱红、玫瑰红、橘红等）、黏合剂（淀粉）及香精。

② 香粉蜜　将粉料（与胭脂同）悬浮于甘油-水混合物中，用羊毛脂作乳化剂，功效和雪花膏相似，但遮盖和滋润功能更强。

③ 眼影膏　基质与清洁霜相近（矿脂、羊毛脂、蜂蜡），另外加甘油与颜料（蓝、绿、棕、灰、紫等）搅和，涂于眼圈外，使眼轮廓更分明。

④ 眉笔　将油脂和蜡共熔，加入炭黑或氧化铁搅和成芯，使软硬适中并易黏附于皮肤上。

⑤ 唇膏　俗称口红、唇白，还有变色唇膏和珠光唇膏，均以油、蜡（蓖麻油、羊毛脂、蜂蜡）为基质，加入由曙红染料产生的色淀组成。如不加染料为唇白、加四溴荧光素为口红。如用橙色溴红酸染料则由本品的橙色随嘴唇pH值的变化而成鲜红色即变色唇膏，如用带金属光泽的颜料则成珠光唇膏，它们都是着色剂在高分子烃混合物中的溶液，可在唇肤的角质层上形成均匀薄膜，不溶于唾液，故持久牢固而不流失，有助于防止嘴唇干裂。

⑥ 祛斑霜　主成分与香霜相同（油、蜡及表面活性剂），加对苯二酚（抑制黑色素的形成和富集）或维生素C（减少酪氨酸酶对酪氨酸的氧化作用）。

⑦ 美容霜类　在香霜或祛斑霜基质中加入各种营养药物或中草药取汁而得，主要有：防老霜，又称润肤霜，营养物为雌激素，促进皮肤新陈代谢，减轻皱纹干萎；多维霜，加果汁如柠檬汁、黄瓜汁及蜂王浆等；"抗皱美容霜"，加牛奶提取物，也可用米糠油、鱼肝油、小麦胚芽油等；蛋白霜，加入多种氨基酸特别是牛、猪、羊骨质及皮的水解蛋白质，可补充皮脂质的水分，使之保持柔韧，加入羊胎盘提取液及蚯蚓提取物，还含有大量维生素及微量元素，除有保温、润肤、细胞激活作用外，还有防晒、清除面部色素的功能；珍珠霜，加入珍珠水解液或珍珠粉，因其所含的氨基酸与皮肤成分相近，易吸收。营养素还有维生素、

微量元素和游离脂肪酸等，自古"珍珠涂面令人好颜色"（《本草纲目》），为美肤珍品；在珍珠霜活性成分中加入人参露或人参酊剂、鹿茸、银耳、当归、三七，分别制成相应的珍珠霜名品，对加速血液循环，全面提高肤质很有效，多用于井下、野外、高温作业人员及外科伤员。

⑧ 硅酮霜　以硅油为基质，加入高级脂肪酸、非离子型表面活性剂及维生素等制成，可在皮肤表面形成保护膜，无毒、耐蚀、疏水并有优异透气性，被称为"呼吸性薄膜"，能阻止肥皂水等对皮肤的刺激，和传统的油蜡基膜相比，硅酮霜对防止皮肤干裂、过敏、粗糙有显著效果。适用于油性、干性、中性各类皮肤，夏季可防晒、防尘，冬天可抗寒、防裂。

（3）面膜　由具有在皮肤表面成膜功能的物质制成。

① 主成分　由成膜物（主要是高聚物如聚乙二醇、羧甲基纤维素、聚乙烯吡咯酮）、添加剂（包括保湿剂，如甘油或丙二醇）、填料（如碳酸钙、氧化铝）、营养物（果汁、维生素E、中草药提取汁）、香料及防腐剂；它们的作用是使成膜性和剥离性适中，使用时有舒适感。

② 功能及作用机制　在脸上成膜将皮肤与外界空气隔开，使面部温度、湿度上升，加速血液循环，扩张毛孔和汗腺，抑制水分蒸发，并能促进皮肤对皮膜中营养成分的吸收；随着皮膜的干燥，皮肤绷紧，产生张力，可以消除皱纹；面膜强烈吸附皮脂及污垢，它们连同面膜一起除去后，皮肤将变得光滑细腻、干净柔软、富有弹性；经常使用面膜对轻度色素沉着、暗疮等常见皮肤病有一定疗效。

（4）液剂

① 抑汗祛臭剂　皮肤的臭味除特定皮肤病外，多源于汗腺分泌残留物中细菌生长排出的胺及油脂水解产物（如丙烯醛），当用一般香水不足以去臭时，需首先抑汗以减少分泌物，主要抑汗剂由氯化铝、苯磺酸锌等收敛剂再加阴离子或非离子型乳化剂及有滋润作用的甘油、丙二醇等组成。祛臭剂通常均为杀菌剂，主要有硼酸和安息香酸、氧化锌及过氧化锌，将抑、祛两者结合以水或酒精为基质而得。

② 指甲油　为清漆或喷漆，由硝化纤维、增塑剂、树脂和溶剂及染料制成。溶剂如丙酮挥发后，留下硝化纤维膜，其中的硬脂酸丁酯使膜有韧性，松脂胶（即松香和甘油、甲醇或乙醇在加压下生成的酯混合物）则使膜牢固地附在指甲上以防脱落。

③ 指甲油清除剂　用于溶解上述纤维膜，由丙酮和乙酸乙酯的混合物为基体加少许苯、橄榄油、羊毛酯、醇、硬脂酸丁酯和二乙二醇一甲醚以改善溶解能力。

④ 指甲软化剂　用于软化指甲硬蛋白及其周围的皮肤，以利指甲整形，主要用碱如氢氧化钾或磷酸三钠、三乙醇胺（作润湿剂）的甘油水溶液，因碱可使角蛋白软化和膨胀。

7.2.2.3　洁发护发类

洁发护发类主要有香波、护发品、修发剂及其他毛发处理剂。

（1）香波　是洗发用的化妆品的专称。肥皂、洗衣粉可除去油污，但不宜洗发，而香波不但可洗去发垢和头屑，还可使之柔顺，便于梳理。主要有以下几种。

① 乳状液香波　主成分为表面活性剂（如脂肪酸盐、脂肪醇硫酸盐、聚氧乙烯醇酰胺）、甘油或丙二醇的蛋白质衍生物（有时加入食油，使头发柔滑易梳理）。

② 透明香波　主成分中的表面活性剂由脂肪酸和三乙醇胺中和而成，有适宜的黏度。

③ 去头屑香波　在一般香波中添加硫化物及杀菌剂。

④ 营养香波　在乳状液香波基体中加入人参或其他中草药如大蒜提取液、维生素和卵磷脂等。

⑤ 婴儿香波　又称婴儿浴液，是用两性咪唑啉表面活性剂和香料组成的无刺激性洗液。

（2）护发品　正常头发表面有一层油脂膜，可防止水分蒸发损失，正常头皮的油性也超过其他部位的皮肤。如果这些油太少，易生头屑，使发干枯且脆甚至断裂。用香波洗发也有一定脱脂（宜一周一次，过频脱脂严重），故洗发后宜敷用护发品，其基质均为油类，主要有以下几种。

① 发油　主成分为植物油（如蓖麻油、杏仁油、山茶油），也有用白油与蓖麻油或羊毛脂衍生而得的制品。

② 发蜡　主成分为白凡士林。

③ 发乳　由蜂蜡、羊毛脂、豆蔻酸异丙酯和水组成，可使发型固定，可配入适当药物成药乳。

④ 护发素　亦称漂洗剂，通常洗发后用适量抹发，可中和肥皂等洗发后残留的碱性物（用柠檬酸或酒石酸护发素）。新型护发素主成分

为阳离子表面活性剂及羊毛脂、甘油的混合物,可吸附于头发及头皮表面,形成单分子膜,抑制静电发生,容易梳理。

(3)修发剂　包括生发剂、烫发剂、染发剂和固发剂等。

① 生发剂　用于医治秃发者,主成分为刺激剂(金鸡纳酊、盐酸奎宁、辣椒酊及生姜、侧柏叶、大蒜提取汁)对毛根有刺激作用,改善血液循环,使头发再生;杀菌剂(樟脑、水杨酸、百里香酚、间苯二酚等),对治疗因溢脂性皮炎造成的脱发有效,亦兼有刺激作用;营养剂(人参汁、胎盘组织提取液及蜂皇浆、维生素等),可加强发根营养,使发干强壮,不易脱落。

② 烫发剂　分热烫和冷烫两类:热烫是以碳酸钠或氢氧化钠为软化及膨胀剂,亚硫酸钠为卷曲剂在100℃(电热)下使发卷成波纹;冷烫则是用硫基乙酸的稀氨水溶液切断头发角朊分子间的二硫键,使头发卷曲,再以氧化剂(如溴酸钾、过硼酸钠、双氧水等)使打开的键再接上,除去残留的还原剂,让已变形的头发由柔软而恢复原来的刚韧,从而固定成一定发型。

图7-8　漂亮的金发

③ 染发剂(图7-8)　主要有暂时性(用带正电的分子染料如三苯甲烷类、醌亚胺类或钴、铬的有色配合物,使之在发上沉积但不渗入发干内部,一次洗涤即可除去,常用于演员化妆)、半永久性(用对毛发角质亲和性大的低分子染料如硝基苯二胺、硝基氨基苯酚等,可透入毛发皮质直接着成不同的鲜艳色泽,可耐5～6次洗涤,保持3～4周)和永久性(氧化型如对苯二胺与3%双氧水临用前按1∶1混匀;空气氧化型如焦性没食子酸;金属盐型如乙酸铅与硫化物反应生成黑色沉淀;它们的分子小均可渗入已膨胀的角质蛋白,并进行缩合及聚合反应)等三种。

④ 固发剂　组成与前述指甲油相似,由硝化纤维、酯及丙酮混合而成,用时喷雾,溶剂挥发后在头发上留下一层膜使发型固定,号称"摩丝"。

(4)其他处理剂　主要有以下几种。

① 脱色剂　通常用浓双氧水即可脱去发色,因它可使黑色素分解,

在发根部的酪氨酸酶可催化此反应。

② 脱毛剂　主要用于医疗或动物屠宰，优点是从毛囊中拔除须髭汗毛比剃去好。通常有两类：物理脱毛剂如松香等树脂，将需要脱除的毛发粘住，从皮肤上脱下；化学脱毛剂如碱金属及碱土金属的硫化物，将毛发中的胱氨酸还原，结构遭到彻底破坏。由于碱性较强，5～8分钟即显效。

③ 剃须膏　旨在使胡须泡涨、软化，容易剃刮，同时要防止皮肤皲裂。主要有两种：泡沫剃须膏，主成分为40%～50%硬脂酸钾皂（使发胀、软化），还有羊毛脂、十六醇（润滑剂）、甘油、山梨醇（防干剂）、香精及薄荷脑（杀菌、清凉、收敛）等；无泡剃须膏，基本与雪花膏相同，加较多的滋润物质如羊毛脂、十六醇、甘油和丙二醇等。

④ 剃须液　其主成分是乙醇、油脂，并加入磺化石炭酸或单宁酸收敛剂，可使皮肤收缩，促进乙醇的脱水功能，造成胡须僵硬化，便于剃刮。

7.2.2.4　洁齿护齿类

洁齿护齿类主要是牙膏，分普通牙膏和药物牙膏两类。其主成分有摩擦剂（如碳酸钙、磷酸氢钙、氢氧化铝）、发泡剂或清洁剂（表面活性剂如十二醇硫酸钠）、稠合剂（羧甲基纤维钠、海藻酸钠，使牙膏保持黏结状态）、保湿剂（甘油、山梨醇，防止干裂和低温硬化）以及香精和药物等。

（1）普通牙膏　上述基本成分加某些化学试剂以清垢和固定钙质，主防龋齿和过敏。常见的有以下几种。

① 氟化锶牙膏　主成分加锶、钠、锡的氟化物，除有共同的杀菌作用外，氟离子有利于生成氟化钙，保护珐琅质，适用于低氟地区。

② 酶牙膏　基本成分加聚糖酶、淀粉酶，可加速分解牙垢，消除牙积石，去烟渍，适应于饮水含氟高的地区。

③ 氯化锶牙膏　基体加较大量氯化锶，是重要的脱敏物，有使蛋白质凝固减少刺激的功效。锶离子可吸附在牙本质有机层的生物胶原上，同时生成碳酸锶、磷酸锶，增强抗酸能力。

④ 醛牙膏　加入聚甲醛，使与蛋白质中的氨基结合，从而变性凝固，在牙周组织的胶原纤维及造牙本质细胞浆中形成新保护膜以增强抵抗力。

⑤ 其他香型牙膏　有果香及花草香类，主成分加叶绿素、桂花汁、兰花汁、薄荷、茴香和维生素等，同时加糖精为甜味剂。

（2）药物牙膏　基本成分加特殊药物如中草药，以防治疑难齿病或流行病，主要有以下几种。

① 止痛消炎类　主要用药为丁香油、龙脑、百里香酚、两面针、田七及苯甲醇、氯丁醇、洗必太、新洁尔灭等，名品有"两面针"、"田七"等牙膏。

② 止血类　大多使用止血降压名药芦丁、三七制作，可防治牙龈出血。

③ 预防感冒类　最常用的药为连翘、金银花、贯众、紫苏、野菊花、柴胡、鱼腥草、板蓝根等，常见品牌有"连翘"、"本草"、"雪莲"、"香风茶"，可在口腔内杀死病毒。

④ 固齿营养类　如"美加净"，用丹皮酚、尿素、氯化锶复合配制；"芳草"，含人中白、丁香油、冰片、氯化锶等。

（3）液剂　主要有以下几种。

① 漱口水　如硼砂水、食盐水、碳酸氢钠溶液（浓度均为2%～4%）、3%双氧水、0.01%高锰酸钾溶液等，可用于各种牙周病及口腔黏膜病。

② 假牙清洁液　假牙上的色斑是一般糖和大量细菌及代谢产物组成的一层灰白黄的薄膜，刷牙不易去除，由聚甲基丙烯酸甲酯树脂制成的假牙比天然牙齿更容易滞留食物残渣，为清除这类色斑，清洁液的主成分有表面活性物质、柠檬酸、酒石酸、硫酸氢钾和酚的酒精或水溶液，它们有强烈杀菌功能，并可预防"假牙口炎"。

7.3 首饰制品

7.3.1 黄金饰品

黄金以它美丽的光泽、优异的性能和稀缺的资源被人们视为尊贵的象征,几千年来用它作为国际通用货币和饰品,备受青睐。黄金的拥有量一直是衡量一个国家、民族、社会集团、家庭物质财富的标志,佩戴黄金首饰古往今来都是一种时髦(图7-9)。

图7-9　黄金饰品

7.3.1.1 金的存在

金在自然界中,绝大部分以单质状态存在。在许多河流的砂床上和一些岩石中,它和砂子或岩石掺杂在一起而不易获得。银矿、黄铁矿、黄铜矿中也有少量金。海水中金浓度约为10微克/吨。古代人就开始艰难的"沙里淘金"。古人先收集自然界中分散的单质金再用熔融办法聚集起来,所得产量和质量都不理想。利用王水(3份盐酸和1份硝酸的混合溶液)溶解低品位的金矿再用锌置换出黄金,可使纯度大大提高。后来又采用氰化钠提炼出纯度更高的黄金。

7.3.1.2 金的性质

金是一种柔软、黄色的金属(俗称黄金),也是延展性最好的单质。金的化学性质不活泼,不受空气、水和氧气作用,也不溶于一般的酸、碱等化学溶剂,但能溶解在王水中。

在我国古代,许多炼丹家们曾从事炼金术研究,企图通过化学方法将那些随处可见的贱金属变成黄金,但最终都以失败而告终。1941年,人类数千年来"人造黄金"的美梦终于成真。美国哈佛大学的班布里奇博士及其助手,利用"慢中子技术"成功地将80号元素汞变成了金。1980年,美国劳伦斯伯克利研究所的专家把83号元素铋变成了金。后来又把82号元素铅也变成了金。当然,用这种高科技手段制造黄金,在经济上是得不偿失的,其价值在于"变贱金属为贵金属"这件事本身意义重大。假如一旦从技术上、经济上都使这件事成为简单易行,那么黄金就由"贵族"沦为"庶民"了。

7.3.1.3　金的辨别

纯金叫足金即真金。真金金光闪闪，不怕腐蚀，千百年后仍丝毫不改其"英雄本色"。但是，"金光闪闪"并不一定是真金。如愚人金和人造仿金（如氮化钛等），其色泽与真金很相似，几乎能以假乱真。真实，"愚人金"就是能闪耀金黄色的黄铁矿（FeS_2）或黄铜矿（$CuFeS_2$）的矿石，它们常以迷人的姿色愚弄缺乏矿物知识的人而得其诨名。

为了辨别真金，人们发现了"试金石"。所谓试金石其实不过是一种极普通的灰色石头，状如鹅卵，通称辉绿石或石英岩，其化学成分主要是二氧化硅（SiO_2），硬度较大。检验时，只要把受试物在试金石上一划，便原形毕露：黄铁矿的划痕黑色，黄铜矿划痕黑绿色，而真金的划痕是金黄色的。

"金无足赤"。天然黄金尚且不绝对的纯，更何况黄金稀贵，所以一般在加工制作金饰品时添加一些铜、银等其他金属以做成合金。这样一方面可以降低成本，另一方面可以提高硬度，便于实用。但是，这给人们带来了一个如何鉴定黄金含量（即成色）的问题。传统的方法是不但用试金石辨别真伪，还用它来鉴别成色。原理是不同成色的金饰品在试金石上的划痕颜色稍有差别。人们事先按比例精制出不同含金量的标准金条，在试金石上划出确知含量的色痕，再拿待测的金饰品在同一试金石上划痕，两相比较，由经验丰富的行家判定成色。此法简单易行，但误差较大。一般成色大致分成优、次、劣三个档次。以"K"为单位，24K为优，相当于100%（称为足金）；18K为次，相当于75%；12K为劣，约50%。1K相当于4.167%，纯金为24K，我国发行的纪念币为22K，即91.67%，金项链18K，含金75%。为了提高鉴别的准确度，有人发明了激光试金仪。检验时，用激光束照射一下金、合金或仿金制品，大约使十亿分之一克的物质气化，利用显现的不同光谱线及其强度，来辨别黄金制品的真伪和成色。此法操作简捷，准确无误，颇受顾客和珠宝商的欢迎。

7.3.2　宝石饰品

宝石，指符合工艺美术要求的天然产物和类似的人工制品，自古以来就被人们认为是神圣而珍贵的物品。一般来说，凡硬度在7度以上、色泽美丽、性质稳定、产量稀少、价值高贵的矿物统称为宝石。质优者主要有金刚石、钢玉、绿柱玉、贵石榴石、电气石、贵蛋白石等；质稍劣者有水晶、玉髓、玛瑙、碧玉、孔雀石、琥珀、石榴石、蛋白石等。宝石、钻石、翡翠等其实都是石头，地质学上叫做矿物或岩石。宝石的共同特点是颜色鲜艳绚丽，光泽灿烂，质地细腻坚韧，透明度高，或者具有特殊的结构和色彩。经过艺术加工的宝石能成为贵重的饰物，并有一定的历史价值。目前世界上的宝石工艺品主要有戒指、手镯、项链、胸花、耳坠、簪子等，还有宝石镶嵌的其他制品（图7-10）。常见天然宝石及其性能见表7-3。

图7-10　宝石饰品

表7-3　常见天然宝石及其主要性能

名称	主要组成及性能
金刚石	亦名金刚，俗称金刚钻、钻石或水钻，人工制造的又叫人造金刚石。主成分为碳，是碳元素的一种同素异形体，有特定的晶形。金刚石常为无色透明，含其他杂质元素时呈特有的颜色如铬（蓝色）、铝（黄色）等。金刚石的硬度为10，是最硬的矿物
刚玉	透明晶体，硬度为9，仅次于金刚石，主要成分为三氧化二铝（Al_2O_3），有无色、红色、蓝色、星彩的。无色透明的也叫白玉；含$Ti(IV)$或$Fe(II)$、$Fe(III)$呈蓝色的叫青玉，也叫蓝宝石；含$Cr(III)$呈红色的叫红玉，也叫红宝石；面现星彩的又叫星彩宝石。含铀、钴、镍者则呈绿色
绿柱石	亦称绿玉、绿宝石，透明至半透明晶体，硬度为7，多为翠绿、淡绿、亦有无色或蓝、黄、白、粉红色者，主要成分为$3BeO·Al_2O_3·6SiO_2$。其中，含CrO_3呈翠绿者叫绿柱玉，又叫翠玉或祖母绿；含铁呈透明蓝色的叫海蓝宝石；含铯呈玫瑰色者叫玫瑰绿柱石
黄玉	亦名黄晶，外形类似水晶，常为黄色、透明，硬度为8，主要化学成分为$Al_2[SiO_4](F,OH)_2$
硬玉	与软玉通称为玉，成分为$NaAl(SiO_3)_2$，结晶或致密块状，有浓绿、淡绿或白色，绿色者常名翡翠，略透明，硬度为6.5～7，较软玉难溶解。软玉的成分为$Ca(Mg,Fe)_3(SiO_3)_4$，硬度为5.5～6
石榴石	一种硅酸盐，成分不定，结构通式为：$3RO·R_2O_3·3SO_2$，其中R代表钙、镁、铁或锰，又代表铝、铁、铬或钴，硬度为6.5～7.5，透明至微透明，时或光性异常，呈双折射现象，色泽一般美丽。组成为$Fe_3Al_2Si_3O_{12}$的名为贵石榴石，常为血红或粉红，外观略带黑色
蛋白石	含水、二氧化硅，硬度逊于石英，表面常呈葡萄状，有白灰、黄褐等色，光泽似脂肪或珍珠，不透明至微透明。若为美丽乳房状，常呈红或绿色，光泽强，剖面能显各种美色之反光者，常称为贵蛋白石

续表

名　称	主　要　组　成　及　性　能
水晶	六方柱状纯石英晶体，无色透明，折射率大，主要成分是二氧化硅。含锰和铁者称紫水晶，含铁并呈金黄色或柠檬色者称黄水晶，含锰和钛呈玫瑰色者称蔷薇石英。烟色者称烟水晶，黑色透明者为墨晶
玉髓	透明或半透明，成分为 SiO_2，硬度为7。有肉红、淡红、浓绿、血红等，不透明者即为玛瑙
碧玉	由硅质物质沉积而成，化学成分为 SiO_2，并含 Fe_2O_3，因含有铁质，故常呈各种颜色。其浓绿者极似浓绿玉髓，质致密不透明
琥珀	成分为碳氢化合物 $C_{10}H_{16}O$，非晶体，透明至半透明，有赤褐等色，硬度为 2～2.5，摩擦能生电
孔雀石	成分为 $Cu_2(OH)_2CO_3$，由含铜矿物受碳酸及水的作用而形成，光泽似金刚石，色翠绿，间有呈孔雀尾之彩纹
珍珠	是砂粒微生物进入贝蚌壳内受刺激分泌的珍珠质逐渐形成的具有光泽的美丽小圆体。化学成分是碳酸钙91.6%、水4%、有机物4%和其他0.4%，除作饰物外，还有药用价值（人称有机宝石）

7.3.2.1　宝石的化学特征

（1）性质稳定　宝石在加工成饰品后遇酸、碱、水及大气均无反应，且硬度较大，故经久耐用。

（2）化学成分　天然宝石的化学成分有的是单质晶体，如金刚石。100克拉（宝石计重单位，1克拉＝0.2克）以上的天然钻石十分稀少，1977年12月21日在我国山东发现的著名常林钻石重达158.786克拉，成为稀世珍宝。大多数宝石是氧化物、盐类或复盐，大多含少量杂质，并赋予不同的颜色。如纯净的三氧化二铝晶体为白玉，掺入微量的铬成为红宝石，掺进一些氧化铁及氧化钛就成为蓝宝石，掺进氧化镍就成为黄宝石。还有绿宝石、海蓝宝石等，其中以祖母绿最名贵。祖母绿的主成分为铍铝硅酸盐［$Be_3Al_2(Si_3O_{18})$］，还杂含钾、钠、钙、镁、铁、锂、镍、钒、铬等，其他硅酸盐类有翡翠（别称硬玉、硅酸铝钠）、玛瑙（钙镁的硅酸盐，为雨花石中之优者），此外还有水晶（结晶的 SiO_2）。有机质宝石中主要有琥珀，为远古树木的树脂松香化石，是有机混合物。珊瑚，沉积于海洋软体生物上的碳酸钙。

7.3.2.2　宝石的实用功能

① 装饰或保值　通常宝石均具有稀奇、光泽色散好等特征，因而

有保存价值，是财富的标志（与黄金及其他货币等价）。如钻石被称为"宝石之王"，它与红宝石、蓝宝石、祖母绿合称4大珍宝。祖母绿则以其美丽之翠绿色被称为"绿宝石之王"。有的还带有宗教色彩如玛瑙、珍珠、珊瑚与金、银、青金、东渠（一种饰用贝壳）合称佛教7宝。

② 作为硬零件　利用某些宝石（如刚玉，一种无水结晶态的氧化铝）坚硬、耐磨、耐腐蚀性能，用作精密仪表如钟、表中的轴承、高压泵中的活塞的柱塞，还可制作唱机用的唱针、激光器的光栅、棱镜和高级镜片等。

7.3.2.3　人造宝石

人造宝石又称人工合成宝石。严格地说，人造宝石应具有与天然宝石基本相同的物理、化学、光学性质，但某些用于珠宝业的材料并没有其天然对照物。目前，人造宝石的方法主要有焰熔法、提拉法、热液法、爆炸法、高温高压法、导模法和浮区法等。

① 焰熔法　在氢氧焰高温中熔化试样，再徐徐降温使其析出良好晶形。

② 提拉法　这是一种直接从熔体中拉出单晶的方法。熔体置坩埚中，籽晶固定于可以旋转和升降的提拉杆上。降低提拉杆，将籽晶插入熔体，调节温度使籽晶生长。提升提拉杆，使晶体一面生长，一面被慢慢地拉出来。用此法可以拉出多种晶体，如单晶硅和红宝石等。

③ 热液法（亦称水液法）　在高温高压下，模拟自然条件从热水液中生长矿物原晶。

④ 爆炸法　在高温高压下利用气流局部快速反冲获得极高压力，使石墨晶形转变成金刚石。

人们已用这些方法成功地制备了红宝石、蓝宝石，各种颜色的尖晶石、金红石、钇铝榴石、祖母绿、水晶，已能产生出重5克拉以上、直径达6毫米的金刚石。金刚石越大，价格越高。

由于人造宝石采用工业化规模生产，所以它们的价格绝大多数都低于天然宝石。随着制造工艺的提高，人造宝石在色泽、硬度、透明度和光学性能等方面都在不断接近、达到天然对照宝石优质品标准。人们还能使一些宝石改变颜色，变得更加秀丽迷人。如金刚石经射线辐照可以变成黄色、绿色或蓝色。劣质的红刚玉、蓝刚玉经热处理可以变成优质的红宝石、蓝宝石，无色透明的水晶经辐射可以变成烟晶。

7.3.3 其他饰品

除金外，还有银和铂族金属（钌、铑、钯、锇、铱、铂）等贵金属，大多数拥有美丽的色泽和稳定的化学性质，也被用来制作首饰和纪念品。

7.3.3.1 银制品

市面上常见的银首饰有以下几种。

① 925银 人称纹银，银含量不低于925‰，其他75‰为铜或抗氧化元素，标识为S925或Ag925、银925。

② 足银 银含量不低于990‰，标识为S990或Ag990、银990。偶尔也有银800。

银制品呈耀眼的白色，但较易受空气中二氧化硫、硫化氢的腐蚀而发污或变黑，可浸泡于定影液（硫代硫酸钠水溶液）中使之还原；银及其铜合金可制成食具，如筷、匙、碗、勺等。为了防止银首饰氧化，常在925银和足银的表面镀上一层镍，检测时若不小心就很容易将其误认为是假货或仿银制品。

7.3.3.2 铂首饰

铂（Pt）是一种价格比黄金更高的贵金属。密度21.43克/立方厘米，熔点1773℃，均高于黄金，是一种化学稳定性更好，比黄金更稀少（产量仅为黄金的1/20）、更名贵、更具保值增值性的贵金属。近几年铂首饰十分流行，特别是铂镶嵌首饰更是受青睐。常见铂首饰有Pt900、Pt950和Pt990（称足铂），偶尔也有Pt850、Pt750。

市面上所谓18K白金首饰实际上是白色的18K黄金饰品，黄金含量不低于750‰，其余是铜、锌、镍、银、钯、铑等。"K白金"并不是K铂金，而是一种白色的K黄金（英文名为White Gold），而铂的英文名为Platinum。K金因组成比例不同，还可产生不同的颜色，即18K彩色金首饰。为防止误导，标准规定不得使用"K白金"或"白K金"名称，而只能标识为"白色18K黄金"、"白色18K金"或"18K金"。

7.3.3.3 镀金及模拟品

镀金常用的有铜基喷金或金的铜、镍合金，制成的唱片十分名贵。如1977年为了寻找地球外智慧生物，宇宙飞船携带耐腐蚀、有一定硬度的喷金铜唱片，录有包括汉语"你好"在内的60种语言的礼貌语和我国古典名曲"高山流水"等27首世界名曲。还有铱金（由铱、锇及镍、钨制成的合金），极耐腐蚀，柔韧适宜。

7.3.3.4 化石饰品

远古的生物化石经过切、雕、琢、磨后制成戒指、项链，由于年代久远，且形状各异而又有栩栩如生的小虫裹在透明、晶莹的玉质中，极为珍奇。主要有天然琥珀、百合玉、珊瑚、煤精等制品。

7.3.4 首饰制品的维护

在首饰佩戴和收藏过程中要注意以下几点。

① 佩戴贵金属首饰（特别是在佩戴细小、款式新颖的手链和项链），在穿、脱衣服或整理头发时需小心，入睡前应尽量取下，以免首饰折断或变形。

② 黄金首饰不要与铂首饰、钯首饰、银首饰存放在一起，以免互相摩擦，造成颜色上的混染。

③ 足金、足铂、足银首饰不要与低含量的饰品置于同一首饰盒中，以免造成含量上的互相混染。

④ 戴久了的首饰，表面往往会失去光泽或带有污渍，可以到有关商场首饰柜、黄金珠宝专卖店或信誉好的首饰加工店去抛光、清洗或电镀。

一般情况下可自己用绒布、麂皮等干擦，或用酒精溶液拭亮。对于纯金的贵重饰品可用由食盐、碳酸氢钠、漂白粉和清水配成的清洁液浸泡约2小时后漂洗去污。

⑤ 避免接触醋、果汁、漂白剂、涂改液和含铅汞等元素的化学品。

⑥ 最好在化妆完毕后再佩带首饰，避免香水、化妆品、喷发剂等物质对饰品造成损害。

⑦ 在含酸气的实验室里不宜佩、藏金属饰品，以免酸蚀。

7.4 室内装饰物

室内装饰物通常既有实用性又有观赏性，工艺品一般以观赏为主。

7.4.1 实用品

实用品指家庭中实用饰物，如墙纸、地毯、家具、小电器等软硬不同的物品。

7.4.1.1 软饰物

软饰物主要指墙纸和地毯，它们的化学组成多为有机物和高聚物，引起的防护问题也相近。

（1）墙纸　常用的有塑料墙纸、涂塑墙纸、无纺墙布和玻璃纤维涂塑墙布等。墙纸是纸基或布基，即底层为纤维，与硅酸盐的墙基接合不易牢固，日久易剥离或脱落。解决办法是先将墙面去除灰层，用水浸润后上好胶水，再将纸基上水使之润湿膨胀，使与胶水的胀缩一致。如不用墙纸也可以直接上漆，可减少由于纸及塑料等老化引起的污染。上漆前墙面务必干燥，否则可产生气泡及皱折。为了加快干燥，可用酒精或松香水均匀地涂刷一遍以增强挥发性。

墙面和地板上的油漆失去光泽和剥落，主要由于油漆层的酸性物料被石灰和水泥砂浆中的碱侵蚀所致。办法是涂刷前用15%～20%的硫酸锌或氯化锌中和去碱，并注意填嵌血料腻子，如用乳胶和滑石粉调腻填嵌则效果更好。因为它们粘接牢固，并可使墙面与油漆隔开。油污和发黄变黑，这是墙和地面（特别是厨房）容易出的毛病。原因是灰垢的积聚，煤烟、水汽的蒸熏、污染，通常宜将灰尘掸净后，用热的碱水擦拭。如油垢太厚则需用刀刮去，再用碱水揩擦，然后涂刷猪血（熟猪血与水按1∶3配制），重新油漆。马赛克铺贴有助于解决厨房和卫生间的水泥台面和墙面的积垢问题。所谓马赛克就是将瓷砖粘贴在一张牛皮纸上，用水泥、黄砂、纸筋石灰调和做粘接物将瓷面固定于铺贴面，然后用温水将牛皮纸润湿后撕下，露出马赛克的正面，再用薄钢片将其铺排整齐干燥即可。

（2）地毯　高级地毯均为粗毛料，民间常用的多为塑料地板、混纺制品，它们均有耐磨或吸尘等特点（图7-11）。在铺地毯前首先应除去水泥地面的灰砂。办法是用"107胶水"泥浆刮涂、涂刷地板漆和铺设塑料地板。刮浆配方为：500号水泥、107胶、氧化铁红（或其他色料）与水按1∶（0.3～0.35）∶0.07∶（0.4～0.5）质量比充分拌和，刮涂前先用107胶与水的1∶3混合液刷地面一次，然后刮浆3～5次，总厚度不少于3毫米，喷水保养2～3天即可。

图7-11　地毯

地板漆主要有水泥漆（由白胶、颜料、填料研磨混匀而成）和酚醛树脂漆。上漆前一般需填嵌血料腻子（由石膏粉、生猪血、熟桐油、颜料按1∶0.25∶0.05∶0.05混匀），干后打磨，上漆后再打蜡。塑料地板是一种以聚氯乙烯为基材的板料，施工简单、耐磨防潮。铺设时先将地面凹凸处铲补平整，然后拖洗干净。每块塑料板下面和边缝可涂胶水使与地面及彼此接合更紧密。

7.4.1.2　硬饰物

硬饰物主要有家具及家用电器。

（1）木质家具　木质家具（图7-12）主要有漆面黏物甚至黏手、漆膜龟裂、虫蛀、脱榫等问题。黏物如书架黏书是由于原木未经水浸透晾干预处理，腻底未打好，漆膜日久氧化或其他原因损伤时，隐含在木头中的酸、碱、水和油渗上漆面，使其软稠发黏。处理办法是用淡碱水将漆面洗净，晾干后再漆。也可先用熟猪血涂刷，使发黏的油脂被猪血吸收，再加上清漆。漆膜龟裂、失光的原因是油漆老化、用漆过稀（膜太薄）、木质

图7-12　木制家具

潮湿（使表面油漆逐渐被木料吸入）、蜡克（硝基清漆）、泛潮（空气湿度太大使硝化纤维吸附水气）等。克服办法是砂纸打光重新上漆，并用氧化钙适当吸收空气中的水分。

虫蛀是由于在一定湿度下，植物蛋白受外界蠹虫、白蚁的啃噬，真菌孢子乘虚而入，结果使木粉从虫孔溢出。克服办法是加工前将木材晾干，用硼酸-硼砂的3%溶液涂刷。做成家具后可用2%～5%的敌敌畏煤油溶液或滴滴涕-敌敌畏混合物的煤油溶液注入虫孔，甚至可用脱脂

棉蘸药堵孔。亦可在柜橱、抽屉和箱中放入樟脑丸防虫。脱榫原因是木料原来水分含量不同，收缩不同。办法是用刨花沾上白胶从缝隙处嵌入，待干燥后削平。

（2）家用电器　随着生活水平的提高，电视机、热水器、电脑、电风扇、脱排油烟机、电冰箱、洗衣机、空调器、电话机、微波炉、收录机等已进入千家万户，它们在为我们带来方便和情趣的同时，也带来了静电、噪声、辐射和化学污染等负面影响（详见"8.2　室内环境与化学"）。

7.4.2　工艺品

工艺品品种很多，如民间泥塑、剪纸、字画、雕塑等，还包括各式灯具、茶具、手工编织的台布、挂毯和有机玻璃制的动物、花卉等。

对于有些容易受潮或虫蛀的工艺品，其维护需要一定的化学知识。

① 防潮　纤维基纸的工艺品如字画、挂毯等易受潮而脱色、发霉，一般应加强通风。如房间特别潮湿则可在屋角放布袋的生石灰以吸水。

② 防虫　及时翻晒，必要时喷药。

第8章 环境与化学

现代生活与环境问题密切相关。人类环境包括社会环境与自然环境。自然环境包括大气、水、土壤、岩石以及存在于其交界处的生物圈和阳光，它们组成环境的结构单元进而构成环境整体。人类活动环境包括如下几方面。

① 大环境　与人类生存直接有关的大气层（高20公里）、水层和土层（深10公里）范围内人人共享的环境物质之总和。

② 小环境　任何个人活动的空间如工厂车间、办公室、农村田野、实验室、课堂、宿舍、居室等，亦称工作和生活环境。

③ 外环境　大环境和小环境的总称。

④ 区域环境　指地区、行业的特有环境问题的概括，如城市环境、旅游环境等。

8.1 环境问题与环境污染

环境问题是指全球环境或区域环境中出现的不利于人类生存和发展的各种现象。环境问题可分为两类：原生环境问题和次生环境问题。由自然力引起的为原生环境问题，也称第一环境问题，如火山喷发、地震、洪涝、干旱、滑坡等引起的环境问题。由于人类的生产和生活活动引起生态系统破坏和环境污染，反过来又危及人类自身的生存和发展的现象为次生环境问题，也叫第二环境问题。次生环境问题包括生态破坏、环境污染和资源浪费等方面。

8.1.1 环境问题

环境问题主要集中在环境效应和环境疾病。

8.1.1.1 环境效应

环境效应是指由环境变化而产生的环境效果。环境效应可分为环境生物效应、环境物理效应和环境化学效应。

① 生态效应　这是一种环境生物效应，主要指保持生态平衡，即在一段时期内环境中物质循环和能量流动状态应保持相对稳定，特别要保护自然资源如土地、森林和水这些基础资源，在保证更新的前提下合理开发和利用。

② 温室效应　这是一种全球性的环境物理和化学效应。主要是由于大气中的CO_2、卤代烃、CH_4等组分的积累，吸收了地面向太空的热辐射，把能量截留于大气之中，从而使大气温度升高，使地球变暖。其后果为旱灾地区面积扩大；部分冰川溶化，海平面上升，沿海城市水灾增加甚至淹没。

③ 热岛效应　这是一个区域环境物理和化学效应，主要指城市及工业区因大量燃烧石化燃料，放出大量热量，加之城市建筑群及道路的热辐射，引起局地气温高于周围地区的现象。据世界上20多个城市的统计，城市年平均气温比郊区高$0.3 \sim 1.8$℃。

8.1.1.2 环境疾病

环境疾病指由环境问题引起的某些人体疾患。近年来人们比较关注的环境疾病主要有以下几种。

① 城市病 指现代化和城市化使人类疾病类型发生改变的现象。原因主要在于大气和水质污染。首先，大气污染集中在城市，使呼吸道疾病显著增加。其次，饮水不洁或缺水是50多种水质病患（如氟骨症、传染性肝炎）流行和传播的主因。近年来，高楼病又成为一种新病象。

② 职业病 各行各业由于小环境的影响有不同的职业病，如粉尘引起硅沉着病；某些化工厂的一氧化碳、烟雾引发心绞痛；雷达、射频设备引起电磁辐射病（白内障、心律不齐、神经衰弱等）。

③ 地方病 指发生在某一特定地区，同当地自然环境有密切关系的疾病，由环境中一些化学元素的减少或增加而引起的化学和生物效应。如低氟区的龋齿、高氟区的氟骨症、缺硒导致的克山病、缺碘引起的甲状腺肿大、甲基汞所致的水俣病、镉污染引起的骨痛病、饮用水中砷含量超标或燃用高砷煤引起砷中毒和地方性铅中毒等。

8.1.2 环境污染

环境污染主要包括大气污染（图8-1）、土壤污染、水体污染等。除了常规污染问题如颗粒物、氧化剂、氮氧化合物、二氧化硫、一氧化碳、多环芳烃、光化学烟雾等，近年来社会公众普遍关心臭氧层破坏、酸雨、温室效应等问题。

8.1.2.1 大气污染

在离地面20～25千米的太空，覆盖着一层臭氧含量高达0.1%的稀薄大气，称为臭氧层。这个臭氧层能吸收太阳发射到地球的大量紫外线，保护人类和整个地球的生态系统免受过量紫外线的危害。据研究，如果

图8-1 工厂浓烟导致大气污染

该层臭氧减少1%，则抵达地球表面的紫外线将增加2%，人类的皮肤癌患者也将增加2%。由于一切生物遗传基因的物质基础DNA都易受紫外线的影响，因而臭氧层的破坏，会严重影响到动植物的生殖繁衍。

导致臭氧层破坏的原因，在于排进大气中的许多化学物质能与臭氧发生反应而消耗臭氧，其中主要是氟里昂（Freon）。氟里昂是一类应用广泛、生产量很大的清洗电路用的溶剂、喷雾推进剂、灭火剂、制冷

剂，具有无毒、化学稳定性好等特点，在大气层下部不会由于降雨、氧化或阳光作用而分解，可在环境中滞留40～150年。

8.1.2.2 酸雨

所谓酸雨是指气态污染物、飘尘和大气雨云结合形成的pH＜5.6的雨雪或其他形式的大气降雨。通常的雨水呈弱酸性，因为它能吸收二氧化碳而生成碳酸，其pH值约为6。雨水的这种微弱酸性，可溶解地壳的矿物质，供给植物吸收，有营养作用。这种酸水是正常的。环境科学要着重研究的是由于人类活动的影响，pH值降至5.6以下的酸性降水。

除基体水外，酸雨的主成分为硫酸和硝酸，还包括碱金属、碱土金属阳离子、铵离子和某些酸根如氟、氯、碳酸根、亚硝酸根、亚硫酸根等离子，这些成分之间又能发生复杂的化学反应，因而酸雨的化学组成很复杂。通常认为由于石化燃料燃烧放出的二氧化硫及氮氧化物是酸雨形成的主因。这些气体可以是当地排放的，也可以是从远处迁移来的。它们释放入大气后，在阳光和飘尘的（催化）作用下，经历各种大气化学和大气物理过程，成为酸雨降落地面。

酸雨在国外被称为"空中死神"，其潜在的危害主要表现在5个方面。

① 酸雨使土壤、湖泊、河流酸化，抑制土壤中有机物的分解和氮的固定，淋洗与土壤中的钙、镁、钾等营养元素，使土壤贫瘠。在土壤和水质酸化过程中，使铅等重金属得到释放。

② 酸雨直接害及禾苗，会使水稻出现赤褐色斑而枯死。酸雨促使苔藓生长，进而产生一些有机酸能与土壤中的铝结合。这种被激活的铝输送到树木的根部，取代了树木生长所需要的钙，从而造成近地面处树根缺钙枯死。

③ 湖水或河水的pH＜5，使泥土中的铝形成可溶性的羟基铝离子以至鱼、虾、水禽无食而不能栖息。

④ 酸雨与大气中的烟雾结合形成酸雾，其酸性和腐蚀能力大增，使建筑物和各种露天材料受损。许多电视铁塔或桥梁即使用高级防护漆刷好几层，但在酸雨侵蚀下不出3～5年就会出现斑驳锈块，架空输电的金属器件寿命也大为缩短。

⑤ 对人体的影响。一是通过食物链使汞、铅等重金属进入人体，诱发癌症和老年痴呆；二是酸雾侵入肺部，诱发肺水肿或导致死亡；三是长期生活在含酸沉降物的环境中，诱使产生过多氧化脂，导致动脉硬

化、心梗等疾病概率增加。

8.1.2.3 水污染

（1）水污染的主要危害　据调查，世界上80％的疾病与水或水源污染有关。例如，洪水灾难时，人们往往容易患腹泻病。原因是喝了被霍乱菌等污染的水。铅厂周围居民易腹痛，原因是喝了被铅污染的水而发生铅中毒。水污染导致鱼类死亡如图8-2所示。水污染的主要危害有：

图8-2　水污染导致鱼类死亡

① 食物链毒化　这是化学污染的恶果。如甲基汞（水俣病）、镉（痛痛病）、农药及氟、砷、铬、铅、钡等均可引起饮水或食物毒化；

② 传染病　以水为媒介的细菌性肠道传染如伤寒、痢疾、肠炎等，病毒传染如血吸虫、传染性肝炎等；

③ 间接影响　发生异臭、异味、异色，呈现泡沫和油膜等，使水生物毒化，有机物的分解和生物氧化受到抑制，从而妨碍水体的正常利用。

（2）水污染的主要来源　水体污染物主要来源于工业生产废水和生活污水。水体中的污染物可划分为8类：① 耗氧污染物（一些能较快地被微生物降解成CO_2和H_2O的有机物）；② 致病污染物（一些可使人类、动物患病原微生物与细菌）；③ 合成有机物；④ 植物营养物；⑤ 无机物及矿物质；⑥ 由土壤、岩石等冲刷下来的沉淀物；⑦ 放射性物质；⑧ 热污染。

总的可以分为两大类：化学污染物和生物性污染物。化学污染物有：① 重金属及其化合物。主要有铅、镉、汞、铬、钒、钴、铜、镍、锰等重金属。这些重金属都可以通过食物链富集，直接使人体中毒。② 有机污染物。③ 油类污染物。每升石油扩展面积可达100～1000平方米。④ 无机污染物。主要有酸性污染物、碱性污染物及各种无机盐。⑤ 氮、磷、钾等营养物质，产生水体"富营养化"现象。⑥ 放射性物质。主要有锶90、铯137等。此外还有生物性污染物如病原微生物等。

8.1.3　典型污染物举例

环境中的典型污染物主要有铅等重金属、塑料、电池、有机物、环境激素等。

8.1.3.1 铅污染

铅是一种蓝白色的重金属,是重要的工业原料,广泛运用于冶炼、蓄电池、印刷、焊接、陶瓷、橡胶和涂料、药物、杀虫剂中。铅既为人类服务又毒害、摧残着人类。

Pb是毒性较大的重金属。除通过大气被人体吸收外,还能污染水源、土壤,通过饮水、进食等途径进入人体。铅进入人体后,除部分通过粪便、汗液、头发排泄外,大部分沉淀于骨髓。慢性Pb中毒表现为酶及血红素合成紊乱、神经衰弱、手足麻木、消化不良、腹部绞痛和肾机能障碍。阵发性腹绞痛、牙龈缘黑色铅线(尤其是下颌)是铅中毒的指示性标志。儿童还伴有注意力分散、多动、行为异常、智力低下和学习成绩差等。这是因为铅进入人体后通过血液侵入大脑神经组织,使营养物质和氧气供应不足,造成脑组织损伤所致,严重者还可能会导致终身残疾。小孩对铅的吸收率是成年人的5倍,因此小孩更易发生铅中毒。据报道,我国约有42.2%的城乡儿童血铅高于目前国际公认的100微克/升的儿童铅中毒诊断标准,涉Pb中小型乡镇企业职工Pb中毒患病率9.35%。其中蓄电池、冶炼行业最高。Pb中毒患病率分别为23.8%和18.8%,占总中毒人数的67.2%。

8.1.3.2 塑料污染

塑料作为人工合成的高分子材料,因其良好的成型、成膜、绝缘、耐酸碱、耐腐蚀、低透气、透水性能以及易于着色、外观鲜艳等特点,已成为一类与生活息息相关的材料,广泛用于家电、汽车、家具、包装用品、农用薄膜等许多方面。

随着塑料产量增大和成本降低,大量的商品包装袋、液体容器以及农膜等,人们已经不再反复使用,而是用后即丢。即或是大型成型件,最后也会随着产品的损坏而被丢弃,使塑料成为一类用过即丢的产品代表。废弃塑料带来的"白色污染"已经成为一种不容忽视的社会公害。

塑料污染带来的危害是十分明显和严重的。聚氯乙烯塑料中残存的氯乙烯单体会引起被称为"肢端骨溶解症"的怪病。从事聚氯乙烯树脂制造的工人常会出现手指麻木、刺痛等所谓白蜡症(雷诺氏综合征)。当人们接触氯乙烯单体后就会发生手指、手腕、颜面浮肿、皮肤变厚、变僵、失去弹性和不能用力握物的皮肤硬化症,同时还会出现脾肿大、胃及食道静脉瘤、肝损伤、门静脉压亢进等症。在一些聚氯乙烯生产厂中甚至还发现有人患有一种极少见的肝癌-肝脏血管肉瘤。因此，美国早在1975年就率先禁止用聚氯乙烯塑料包装食品和饮料。2007年12月31日，我国政府颁发"限塑令"（《国务院办公厅关于限制生产销售使用塑料购物袋的通知》），明确规定："自2008年6月1日起，在所有超市、商场、集贸市场等商品零售场所实行塑料购物袋有偿使用制度，一律不得免费提供塑料购物袋。"

鉴于塑料制品对环境所造成严重污染的现实问题，科学家在20世纪70年代提出了降解塑料的概念，按降解机理大致分为光降解塑料和生物降解塑料两大类。光降解塑料是在塑料中添加光敏剂，在光照条件下，光敏剂能破坏塑料中大分子聚合链，达到使塑料制品解体降解的目的。而生物降解塑料是在塑料中加入廉价的天然淀粉作为填充剂，在自然条件下，微生物分解了塑料中的填充剂——淀粉后，使塑料制品解体降解。

降解塑料广泛用于农用膜、一次性餐具、食品托盘、饮料瓶、饮料杯、雪糕杯、购物袋、垃圾袋、食品包装及容器、卫生用品和野外休闲制品（如登山、航海运动的一些制品）。而在农用地膜、一次性餐具、购物袋、垃圾袋等方面的应用可降解塑料一直是政府和环保工作者所大力提倡的。

一种能通过微生物的生命活动使某种塑料在一定时间内降解，降解产物成为微生物的营养源而被消化，这种塑料被称为完全降解塑料。由于这种塑料被微生物降解消化，从而防止对环境的污染起到了保护环境的作用。目前，这类塑料主要有聚羟基酸、聚羟基丁酸酯、聚乳酸等，大多数用于医药等特殊领域，价格较贵。如用聚乳酸生产的手术创口缝合线在愈合过程中会逐渐被人体细胞吸收，创口愈合后，不用拆除缝合线，减少病人痛苦。这些降解材料还被试用于内衣、内裤及妇女长筒袜的制造。

进入新世纪以来，全球掀起利用廉价的淀粉为原料，研制全淀粉热塑型塑料的高潮。全淀粉塑料的生产原理是使淀粉分子变构而无序化，形成具有热塑性能的淀粉树脂，使其可沿用传统塑料加工工艺设备，如挤出、流延、注塑、压片和吸塑等工艺。随着完全降解塑料生产工艺的进步，产品性能改善和生产规模扩大、成本下降。完全降解塑料制品推广普及必定能促进环境保护。

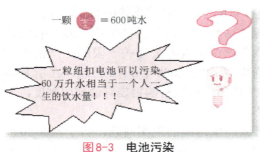

图8-3 电池污染

8.1.3.3 电池污染

废电池污染及其处理已经成为目前社会最为关注的环保焦点之一（图8-3）。随着我国电池的种类、生产量和使用量的不断扩大，废旧电池的数量和种类也在不断增加。列入危险废物控制名录的废电池主要有：含汞电池（主要是锌锰电池）、铅酸蓄电池、含镉电池（主要是镉镍电池）等。电池中包括大量重金属和酸碱等。重金属主要有铅、镉、汞、镍、锌、锰等。其中铅、镉、汞是对于环境和人体健康有较大危害的物质；镍、锌、锰等虽然在一定浓度范围内是有益物质，但在环境中超过极限也将对人体构成危害。废干电池中的二价锰和锌会形成可溶于水的碳酸氢锰和碳酸氢锌，人喝了这种污染井水，就会出现奇特的发疯症状。废酸、废碱也可能污染土地。

汞的允许含量标准是1钠克/克，即使是一个完全符合标准的不超过0.25克/千克的低汞电池，一旦被扔到一吨水中，也会使水的汞含量超过标准250000倍。一节普通1号干电池约含1.03克汞及其化合物，可以使0.5亩（1亩=666.67平方米）地的土壤中汞含量超标，能使1平方米的土地失去利用价值。

电池中也有大量Ni、CO等有价值的金属可回收利用。目前，废干电池的回收利用技术主要有湿法和干法两种冶金处理方法。湿法是基于锌、二氧化锰等可溶于酸的原理，使其生成可溶性盐而进入溶液，再电解溶液生产锌和二氧化锰等。该法有焙烧浸出法和直接浸出法。荷兰、德国、奥地利等国主要采用湿法处理工艺。干法是在高温下使电池中的金属及其化合物氧化、还原、分解、挥发和冷凝。该法又分为常压冶金法和真空冶金法。瑞士、日本、瑞典、美国等主要采用干法处理工艺。我国处理废旧电池的技术已经基本成熟，但有能力处理废旧电池的厂家较少，规模也小。主要原因是回收率低，不足2%。

8.1.3.4 持久性有机污染物（POPs）

POPs包括艾氏剂（aldrin）、氯丹（chlordane）、狄氏剂（dieldrin）和异狄氏剂（endrin）、滴滴涕（DDT）、七氯（heptachlor）、六氯苯

(HCB)、灭蚁灵（Mirex）、毒杀芬（toxaphene）、多氯联苯（PCBs）、二噁英（dioxins）、呋喃（PCDFs）。

12种污染物中，有9种杀虫剂，其余六氯苯和两种二噁英限制环境排放量为最低标准，而多氯联苯在2025年前将被禁用。我国在20世纪60～80年代，以有机氯农药为主，大量生产使用过滴滴涕、毒杀芬、六氯代苯、氯丹和七氯等5种POPs农药，现仅保留滴滴涕和六氯代苯二种生产，但已分别禁止和限制作为农药使用。

POPs的特点：含氯有机物，氯活泼，参与众多反应，氯原子又能起增强分子稳定性和持久性的作用，使其更可能在生物中积累。由POPs公约提出管制这类最危险的化学物质，一般具有极高毒性，化学性质稳定，以致在环境中长期滞留，并通过空气、水体和迁徙物种作跨越国际边界的迁移而不变态。它们还兼有很强的生物蓄积和生物放大作用，对全球范围内的人群健康和全生态系统的正常运行造成严重威胁。

二噁英是地球上毒性最大的化学物质之一：① 具有不可逆的"三致"毒性，即致畸、致癌、致突变；② 环境荷尔蒙中毒性最大的一种；③ 一般的污染物质要达到一定的剂量（即作用阈值）才会产生明显的有害作用，而至今还没有研究出二噁英的作用阈值，只要"超微量"的剂量，就可能产生危害，对于婴幼儿的损害更明显和无可挽回。因此，人称"毒王"、"毒中之毒"。二噁英类污染物有4个主要来源：苯氧酸除草剂；氯酚生产的副产物；多氯联苯产品；造纸废水、冶金、燃料燃烧。

为了有效地减轻和消除因化学工业而造成的环境污染，人们正在努力开发和推广绿色化学和绿色化工。绿色化学又称环境无害化学、环境友好化学、清洁化学，是利用化学来防止污染的一门科学。绿色化学研究的目的是通过利用一系列的原理与方法来降低或除去化学产品设计、制造与应用中有害物质的使用与产生，使所设计的化学产品或过程更加环境友好。

8.2 室内环境与化学

人的一生中大部分时间是在室内甚至家里度过的，因此居室（包括办公室或工作室）的环境舒适、污染防治和室外近域的环境保护值得重视。

8.2.1 环境舒适度

所谓环境舒适度是指人在一定环境中主观感受到的快慰。舒适度与通常的舒服、享乐又不是同义词，而有其特定的科学含意。已知影响室内环境舒适度的主要（直接的和间接的）因素有阳光、空气、微气候等，当然也与一些个体因素如肥胖程度、汗腺功能甚至脾气禀赋有关。

8.2.1.1 阳光的化学

居室的朝向颇受重视，是因为人们已积累了有关阳光作用的丰富经验。除热量、光感外，阳光是紫外线的天然来源，有下列重要作用与我们的生活息息相关。

（1）杀菌作用 阳光中的紫外线与人体健康关系极为密切。如不正确利用阳光，也会有害健康，因为紫外线的过度作用可致皮肤癌。太阳光中以253.7纳米的紫外线杀菌效果最好，波长在290～390纳米的紫外线杀菌效果迅速降低，其他波长的紫外线则被高空臭氧层吸收。紫外线之所以能杀菌，是因为它能被核酸吸收，使DNA分子上相邻部位的胸腺嘧啶形成"二聚体"，从而破坏DNA的正常功能。其杀菌能力与形成胸腺嘧啶二聚体的数量成正比。正因为紫外线能杀灭空气中的流感病毒、肺炎及流脑病菌，所以在日照充足的夏季，很多靠空气传播的传染病不易流行。目前对紫外线引起皮肤癌的机制尚无定论，估计是由于杀菌作用强烈，使正常细胞受害、DNA变性而导致突变。

（2）维生素D合成 阳光中具有促进人体合成维生素D的紫外线（波长为290～315纳米），从而抗佝偻病。经紫外线照射后，可使皮下组织中的麦角固醇和7-脱氢胆固醇转化成维生素D_2、维生素D_3，进而使血液无机磷和磷酸酯酶含量均保持在合适范围，有利于维持机体的正常代谢功能，促进钙的吸收。试验表明，即使动物体内有足量维生素D，但不接受紫外线照射，则仍会使血液无机磷下降、磷酸酯酶活性升高，而导致佝偻病的发生；相反，如果适当照射紫外线，即使只摄入低剂量维生素D，仍可防止佝偻病。因此孕妇和婴幼儿晒太阳十分重要，紫外线获得了"太阳维生素"的雅称（图8-4）。

（3）红斑作用　红斑作用指人的皮肤在阳光照射下，其照射部位呈浅红色（即为红斑）。产生红斑作用的波长范围为290～330纳米，而以296.5纳米最强。红斑作用是一种对人体极为有益的作用，其强度用"红斑

图8-4　适当晒太阳有利健康

剂量"表示。所谓红斑剂量，是生物学量单位，可用专门生物剂量仪测量。根据卫生学的要求，成人每天接受日照紫外线辐射不应低于1/8红斑剂量，儿童应不少于1/4红斑剂量。皮肤经紫外线照射后，上皮的棘状细胞产生组织胺、乙酰碱和组织分解产物，这些物质迅速渗入血液内并作用于皮肤毛细血管网的血管壁，使毛细血管扩张，呈现无菌性发炎现象，形成红斑。红斑作用的功能是能使皮肤血液流畅，并通过刺激皮肤末梢的神经感受器，全面增进人体生理功能，加强机体的免疫反应能力。

（4）晒焦作用　即色素形成作用。具有晒焦作用的紫外线波长范围为300～450纳米，以320～350纳米为最强。皮肤基底细胞中的黑色素在紫外线照射下可被氧化形成黑色素，沉着于皮肤上，这是机体的一种保护性反应。由于黑色素的沉积，可使大部分太阳辐射线特别是其短波部分被皮肤表面吸收，阻止其透入深部组织。受照射的表层皮肤则由于吸收射线而温度升高，通过表面血管舒张及出汗，增加体表散热，使机体和环境达到代谢平衡。

8.2.1.2　空气的化学

我们的生命离开空气几分钟就会死亡，比挨饿忍渴的时间短得多。成年人每天呼吸的空气量约为13～14千克，比食物（1千克）和饮水（2千克）的量大得多，因此保证我们直接呼吸的室内及居室周围的空气质量极其重要。空气的化学涉及清洁空气的标准、怎样保持空气的新鲜以及空气对人体作用的机制等。

（1）清洁空气的概念　清洁空气除了要符合一定的污染物允许标准（包括能见度、颗粒物、臭氧和其他毒物、恶臭和刺激性等有关规定）

外，通常还要符合以下几项。

① 二氧化碳的最高允许含量不超过0.1%（体积分数，正常值为0.03%） 如果达到0.4%，就有昏迷、呕吐等病象；如达到3.6%，则会出现如窒息、休克等严重病态；达10%，则会死亡。

② 适量负离子浓度 负离子浓度可作为空气新鲜程度的一个重要指标。通常室内负离子为每立方厘米30～500个，寿命为1分钟，但在人口密集且污染严重的地区，负离子已被各种污染物吸收殆尽，寿命仅数秒钟。如达到每立方厘米1000～1500个，则可显著提高健康水平和工作效率；如达到每立方厘米5000～10000个，则会感到呼吸舒畅，心旷神怡。

（2）呼吸的化学 空气是通过呼吸对人体发挥作用的，吸入人体需要的氧气，呼出产生的二氧化碳，其作用机制大致归纳如下：

① 肺泡功能 人体呼吸最重要的器官是肺，两肺共有3亿个肺泡，每个肺泡平均直径0.25毫米，其上皮中的细胞可分泌一种叫做二棕榈醛卵磷脂表面活性物质，使肺得以扩张而避免肺泡塌陷，从而保持肺活量（一呼一吸间的气体差额）大约为4600毫升，可承受每分钟呼吸量约为6000毫升（每次吸入或呼出500毫升，每分钟呼吸12次）的交换需要；

② 肺泡气浓度变化 空气进入肺泡后，氧被持续不断地吸到血液里，使肺泡中的氧气浓度由19.7%降低为13.6%，二氧化碳不断从血液中释放到肺泡中而使浓度达到5.3%；

③ 呼吸膜的作用 肺泡壁非常薄，在各泡之间有很坚固的交织成网的毛细血管，这些壁总称呼吸膜，又称肺泡膜；

④ 气体的运输 氧和血红蛋白结合，利用系数一般为25%。二氧化碳进入血液后立即被碳酸酐酶催化与水结合生成碳酸，以碳酸氢根形式在红细胞内扩散，起缓冲作用。另一部分与血红蛋白结合成氨基甲酸血红蛋白配合物，在肺泡内释放出二氧化碳呼出。

人和动物要维持生命都需要呼吸氧气。一般人每次呼吸能吸进大约500毫升空气。吸入的空气通过支气管输送到约一亿五千万个肺气泡中。在肺泡中吸进的新空气与前一次呼吸剩余的空气混合。在这一过程中，水蒸气和CO_2的浓度比新空气中有所增加。通过肺泡壁吸入的氧扩散到动脉血液中，动脉血液再将氧输送到体内所有细胞中，起输送氧作用的是血液中的血红蛋白（Hb）。血红蛋白和肌红蛋白（Mb）都属于血红素蛋白。血红蛋白和肌红蛋白分别含有1个和4个血红素,一个单一的血红蛋白质分子最多能结合4个氧分子。血液中溶解的氧仅约3%,其余的氧与血红蛋白结合。

这一反应过程很复杂,通常简化表示为:

$$\text{Hb(aq)} + \text{O}_2\text{(aq)} \rightleftharpoons \text{HbO}_2\text{(aq)}$$

（血红蛋白）　　　　　　　（氧合血红蛋白）

生命的维持取决于血红蛋白同氧的结合及其对氧的释放,即上述平衡的移动。血液中的氧含量和血红蛋白含量的改变将引起这一平衡的移动。

在肺中,压力$p(\text{O}_2)$高,氧被血红蛋白结合,平衡向右移动,氧合血红蛋白的量增多。在进行繁重体力劳动时,极需要氧的肌肉中$p(\text{O}_2)$降低,氧从氧合血红蛋白中又释放出来,并被消耗,平衡向左移动。因此,肌肉中的氧含量要低于动脉中的氧含量。通过血液循环,血红蛋白完成了输送氧的任务。

当在1～2天之内,从海平面攀登到海拔3000米的高山上时,能引起头痛、恶心、极度疲劳等不舒服的感觉,这些症状叫做高山病。高山病是缺氧的结果。海拔3000米,$p(\text{O}_2)$只有14.1千帕(相当于106毫米汞柱)。空气中氧的分压降低,氧-血红蛋白平衡向左移动,减少动脉中的氧合血红蛋白。因此,引起缺氧。如果有足够的时间(如2～3周),体内产生更多的血红蛋白分子。平衡从左向右移动,生成更多的HbO_2分子。研究表明,长时间在高山区生活的居民其血液中的血红蛋白含量比生活在海边的人多50%。

值得指出的是,人体吸氧并不是"多多益善"。在呼吸时,体内的氧气中有98%被正常利用,余下的2%则被转化为化学反应活性的活性氧——氧自由基。它对人体是一种有害物质,能导致人体的正常细胞受到损害,以致种种疾病(如动脉硬化、糖尿病、白内障等)的发生。对正常人来说,人体经过呼吸、运动和进食、饮水就足以维持所需的氧了。

8.2.1.3　微气候

居室内外的小气候对环境舒适度影响甚大,其中室内温度和湿度是两个重要参数,通风换气是改善环境的必要措施。

(1) 温度　指环境的热舒适。大量研究表明,一般认为

18～20℃的温度为舒适温度，此时人的皮肤温度基本不变，热调节机能处于稳定状态，个体心理普遍感到满意。一般认为人体耐受"冷"而不导致异常反应的下限温度为11℃左右，而耐受"热"的上限温度为29～32℃，因此在11～29℃范围（夏天21～32℃，冬天11～20℃）内，人们一般均有舒适感，可维持最佳工作效率。热舒适的核心是机体体温调节。在15～55℃间的干燥空气中赤裸的身体一直能维持正常的36.5～37.5℃体温。但当温度骤变或是异常高时，位于下丘脑前部的热敏神经原活动紧张，导致其他机能失调或引起功能障碍。当气温过低时，机体为了保持体温，皮肤和毛细血管收缩，高级神经中枢活动性降低，肌肉活动的反应灵敏度明显劣化，尤其是用手指操作的工种，对工作效率的影响更大。

（2）湿度 湿度也是热环境舒适的重要因素。这是由于机体散热与空气中的水蒸气分压有密切关系。大量考察表明，24%～70%的相对湿度可认为舒适湿度，此时机体体温易于维持，体感满意。夏季20%～70%、冬季24%～83%可认为适宜湿度。人体对热和冷的耐受性与湿度关系很大。实验表明，如空气完全干燥，人可耐93℃的气温而没有显著病理影响。但若空气100%润湿，只要环境温度高于34℃，体温即开始升高并导致中暑病变。在潮湿的冷空气中，对"冷"的敏感显著加剧。例如干燥时，机体在-40℃仍可生活，但若浸在冰水中或冷湿的空气中，则20～30分钟后体温将显著降低，甚至僵化和休克。湿度对体温发生影响的原因：① 空气中的水分增加会抑制表皮汗水的蒸发而不利散热；② 由于水蒸气的高导热性能（水蒸气的热导率比空气高近100倍）而加强热量的传导。所以湿度高时，高温将导致闷热，低温则比干空气中冷感强得多。

（3）气流速度 通风换气是改善室内微气候的重要办法。一般认为气流速度以保持在0.1～0.5米/秒为适宜。对于坐着的轻体力劳动，室内空气速度应在0.2～0.3米/秒之间；对于间歇的有相当体力强度的工作，空气速度可达5～10米/秒。气流方向可以来自人体的前方、后方、侧向、上或下部。来自上部的空气与人体散热是相向作用的，在室内造成紊流；来自下部的空气，在室内形成层流；来自下部的采暖热空气，温度宜偏低些；来自上部的致冷空气，温度宜偏高些；气流速度的波动使人很不舒服。实验表明：一套80立方米的住房在室内外温差为20℃时，开窗9分钟，就能把室内空气交换一遍。温差为15℃时，则需12分钟。

8.2.2 居室环境保护

8.2.2.1 居室中的污染物

（1）化学污染物　室内化学污染物主要有一氧化碳、二氧化硫、甲醛、苯并芘和放射性氡等（图8-5）。

图8-5　室内污染有害健康

其中，一氧化碳主要来自厨房、汽车和吸烟。二氧化硫主要来自燃煤炉灶。甲醛是泡沫塑料板、家具材料中各种胶合板、碎料板中使用的胶黏剂成分，也是壁纸布、塑料制品的添加剂成分，当它们老化后由于阳光、空气、水蒸气的作用分解时就释出甲醛。苯并芘（强致癌物）来源与一氧化碳、二氧化硫基本相同，广泛存在于飘尘及各类污垢中。电视彩色显像管在高温作用下能产生一种叫溴化二苯呋喃的致癌物质。放射性氡是一种致癌和危害生育系统的毒物。氡是从砖块、混凝土、土壤和水中散发出来的。在普通住宅里测得的氡含量比户外高好几倍。

（2）其他污染物　如飘尘、静电、噪声、辐射等。

飘尘是室内最厉害的杀手，它是各种微生物、人体排出的不洁气体、痰沫、病毒等的传播载体，使个体受到交叉感染，是呼吸道炎症的主要病源，尤其使婴幼儿和老弱者受害。

电吹风、电风扇和洗衣机外壳都带有静电，俗称电麻。由漏电引起，严重者可产生电击。人体若长期接触静电，会出现静电综合征，表现为头痛、胸闷、咳嗽、呼吸困难、紧张忧虑等。克服办法是保证绝缘，接地良好。

噪声就是频率高低不一、振动节律不齐，非常难听的声音。噪声是一种公害，过强的噪声会打乱人的大脑皮层兴奋与抑制的平衡，影响人体的新陈代谢，减少人体唾液和胃液分泌量，损害视觉功能和消化功能。

电磁辐射污染是一个隐藏在人们身边的无形杀手，时时刻刻不声不响地对生命体造成伤害。电饭锅、电烤箱、微波炉、油烟机、电热毯、荧光灯、移动电话、电子计算机等家电以及室内各种电线每天都在产生着电磁辐射，人们简直就生活在电磁波的海洋里。长期在电磁场射频和微波作用下，可引起头昏、头痛、失眠、乏力、衰弱、眩晕、心悸、胸闷、消瘦、记忆力减退、情绪不佳及神经紊乱等症。经常接触微波者会产生心动过速、过缓、冠心病和白内障等症。

8.2.2.2 建立卫生居室

（1）改善居住条件

① 居室位置及大小　一般住宅区的位置应位于工业污染源的上风侧，应与工厂有一定的卫生防护距离。住宅的大小应占一定的人均面积（如不小于6平方米）和净高（不低于2.8米），并有良好的采光和通风。

② 尽量采用小室分居　当室内人口密度大和人员流动频时，细菌总数和二氧化碳含量明显增加。经测定，当人均居住面积由3平方米增至4平方米时，室内细菌总数减少1/3；增到8平方米，则减少2/3。

（2）采取合理措施

① 合理采光　充分利用阳光，不仅可增加室内照明度，更可净化空气。为了保证良好采光，除房间的窗、门（阳台）等采光口与居室地面间的距离要有一定比例外，应保持窗户清洁，尽量开窗让阳光直射，因为隔一层玻璃，细菌死亡时间要延长3～5倍。白天不要挂窗帘。应尽可能拆除纱窗，因为纱窗可挡光20%～30%。更不要用透明塑料布及纸张糊窗户，因为它们的透光率比玻璃低20%～40%。

② 湿式扫除　宜用湿抹布擦地，或先洒水后用扫帚轻扫，或喷洗涤液后再吸尘，不仅可防止尘土飞扬，还可使地面保持润湿，调节室内湿度。为了防止飘尘和病毒的聚集，每天应及时扫除。

③ 劳动卫生　通常应避免持续的负荷和固定不变的工作姿势。采用适合人身材的桌、椅，坐椅最好可以调节，坐垫硬软要适中，以保证脊椎的舒展和减轻大腿的负荷，并有利于颈及头部的平衡。

第 8 章 环境与化学

8.3 室外环境与化学

所谓室外环境指居室外的近域如阳台及庭院、城市楼群间、农村宅基地的环境,是室内环境的延伸,主要涉及庭院美化和职业环境的改善。

8.3.1 庭院美化

家庭美化、工厂花园化、城市公园化的设计中都着眼于绿化和良好的景观。

8.3.1.1 绿化

绿化就是在可利用的空间如空地、墙壁及楼顶种植草木,其主要作用是改善小气候、杀菌、净化空气(图8-6)。

(1)改善小气候 建筑物一般只能吸收10%的热量,而树木却能吸收50%热量。据测定,盛暑时绿地和树荫下的气温比柏油和石子路面低10℃;冬天林密处气温比旷野高3～5℃。绿化后相对湿度可提高10%。

图8-6 庭院绿化

(2)灭菌 许多植物能分泌出杀菌素,如桉树分泌物可杀结核和肺炎菌素,松树分泌物能杀白喉、痢疾菌素,柳杉、白皮松的分泌物可在8分钟内灭菌,紫薇、柏树、橙树的分泌物可在5～6分钟灭菌,法国梧桐分泌物可在3分钟灭菌。据实测,闹市区上空的细菌数目比绿地高10～15倍。通常空气中各类细菌以公共场所最高,街道次之,公园的草坪上最少。

(3)净化大气 许多植物有滞尘和吸毒功能。这是一般植物尤其是阔叶植物的普遍功能,因为叶片的表面有很多褶皱、绒毛,还可分泌油脂和黏液,从而吸附大量粉尘;铺草坪的场地比裸露的场地近地层上空含尘量少2/3。已知毛白杨、板栗、侧柏、核桃、云杉、榆树等滞尘效果很好。有的植物可以有选择地吸收大气中的毒物或有特殊功能,例如银桦、桂树、柳树等可吸收弱极性的有毒气体或某些有机溶剂的蒸气如苯、酮、醚、酰等;扁豆叶、番茄叶、桧柏、刺槐、月季、臭椿、女贞等,可吸收二氧化硫;棉花植株、针叶松可吸收氟化氢;洋槐、水杉等可吸收光化学烟雾的有关成分如臭氧、氮氧化合物；烟草叶、常春藤、冬青可吸收汞蒸气；紫云英可富集硒。美国布拉斯加州有一山谷牧草丰茂，但牲畜死亡，原因是硒中毒，世称"恐怖魔谷"。

8.3.1.2 景观

景观美是在模仿自然的基础上产生的，是指环境中给人感官以肯定感觉的因素如整洁、安宁、清香、和谐等，也就是在摆设、颜色、香感、音调诸方面都应体现美学要求，以方便、实用为基调。

（1）摆设　指室外建筑、室内陈设、个人服饰的得体，通常应按对称性、黄金分割原则进行安排。例如服饰选择得当，不但能增加人体的健美，还可以掩饰或弥补穿着者在体型、身材与肤色上的某些不足。如体型矮胖的女子选择夏装时应注意腰部小（产生"瘦"的视觉）、裤腿长、料子挺。

（2）颜色　环境色调要尽可能加大对比度，防止互补色。因为成互补色的两种光混合时呈灰白色而给人不明快的感觉，所以应忌紫与绿、蓝与黄、绿与橙搭配。通常在白色背景上可配各种色，黑色背景则不宜配别的色。颜色还与视觉心理有关。如红色使人感到亲近（称为前进色）和温暖，绿色让人感到疏远（称为后退色）和冷感，所以它们用于交通信号。

（3）香感　环境中的赋香物通常是花卉或各种植物。研究表明，花草不仅是净化空气的"天然工厂"，还是大自然赋予人们的"保健医生"。已知丁香、檀香可杀灭结核菌、肺炎球菌；薄荷、柠檬的清香可防鼻窦炎和呼吸道感染，并使人感到凉爽、安适；天竺花、熏衣草的花香及迷迭香可使人心跳加快、气喘患者镇静、消除疲劳和安眠、舒适。

（4）音调　物理学和心理学把节奏有调、和谐悦耳的声音称为乐声，而把杂乱无章、令人心烦的声音称为噪声。试验表明，在40～50分贝的噪声刺激下，睡眠者的脑电波出现觉醒反应，约有10%的人受到影响；在70分贝时约有50%的人被惊醒。当噪声级为65分贝以上时，人们就不能正常交谈。

8.3.2　职业环境

职业环境即工作环境，是人们活动的主要场所，是个体生活环境的重要部分。

8.3.2.1 高温环境

温度超过人体舒适程度的环境称为高温环境（图8-7）。一般取（21±3）℃为人体舒适温度范围，因此24℃以上的温度即可认为是高温。但对人的工作效率有明显不利影响的温度，通常在29℃以上。

（1）高温环境的形成　高温环境主要见于热带、沙漠地带，以及一些高温作业、火车、轮船的锅炉房及发动机操作间。主要热源有如下几种。

图8-7　高温环境

① 燃烧生热　在锅炉、冶炼炉、窑等燃烧过程中都能大量散发热量。

② 机器生热　如电动机、发动机运转时产生的热。

③ 化学反应生热　化工厂的反应炉及核反应堆散发的热。

④ 人体生热　一个成年人平均散发的热相当于一个146瓦的发热器的放热，所以人体也是一个"小火炉"。

⑤ 太阳辐射热　在炎热的夏季，田间、地头、马路、露天矿山等由日光暴晒而形成高温。

（2）高温环境的影响　高温使人体皮肤温度达41～44℃时就会产生灼痛感。若继续上升，皮肤基础组织即受到伤害。局部体温升高达38℃便产生不适；肛温超过39.1～39.4℃，就开始出现生理危象，如头晕、胸闷、虚脱、大小便失禁直至死亡。长期在高温环境中生活或者有意识地锻炼，可对49℃以下的温度产生适应，称为高温习服。

（3）对高温的防护　使用隔热材料制成的防护手套、头盔和靴袜进行局部防护。最好穿冷却服，即在衣服的夹层内通气或水以达到全身冷却。

8.3.2.2 低温环境

通常，10℃以下的温度对人的生活产生不利影响。低温环境除了冬季低温外，主要见于高山、南极和北极等地区以及水下（图8-8）。

（1）低温环境对人体的影响

① 冻伤　冻伤的产生同人在低温环境

图8-8　低温环境

中暴露时间有关,温度越低,形成冻伤所需的暴露时间越短。如温度为5～8℃时,人体出现冻伤一般需要几天时间;而-73℃时,暴露12秒即可造成冻伤。人体易于发生冻伤的是手、足、鼻尖和耳郭等部位。

在-20℃以下的环境里皮肤与金属接触时,皮肤会与金属粘贴,叫做冷金属粘皮。有氧化膜的铝和铁最易造成粘皮现象;表面光亮的铜和银等金属,表面粗糙或有冰雪、尘土等覆盖的金属,则不易造成这种现象。

② 全身性生理效应 是人在温度不十分低的环境(-1～6℃)中依靠体温调节系统,可使人体深部体温保持稳定。但是在低温环境中暴露时间较长,深部体温便会逐步降低,出现一系列的低温症状。首先出现的生理反应是呼吸和心率加快、颤抖等,接着出现头痛等不舒适反应。深部体温降至34℃以下时,将产生健忘、呐吃和定向障碍;体温降至30℃时,全身剧痛,意识模糊;体温降至27℃以下时,瞳孔反射、腱反射和皮肤反射全部消失,濒临死亡。

(2) 对低温的防护 主要采用加衣、加温、体力活动和饱食等。

穿衣是最常用的一种低温防护措施。人在21℃气温环境中保持舒适所需的衣服为1隔热单位,12℃为2隔热单位,3.5℃为3隔热单位,-6.5℃需8隔热单位,-12℃需11隔热单位。每2.5厘米厚的干燥衣服约为3隔热单位。利用供暖和空调能使舱室等局部环境保持舒适温度。在衣服内加温如通以热水、电池加热、化学加热等。剧烈体力活动使人体产生的热量可比平时人体代谢率提高20倍左右。经长期有意识锻炼,人体可有限度地适应低温环境。

8.3.2.3 噪声环境

纺织、机械和印刷行业,使用风动工具、马达、操纵振动台等设备、机场附近的工作点、机动车辆的司机室,都可能存在强烈的噪声(图8-9)。

(1) 噪声环境的影响

① 听力下降 一般接触噪声出现耳鸣、听力下降,只要时间不长,会很快恢复正常听力。需要10小时以上方能恢复者为听觉疲劳。严重者为噪声性耳聋,丧失听觉。强大的声暴,出现鼓膜破裂,伴有头疼、恶心等。

图8-9 噪声环境

② 神经系统疾病　使脑血管受损，出现失眠、心慌、记忆力衰退、全身疲劳等症状。

③ 心血管系统疾病　胆固醇升高，心跳加速、心律不齐、血管痉挛等。

（2）对噪声的防护

① 控制噪声源　工作间噪声应控制在55～70分贝，环境噪声应控制在35～55分贝。

② 隔声屏障　在大办公室中设立消声墙彼此隔开声音干扰，形成噪声掩蔽。

③ 安装消声器。

8.3.2.4　其他职业环境

其他职业环境主要有矿井坑道、工厂车间的有害气体、粉尘或毒物造成的不适环境。

① 放射性矿物　铀、镭的粉尘及辐射可致肺癌、骨癌及血癌。防治办法主要有遥控及使用机器人代替。

② 烟道　打扫烟囱的工人易吸入烟灰、煤焦油中释出的多环芳烃等毒物而多发皮肤癌、肺癌。应该戴高级致密口罩乃至防毒面具，穿全身密闭式工作服，或使通烟道自动化，进行充分的消烟除尘预治理。

③ 建筑行业　石棉、水泥粉尘、沥青烟雾易致肺癌和肝癌及呼吸道疾病。应该密封操作。

④ 化工企业　氯乙烯、萘胺、有机溶剂及有害气体皆致毒。应加强通风、改进工艺流程、密封自动化等，杜绝排污。

8.4 汽车与化学

汽车在促进经济繁荣、给人民生活带来方便的同时，也带来了能源和环保问题。

8.4.1 车外污染及其治理

图8-10　城市中的滚滚车流

汽车对环境的污染主要在于汽车尾气、噪声以及从生产、使用到废弃的全过程中对人和环境造成的其他危害。例如，汽车蓄电池用铅就占世界铅需求量的54.8%，而铅的生产过程和废弃均会对环境造成严重污染。汽车的大量使用还加剧酸雨、光化学烟雾、臭氧层破坏、铅中毒、温室效应和交通堵塞等问题（图8-10）。

随着汽车的增加和含铅汽油的大量使用，汽车排铅成了城市铅污染的主要来源。20世纪70年代以后，世界各国尤其是工业化国家严格限制使用含铅汽油，提倡使用无铅汽油。无铅汽油一般是加入了甲基叔丁基醚［$CH_3OC(CH_3)_3$］作为高辛烷值组分。这种组分沸点较低，可以改善汽油的蒸发、汽车的启动、加速等性能以及减少发动机活塞磨损和耗油量。我国已于2000年底基本实现汽油无铅化。

大气中所含一氧化碳（CO）的75%、碳氢化合物和氮氧化合物的50%来源于汽车的排放。一辆轿车一年排出的有害废气比自身重量大3倍。汽车尾气主要是指从排气管排出的废气。汽车废气含有几百种化学物质，主要成分为气体（一氧化碳、氮氧化物和碳氢化合物、醛类等）和颗粒物（炭黑、焦油和重金属等）两大类。尾气中的苯并芘类物质是强致癌物质被人体吸入后不能排出，积累到临界浓度便会引发肺癌、甲状腺癌、乳腺癌等。汽车尾气对植物也有毒害作用。尾气中的二次污染物臭氧、过氧乙酯基硝酸酯也可使植物叶片出现坏死病斑和枯斑现象。

从汽车技术的角度看，减少汽车污染的方法可以简称为"一边'割尾巴'、一边'换心脏'"，即"减少尾气"和"革新食谱"。如太阳能、液化气、核能、酒精、电能等。其中，发展低噪声、零排放或超低排放、高能量利用率的电动汽车便是解决人类生存环境恶化、石油资源缺乏等问题的有效途径之一。

由于电动汽车成本太高，短期内尚很难替代传统汽车。因此，很多环保人士呼吁制定更合理的城市规划和交通政策，由火车、电车、公共汽车、自行车和人行道共同编织一个环保的交通网，使人们生活、上学、消费及工作地点更近。例如，新加坡政府制定多种政策限制私人拥有汽车。

8.4.2 车内污染及其减污

汽车虽在新材料、新技术领域都获得很大突破，但车内空气污染问题却始终没有得到根本解决。据随机抽检结果，约有90%的汽车存在车内空气严重污染问题，尤其是新车。其中不乏一些知名品牌轿车。许多车子一旦关窗，车内气味即刺激难闻，头晕目眩。令人爱恋的私家车，俨然是一个"毒气室"。

8.4.2.1 车内主要污染物

车内空气污染主要来源于3个方面。

（1）汽车尾气排放　即使关上车窗和换气系统，人们仍会受到汽车尾气的侵害。

（2）有害霉菌　汽车内50%以上的霉菌、70%以上的螨虫来自于空调过滤系统。散落在地毯上的食品碎屑、毛发，汽车尾箱内久置不用的杂物、坐椅及地毯都是霉菌滋长的温床。

（3）汽车自身污染　新车出厂后，车内装饰产生高浓度有害气体，挥发时间长达6个月以上。期间，轻者使车主身体不适，重者酿成车祸。新车内刺眼、刺鼻的气味主要源自超标的甲醛或苯。甲醛主要来自于车椅座套、坐垫和车顶内衬，苯主要来自于胶黏剂。一些汽车美容企业给车内装饰材料加入阻燃剂、定型剂、防腐剂和胶黏剂等化学物质，导致狭小、封闭的汽车内部空间有害气体浓度严重超标。尤其是夏天高温时节，在烈日下封闭暴晒数小时后的车厢内，有害物质大量挥发，浓度成倍增长。

车内空气污染（如图8-11所示）

8.4.2.2 减小车内污染的主要措施

减污的根本在于从源头上控制污染物。汽车生产厂家在原材料和零

图8-11　车内空气污染示意

1 污染源：发动机
　污染物：一氧化碳、汽油气味
2 污染源：车内装饰材
　污染物：苯、甲醛、丙酮、二甲苯等，使人出现头痛、乏力等中毒症状
3 污染源：人体
　污染物：细菌、汗液、呼出的二氧化碳等
4 污染源：空调内污垢
　污染物：胺、烟碱、细菌等

配件的采购、使用过程中，应执行严格的环保标准。此外，以下措施能够减少车内污染。

① 人在进入汽车后，就应尽快打开车窗或开启外循环通风设施，引进新鲜空气。不要在封闭状态下长时间行车，更不要在封闭的车内睡觉或长时间休息。体弱者、妊娠期妇女、儿童和有过敏性体质的人应尽量避免在密封的条件下长时间驾驶和乘坐新车。有些女性对苯、甲醛等有害气体的反应格外敏感，少数妊娠期妇女如果吸"苯"较多会导致胎儿畸形或流产。

② 在开启空调制冷或取暖时，应使用车内外空气交流模式，尽量避免长时间使用车内自循环模式。

③ 当遇到严重堵车或跟随尾气排放可能超标车辆行驶时，应当把空调、暖风开关暂时调到车内自循环模式，开窗行驶的车辆应暂时关闭车窗。

④ 购买新车后，应尽可能地保持车内外空气的交换，以便尽早让车内的有害气体挥发干净。千万不要用香水或空气清新剂掩盖车内的异味。

⑤ 若驾车时出现不良反应（如头晕、疲劳、注意力分散、呼吸急促、鼻塞、流泪等症），应及时进行车内空气质量检测，尽快找出和清除车内污染源（图8-12）。

8.4.2.3　车内消毒和净化方法

（1）单纯过滤技术　以活性炭为主。在短时间内能过滤一定的细菌和粉尘。但这种过滤的局限在于清洁不彻底和效果短暂。一般3个月后就会达到饱和状态，此后不但不能杀菌反而容易成为细菌的繁衍体。

（2）化学消毒　主要是用一些消毒剂对汽车进行喷洒和擦拭来除去病

图8-12　汽车应及时清洗

菌。缺点是这些消毒液会对汽车的金属部件有一定的腐蚀性，而且对空中飘浮的飞沫、细菌作用不大。同时还要考虑消毒液自身对人体的毒性。

（3）臭氧消毒　这是目前被广泛采用的方式，优点是消毒操作方便省时，对车内的细菌消除彻底，也不会造成二次污染。美中不足的是无法消灭空调蒸发器内的细菌，消毒后车内会残留异味，效果持续时间短，需要定期消毒。

（4）紫外线消毒　紫外线消毒效果明显，无异味。在做紫外线消毒以前，对内饰进行一次清洁，效果更佳。不过，这种方法可能会加快仪表盘、真皮等内饰材料的老化。所以，一次照射时间不宜过长。正是为了内饰不变色老化，一些车商才将防紫外线效果好作为车膜的最大卖点之一。

（5）负离子发生器　虽然增加负离子可以让司机头脑清醒，但对于彻底消除空气中原有的污染物质作用不大。

（6）纳米光催化车用净化器　纳米二氧化钛（TiO_2）具有光催化作用，能有效降解空气中的有害有机物，灭杀致病微生物（图8-13）。由此，企业界掀起一股投资热，形形色色冠以"纳米"字样的光催化空气净化器纷纷问世。尤其是在"非典"流行之时，这类产品更是以惊人的速度抢占市场。

图8-13　TiO_2光催化杀菌

第9章 日用品与化学

　　本章所指的日用品指日常生活中常用的有关材料及其制品，包括玻璃、陶瓷、电池、涂料及粘接材料等。

9.1 玻璃制品

古代，玻璃一直是王公贵族厅堂里的摆设和艺术品。现代，玻璃已成为日常生活、生产和科技领域的重要材料，如窗玻璃、穿衣镜、灯泡、眼镜、茶杯、酒瓶、玻璃工艺品和玻璃仪器等。

9.1.1 玻璃的制造、组成、种类和性质

9.1.1.1 玻璃的制造

玻璃的制造主要包括以下程序。

① 原料预加工　将块状原料粉碎，使潮湿原料干燥，将含铁原料进行除铁处理，以保证玻璃质量。

② 配合料制备。

③ 熔制　玻璃配合料在池窑或坩埚窑内进行高温加热，使之形成均匀、无气泡，并符合成型要求的液态玻璃。

④ 成型　将液态玻璃加工成所要求形状的制品，如平板、各种器皿等。

⑤ 热处理　通过退火、淬火等工艺，消除或产生玻璃内部应力、分相或晶化，以及改变玻璃的结构状态。

9.1.1.2 玻璃的组成、种类和用途

制造玻璃的主要原料有形成网络的氧化物、中间体氧化物和网络外氧化物，还有辅助原料包括澄清剂、助熔剂、乳浊剂、着色剂、脱色剂、氧化剂和还原剂等。如通常的硅酸盐玻璃以石英砂（SiO_2）、纯碱（Na_2CO_3）、长石及石灰石（$CaCO_3$）等为原料，经混合、熔融、匀化、成形、退火而得。常见的钠钙玻璃主成分有二氧化硅（SiO_2，72％）、氧化钠（Na_2O，15％）、氧化钙（CaO，9％）和氧化镁（MgO，4％）。其中二氧化硅通过硅氧四面体结构构成玻璃骨架，冷却时形成黏性极大（10^8帕·秒以上）的过冷液体，呈现透明的玻璃态特征，宏观上是固体，微观上带有液体的无序性。碱金属氧化物（如氧化钠）为助熔剂，可使熔点降到700℃；碱土金属氧化物（如氧化钙）为成形剂，使玻璃体耐水并具有一定的强度。

玻璃通常按主要成分分为氧化物玻璃和非氧化物玻璃。非氧化物玻

璃品种和数量很少，主要有硫系玻璃和卤化物玻璃。硫系玻璃的阴离子多为硫、硒、碲等，可截止短波长光线而使黄、红光以及近、远红外光通过，其电阻低，具有开关与记忆特性。卤化物玻璃的折射率低，色散低，多用作光学玻璃。

氧化物玻璃又分为硅酸盐玻璃、硼酸盐玻璃、磷酸盐玻璃等。如硅酸盐玻璃指基本成分为 SiO_2 的玻璃，其品种多，用途广。按玻璃中 SiO_2 以及碱金属、碱土金属氧化物的不同含量，又分为以下几种。

① 石英玻璃　SiO_2含量大于99.5%，热膨胀系数低，耐高温，化学稳定性好，透紫外光和红外光，熔制温度高、黏度大，成形较难。多用于半导体、电光源、光导通信、激光等技术和光学仪器中。

② 高硅氧玻璃　SiO_2含量约96%，其性质与石英玻璃相似。

③ 钠钙玻璃　以 SiO_2 含量为主，还含有15%的 Na_2O 和16%的 CaO，其成本低廉，易成型，可生产玻璃瓶罐、平板玻璃、器皿、灯泡等，其产量占实用玻璃的90%。

④ 铅硅酸盐玻璃　主成分为 SiO_2 和 PbO，具有独特的高折射率和高体积电阻，与金属有良好的浸润性，可用于制造灯泡、真空管芯柱、晶质玻璃器皿、火石光学玻璃等。

⑤ 铝硅酸盐玻璃　以 SiO_2 和 Al_2O_3 为主要成分，软化变形温度高，用于制作放电灯泡、高温玻璃温度计、化学燃烧管和玻璃纤维等。

⑥ 硼硅酸盐玻璃　以 SiO_2 和 B_2O_3 为主要成分，具有良好的耐热性和化学稳定性，用以制造烹饪器具、实验室仪器、金属焊封玻璃等。硼酸盐玻璃以 B_2O_3 为主要成分，熔融温度低，可抵抗钠蒸气腐蚀。含稀土元素的硼酸盐玻璃折射率高、色散低，是一种新型光学玻璃。

⑦ 磷酸盐玻璃以 P_2O_5 为主要成分，折射率低、色散低，用于光学仪器中。

若按颜色、状态、用途来分，还有有色玻璃（在普通玻璃制造过程中加入一些金属氧化物而成。Cu_2O——红色；CuO——蓝绿色；CdO——浅黄色；CO_2O_3——蓝色；Ni_2O_3——墨绿色；MnO_2——紫色；胶体 Au——红色；胶体 Ag——黄色）、彩虹玻璃（在普通玻璃原料中加入大量氟化物、少量的敏化剂和溴化物制成）、变色玻璃（用稀土元素的氧化物作为着色剂的高级有色玻璃）、微晶玻璃（又叫结晶玻璃或玻璃陶瓷，在普通玻璃中加入金、银、铜等晶核制成，代替不锈钢和宝石。做茶杯，不怕摔，不炸裂；做炒锅，干净美观；做车刀，削铁如泥；做人造骨骼，耐腐耐用等)、光学玻璃（在普通的硼硅酸盐玻璃原料中加入少量对光敏感的物质，如 AgCl、AgBr 等，再加入极少量的敏化剂，如 CuO 等，使玻璃对光线变得更加敏感)、防护玻璃（在普通玻璃制造过程加入适当辅助料，使其具有防止强光、强热或辐射线透过而保护人身安全的功能。如灰色——重铬酸盐，氧化铁吸收紫外线和部分可见光；蓝绿色——氧化镍、氧化亚铁吸收红外线和部分可见光；暗蓝色——重铬酸盐、氧化亚铁、氧化铁吸收紫外线、红外线和大部分可见光；加入氧化镉和氧化硼吸收中子流）等。

9.1.2 家用玻璃制品

家用玻璃制品主要品种有镜子、眼镜、玻璃器皿和玻璃装饰品等。

9.1.2.1 镜子

镜子的发展经历了铜镜、汞银、银镜、铝镜等不同阶段（图9-1）。人类在3000多年前发明青铜镜。大约在300多年前出现了玻璃镜子——背面涂水银的玻璃，称为汞镜，一时成为王公贵族竞相购买的宝物。后来发现涂水银的镜子反射光线能力不够强，制作费时，又有毒，所以逐渐被银镜取代。利用化学上的"银镜反应"在玻璃表面涂上薄薄的一层银就成为银镜。

$$2Ag(NH_3)_2^+ + HCHO + 3OH^- \xrightarrow{\triangle} 2Ag\downarrow + HCOO^- + 4NH_3 + 2H_2O$$

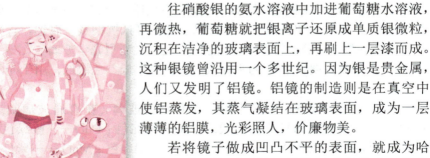

往硝酸银的氨水溶液中加进葡萄糖水溶液，再微热，葡萄糖就把银离子还原成单质银微粒，沉积在洁净的玻璃表面上，再刷上一层漆而成。这种银镜曾沿用一个多世纪。因为银是贵金属，人们又发明了铝镜。铝镜的制造则是在真空中使铝蒸发，其蒸气凝结在玻璃表面，成为一层薄薄的铝膜，光彩照人，价廉物美。

若将镜子做成凹凸不平的表面，就成为哈哈镜。利用镜面反射辐射性阻止热传失，并将夹层套中的空气抽空，就是日常生活中的热水瓶，实验室中用于存放制冷剂（干冰及液氮），又称杜瓦瓶。

图9-1　照镜子

9.1.2.2 眼镜

眼镜主要是变色眼镜，由光学玻璃或光致变色玻璃制成（图9-2）。主成分为二氧化硅（62%）、氧化硼（B_2O_3，15%～22%）、氧化铝（Al_2O_3，7%）、氧化锆（ZrO_2，<10%）、氧化钛（TiO_2，2%）及少量的锂氧化物、钠氧化物、钾氧化物。在制作过程中掺进了对光敏感的物质，如卤化银（氯化银，AgCl；溴化银，AgBr）及催化剂氧化铜（CuO）。眼镜片从无色变成浅

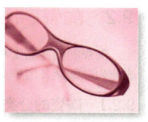

图9-2　变色眼镜

灰、茶褐色，再从黑眼镜变回普通眼镜，都是卤化银变的魔术。其变色原理大致为：卤化银晶体见光分解释出许多黑色的微粒银均匀地分布在玻璃里，使镜片颜色变暗，光越强色越暗；当光线消失后，银原子和卤素在氧化铜催化下又会迅速地结合成透明的卤化银微晶，镜片也随之变得透明起来。卤化银常驻在玻璃里，使这种分解和化合反应反复地进行着。所以，变色镜不像照相胶卷或印相纸只能用一次，而是可以一直使用下去。如果把窗玻璃换上光致变色玻璃，晴天或白天时，玻璃是深色的，可部分或全部挡住太阳光的入射；阴雨天或早晨、黄昏时，玻璃是透明的，室外的光线不会被遮挡。这就仿佛窗户挂上了遮阳窗帘。在一些高级宾馆、饭店里已经安上了变色玻璃。汽车的驾驶室和游览车的窗口装上这种光致变色玻璃，在直射的阳光下，车厢里一直保持柔和的光线，可避免日光的耀眼和暴晒。

9.1.2.3 玻璃器皿或装饰品

玻璃器皿多用钠钙硅酸盐玻璃做成（图9-3）。品种丰富多彩，造型千姿百态。另有钾铅硅酸盐玻璃可制成各类酒瓶、饮料瓶、香水瓶、酱菜瓶、罐头瓶、饮料瓶、蜂蜜瓶、输液瓶、咖啡瓶、保健瓶、奶瓶、玻璃杯、高脚杯、果盆等日常用品。

彩虹玻璃是一种全新的装饰材料，用于灯箱、招牌、宾馆、酒吧、歌厅、喷水池、顶棚等高档家庭装修、艺术屏风等。由于这种玻璃具有丰富的色彩，随着光源的跳动及视角的变化，色彩会随之而变，使装饰显得华贵、高雅，给人以神奇梦幻的感觉。

图9-3　玻璃器皿

9.2 陶瓷制品

陶瓷制品为黏土和瓷石制器,由胎体烧结并进行表面加工而成,主成分为硅酸盐(图9-4)。

9.2.1 陶瓷的分类和化学特征

图9-4 陶瓷制品

硅酸盐基胎体未经致密烧结,不论有色或无色,均称为陶器。胎体基本烧结,表面上釉的称为瓷器。按釉色再细分为青瓷、白瓷和彩瓷。胎体黏土的主成分为铝硅酸盐矿物,以高岭土为代表,由氧化硅、氧化铝和水组成(三者含量分别为39.5%、46.54%和13.96%)。瓷石则在上述成分以外再加氧化钾。它们的共同特点是与适量水结合可调成软泥并具有可塑性,将塑成型的泥团灼烧后形成有一定强度的坚硬烧结体。烧结过程中经历失去结晶水和形成新结晶相等多个步骤:先在100～450℃失去吸附水形成一般高岭土;维持此温度适当时间,失去结晶水成偏高岭土;直到925℃分出部分氧化硅形成硅-铝尖晶石。再热至1100～1350℃时进一步转化成机械强度高、热稳定性和化学稳定性好的莫来石。

瓷器表面的光滑玻璃质层叫做釉,常见的分白釉和彩釉两类。白釉主成分为氧化硅(60%～69%)、氧化铝(14%～19%)、氧化钙(7%～15%)和氧化镁(4%～7%)等,近于硬质玻璃。彩釉系在白釉基体上加入各种金属氧化物烧熔后显出不同颜色而得(与玻璃色料的着色相同)。瓷器的成型按成型方式不同分白瓷、釉上彩和釉下彩几种。白瓷是把瓷土制坯放进窑中烧成素瓷(有许多小孔,可渗水),浸上一层白釉料,烧熔均匀覆盖即得雪白光洁的瓷器;釉上彩,是把烧好的瓷器表面绘上彩图,再在低温窑烧烤,使色料与釉熔化结合而得;釉下彩则先在瓷坯上用色料画好彩图,再上釉料于高温窑烧制。

9.2.2 家用陶瓷

家用陶瓷主要有器皿和装饰品两类。

9.2.2.1 器皿陶瓷

器皿陶瓷包括餐具、坛罐等，名品有宜兴釉陶、醴陵青瓷及白瓷、景德镇素三彩（分黄、绿、紫三种），均是在一般陶瓷基体上精心加工而成。

9.2.2.2 仿古陶瓷

我国陶瓷业发达，品种甚多。著名的有以下几种。

① 汉绿釉陶　为铅釉，以偏硅酸铅（$PbO \cdot SiO_2$）和正硅酸铅（$2PbO \cdot SiO_2$）组成光学性能均优的玻璃态，以铜、铁、钛、锰等氧化物为着色剂，呈黄绿色。

② 唐三彩　唐三彩是一种盛行于唐代的陶器，以造型生动逼真、色泽艳丽和富有生活气息而著称，是一种具有中国独特风格的传统工艺品。唐三彩是一种低温釉陶器，在色釉中加入不同的金属氧化物，经过焙烧，便形成浅黄、赭黄、浅绿、深绿、天蓝、褐红、茄紫等多种色彩，但多以黄、褐、绿三色为主。

③ 法华釉　釉玻璃体主成分不是氧化铅而是硝酸钾，色调以法蓝、法翠、法紫为主，着色剂仍为铁、钴、锰、铜等变价金属的氧化物。

9.2.2.3 特种陶瓷

（1）透明陶瓷　用纯度很高、粒度很细的氧化铝在特制的高温炉中烧成。这种陶瓷气孔少、抗腐蚀、强度高、耐高温，特别适于制作城市照明的高压钠灯。还可用于制作红外线制导的各种导弹光学部件、防弹装甲、观察核爆炸闪光的护目镜、立体电视的观察镜等。

（2）金属陶瓷　往黏土中掺入金属细粉烧成，兼有陶瓷耐高温、高硬度、抗氧化腐蚀及金属韧而不脆的多方面优异性能。金属陶瓷可作切削金属的刀具、宇宙火箭喷火道材料等。

另外，主要还有建筑陶瓷和刀具陶瓷等。如琉璃就是建筑陶瓷。刀具陶瓷为氧化铝材料，具有高强度和高硬度。化学实验室中的坩埚是在高铝硅酸盐基质上涂以耐高温白釉烧制而成的，可耐1500～1700℃，适用于高温熔炼的容器。

9.3 电池

电池可分为化学电池和物理电池（如太阳能电池和温差发电器等）两大类。本书只讨论化学电池。化学电池是化学能与电能相互转换的装置。根据能量转换方式可分为两类：

① 原电池—通过自发地发生电极反应而将化学能转变成电能的装置；

② 电解池—由外电源提供电能驱动化学反应的装置。

在一定条件下二者可以相互转化。例如二次电池放电时是原电池，充电时是电解池。两者的工作介质都离不开电解质溶液。电池工作时，电流必须在电池内部和外部流过，构成回路。电流在电极与溶液界面得以连续，是由于两电极分别发生氧化还原作用而导致电子得失所致。

9.3.1 化学电源的分类

① 按电池外形划分　圆柱形电池、方形电池、口香糖电池、纽扣形电池、薄片形电池。其中以圆柱形电池最为常见，又以5号、7号电池销量最大。

② 按电池用途划分　民用电池、工业电池、军用电池；手机电池、电动自行车电池、笔记本电池；低温电池、高温电池；微型电池、小型电池、大型电池、发电站等。

③ 按电解液种类划分　碱性电池，主要以KOH水溶液为电解质，如碱性锌锰电池（俗称碱锰电池或碱性电池）、镉镍电池、氢镍电池等；酸性电池，主要以硫酸水溶液为电解质，如铅酸蓄电池；中性电池，以盐溶液为电解质，如锌锰干电池、海水激活电池等；有机电解液电池，如锂电池、锂离子电池等。

④ 按电池工作方式划分　一次电池、二次电池（又名蓄电池、充电电池）、燃料电池、光电化学电池（化学太阳能电池）、储备电池（使用前临时激活，用于导弹、鱼雷等武器系统）等。其中一次电池主要有糊式锌锰、纸板锌锰、碱性锌锰、锌空、锌银和一次锂电池等；二次电池主要有铅蓄电池和镉镍、镍氢、锂离子、碱锰可充电池等。

9.3.2 常用电池简介

9.3.2.1 一次电池

（1）酸性锌锰干电池 锌锰干电池又叫锌碳干电池（图9-5），自1868年由法国工程师勒克兰谢（Leclanchè）发明以来屡经改进，沿用至今，是目前使用最广的一种电池。

在酸性锌锰干电池中，锌筒外壳作负极，插在中央的碳棒是正极的集流体，围绕着碳棒的MnO_2和用作导电材料的石墨的混合物

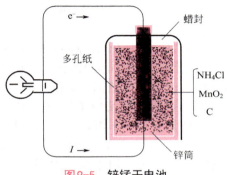

图9-5 锌锰干电池

作正极，$ZnCl_2$和NH_4Cl的糊状混合物作电解质。用火漆封固成干电池。

电池符号：$(-)Zn \mid ZnCl_2, NH_4Cl（糊状）\mid MnO_2 \mid C（石墨）(+)$

电池总反应：$Zn(s) + 2MnO_2(s) + 2NH_4^+(aq) + 2Cl^-(aq) =\!\!= Zn(NH_3)_2Cl_2(aq) + 2MnO(OH)(s)$

电池特点：① 开路电压为1.55～1.70伏；② 原材料丰富，价格便宜。缺点是寿命短、放电功率低、比能量小和低温性能差，在-20℃即不能工作，且不能提供稳定电压。

（2）碱性锌锰干电池 若用导电性好得多的KOH溶液代替酸性锌锰干电池中的$ZnCl_2$和NH_4Cl作电解液，用反应面积大得多的锌粉替换锌皮做负极，正极集流体改为镀镍钢筒，就变成碱性锌锰干电池，亦称为碱性干电池（简称碱锰电池）。

电池符号：$(-)Zn \mid KOH, K_2[Zn(OH)_4] \mid MnO_2, C（石墨）(+)$

电池总反应：$Zn(s)+MnO_2(s)+2H_2O(l)+4OH^- =\!\!= Mn(OH)_4^{2-}(aq)+Zn(OH)_4^{2-}(aq)$

碱性锌锰电池采用了高纯度、高活性的正、负极材料和离子导电性强的碱液作为电解质，内阻小，放电后电压恢复能力强。电池特点：① 开路电压为1.60～1.65伏；② 工作温度范围宽（-20～60℃之间），适用于高寒地区；③ 大电流连续放电容量为酸性锌锰电池的5～7倍，存储寿命超过2倍。

（3）锌银电池　锌银电池常被制成纽扣电池，主要用于自动照相机、助听器、数字计算器和石英电子表等小型、微型电器。在医学和电子工业中，它比碱性锌锰干电池应用得更广泛。

电池符号：$(-)Zn\ |\ Zn(OH)_2(s)\ |\ KOH(40\%，糊状，含饱和ZnO)\ |\ Ag_2O(s)\ |\ Ag(+)$

电池反应：$Zn+Ag_2O(s)+H_2O(l)=\!\!=\!\!=Zn(OH)_2(s)+2Ag$

电池输出电压为1.6伏，与碱性锌锰电池相比具有比能量高、电压稳、使用温度范围广、能大电流放电、自放电小、贮存寿命长等优点。主要缺点是使用了昂贵的银作为电极材料，因而成本高；其次，锌电极易变形和下沉，特别是锌枝晶的生长穿透隔膜而造成短路；锌银电池也可以做成二次电池，但其充放电次数（最高150次）不高。这些都限制了锌银电池的发展。尽管存在上述弊端，但锌银电池适应了化学电源小型化要求，又可作为航空航天等特殊用途的电源，需求量呈上升趋势。

9.3.2.2　二次电池

（1）铅（酸）蓄电池　铅酸蓄电池发明于1859年，至今已有150年的历史，目前仍是使用最广、产量最大的蓄电池。铅蓄电池的电极是由铅－锑合金制成的栅状极片，正极片上填充着紫红色的PbO_2，负极片上填塞海绵状的灰色铅。两组极片交替地排列在蓄电池中，并浸泡在密度为1.2～1.3克/厘米^3（约30%）的稀硫酸溶液中。

电池符号：$(-)Pb(s)\ |\ H_2SO_4(aq)\ |\ PbO_2(s)(+)$

电池反应：$Pb(s)+PbO_2(s)+2H_2SO_4(aq)\rightleftharpoons 2PbSO_4(s)+2H_2O(l)$

式中双向箭头表示放电反应与充电反应是可逆的。放电（化学能转化为电能）以后，正、负极表面都沉积上一层$PbSO_4$，H_2SO_4电解液也有一定消耗，所以使用到一定程度之后，就需要充电（电能转化为化学能）。

铅酸蓄电池具有充、放电可逆性好、能大电流放电、结构简单、稳定可靠、价格低廉等优点，也有笨重、铅污染、硫酸漏溢及腐蚀、防震性差、自放电较大等缺点。正常情况下的电动势较高（2.1伏），可反复充电1000次以上。主要用途为：① 汽车、柴油机车的启动电源（但将被锂离子电池取代）；② 搬运车辆、坑道及矿山车辆、潜艇、电动自行车、电动汽车的动力电源；③ 变电站、通讯站的备用电源；④ 太阳能发电站的贮存电源。近年来,铅蓄电池的最大改进在于基本实现了免维护密封式结构。综合性能更好的胶体电池、铅晶电池(在原硫酸电解液中添加胶凝剂等成分而使电解液呈胶态或晶态)、铅布电池正在快速发展之中。

(2)镍镉电池和镍氢电池　镍镉电池具有结构简单、使用方便、价格便宜等优点,是使用最广泛的化学电源之一。小至电子手表、手机、电子计算器、电动玩具、家用电器、电动工具、不间断电源等,大至矿灯、航标灯,乃至飞机启动、火箭、行星探测器、大型逆变器等都可使用它。缺点是容量小、镉污染、记忆效应严重(只有将电池中的余电放净后再充电才能保持电池的放电量)。单元镍镉电池的标称电压为1.25伏。

电池符号:$(-)Cd(s) | Cd(OH)_2(s) | KOH(6mol \cdot L^{-1}) | NiOOH(s) | Ni(OH)_2(s)(+)$
电池总反应:$Cd(s)+2NiOOH(s)+2H_2O(l) \rightleftharpoons Cd(OH)_2(s)+2Ni(OH)_2(s)$

镍氢电池(金属氢化物-镍电池)是镍镉电池的替代产品,结构、性能、用途与镍镉电池相似,主要区别在于用贮氢合金作负极,取代了致癌物质镉(Cd)。具有高比容量(接近镉镍电池的2倍)、大功率、长寿命(可充放电1000次以上)、记忆效应较小和污染小等特点。

电池反应:$2NiO(OH)+H_2 \rightleftharpoons 2Ni(OH)_2$

电池的开路电压为1.3～1.4伏,因贮氢材料和制备工艺不同而有所不同。

(3)锂离子电池　锂离子蓄电池由可使锂离子嵌入及脱嵌的碳作负极,可逆嵌锂的金属氧化物作正极和有机电解质构成。电池结构为:

$(-)Li(C)$ | 含锂盐的有机溶质 | 嵌Li化合物(如$LiCoO_2$、$LiNiO_2$或$LiMn_2O_4$)(+)

锂离子电池于1990年由日本Sony公司开发成功以来,以其电势高(3.7伏)、比能量高、循环寿命长(>1000次)、自放电率低、环境污染小和无记忆效应等优点,逐渐成为现代电池工业的"新星"。锂聚合物电池将有机电解液贮存于聚合物膜中,甚至直接用导电聚合物为电解质,使电池中无游离电解液,从而赋予轻量化、超薄化、小型化、形状可任意改变、安全性更好、能量密度高等特点。

9.3.2.3 燃料电池

燃料电池是将所供燃料的化学能直接变换为电能的一种能量转换装置，是通过连续供给燃料从而能连续获得电力的发电装置。燃料电池作为一种高效、清洁的能量转换装置，在化学电源中有特殊的重要性。有专家预言，燃料电池是继水力、火电、核能发电之后的第四代新能源。燃料电池作为一种高效、灵活、多样和清洁的新型电池，将在能源领域里扮演举足轻重的角色（图9-6）。

图9-6　飞驰的燃料电池汽车

燃料电池通常以氢气、丙烷、甲醇、联氨、煤气、天然气等还原剂为负极反应物，以氧气、空气等氧化剂为正极反应物。为了使燃料电池便于进行电极反应，要求电极材料兼备催化剂的功能。可用多孔炭、多孔镍、铂、钯等贵金属以及聚四氟乙烯等作电极材料。电解质有碱性、酸性、熔融盐和固体电解质以及高聚物电解质离子交换膜等数种。燃料电池主要按电解质来分类。如碱性燃料电池（AFC）、磷酸盐电池（PAC）、熔融碳酸盐电池（MCFC）、固体氧化物电池（SOFC）、离子交换膜燃料电池（PEMFC）等。其中，SOFC、PEMFC最具发展潜力。

碱性氢氧燃料电池（AFC）工作原理简介如下。

AFC用多孔隔膜把电池分成三个部分：中间部分装有75％的KOH溶液，负极侧通入燃料氢气，正极侧通入氧气。工作温度在200℃以下，理论电动势为1.23伏。

电池符号：$(-)Pt(s) \mid H_2(g) \mid KOH(aq) \mid O_2(g) \mid Pt(s)(+)$

电池反应：$2H_2(g)+O_2(g) \rightleftharpoons 2H_2O(l)$

此反应是电解水的逆过程，整个过程中不产生污染物。若能改用天然气作燃料，则有可能比唯一已经商业化的磷酸盐燃料电池成本还要低。若将碱性燃料电池应用于地面，会出现因KOH溶液易与CO_2反应而很快失效的问题。

9.4 涂料

涂料一般为黏稠液体或粉末状物质，可用不同的施工工艺涂覆于物体（墙、木器、金属器件、塑料、纸张等）表面，干燥后能形成黏附牢固、具有一定强度、连续的固态薄膜，赋予被涂物以保护、美化和其他预期的效果（图9-7）。传统的涂料通常指油漆，是一种有机高分子胶体的混合溶液，涂在物体表面上干结成膜。

图9-7　外墙涂料

9.4.1　涂料的组成、作用及分类

9.4.1.1　涂料的组成

涂料一般由主要成膜物质、颜料、成膜助剂与溶剂4部分组成。

主要成膜物质（又称黏结剂）是指所用各种树脂或油料，可以单独成膜，也可与黏结颜料等物质共同成膜，是涂料的基础部分，又称基料、漆料或漆基。树脂有多种天然树脂和合成树脂（如醇酸树脂、环氧树脂）；油料有干性油（如桐油、亚麻子油）、半干性油（如豆油、向日葵油）、不干性油三类。

颜料按其在涂料中所起的作用分为体质颜料、着色颜料、防锈颜料三种。

① 体质颜料　主要用来增加涂层厚度，提高耐磨性和机械强度。

② 着色颜料　可以提高涂层的耐日晒性、耐久性和耐气候变化的性能。有些颜料能提高涂层的耐磨性。而最主要的是着色颜料可给予涂层各种色彩。

③ 防锈颜料　一类是利用其化学性能抑制金属腐蚀的防锈颜料（如已被淘汰的铅丹，Pb_3O_4）；另一类是片状颜料（如铝粉），通过物理作用提高涂层的屏蔽性。

颜料按来源可分为矿物颜料、有机颜料。矿物颜料是一种金属的氧化物或者是结构很复杂的盐类。常用的有氧化铁黄（FeOOH）、氧化铁红（Fe_2O_3）、水合氧化铬绿 [$Cr_4O_3(OH)_6$]、氧化铬绿（$Cr_2O_3 \cdot SiO_2$）等，其中以氧化铁红最重要。因为它着色好、抗辐射、热稳定性优良。有机颜料具有丰富的颜色和鲜艳的色光，主要用于防腐蚀要求不太高的涂饰物。着色颜料通常有白色和有色颜料两类，前者在可见光区不发生吸收，后者则吸收某种波长的光，它们均可用于透明漆膜和釉面。颗粒较大的，着色漆膜的光散较强，遮盖力较好；粒度小者则失去散射能力，漆膜透明而以吸收为主。从实用功能角度看，主要有透明色料和防锈颜料等。透明色料是将颜料在植物油中分散，不改变基质结构如纹路、花形的前提下使物体着色，主要用于木料、塑料面及皮革上色、包装材料印刷和汽车外壳的高级面漆。

成膜助剂本身不能单独成膜，但能提高涂料性能。根据对涂料和涂膜的作用，助剂可分为以下4种类型：① 对生产过程发生作用，如消泡剂、润湿剂、分散剂、乳化剂等；② 对贮存过程发生作用，如防结皮剂、防沉淀剂等；③ 对施工过程发生作用，如催干剂、流平剂、防流挂剂等；④ 对涂膜性能发生作用，如增塑剂、消光剂、防霉剂、阻燃剂、防静电剂、紫外光吸收剂等。

溶剂主要有水和有机溶剂，用以调节涂料的黏度及固体分含量。涂料所用溶剂的要求：① 溶剂与主要成膜物质混溶要均匀，挥发速度应符合施工要求；② 与涂料的各组成部分无化学变化发生；③ 低毒、价廉、来源丰富。

溶剂品种分类：① 萜烯溶剂，如松节油、松油等。② 石油溶剂，如汽油、松香水、火油等。其中汽油挥发速度极快，危险性大，尽量不用或少用。松香水是油性漆和磁性漆的常用溶剂，特点是毒性较小。③ 煤焦溶剂，如二甲苯。④ 酯类溶剂，如醋酸丁酯、乙酸乙酯、醋酸乙酯、醋酸戊酯等。⑤ 酮类溶剂，如丙酮、甲乙酮、甲异丙酮、环己酮、甲己酮等。⑥ 醇类溶剂，如乙醇、丁醇等。

9.4.1.2 涂料的功能

① 装饰作用　在于遮盖被涂物表面的各种缺陷，又能与周围环境协调配合。

② 保护作用　能阻止或延迟空气中的氧气、水汽、紫外线及有害物对被涂物的破坏，延长被涂物的使用寿命。全世界每年有近1/10钢铁制品由于生锈而报废。涂装保护是金属防护最直接、最方便、最有效的

一种手段，在世界范围内金属的表面装饰与保护手段约有2/3是通过涂装实现的。

③ 特殊功能　如防火、防水、防辐射、隔音、隔热等。

④ 标志作用　如各种化学品、危险品、交通安全等。

9.4.1.3　涂料的分类

按化学性质及用途可将涂料分为无机涂料、有机涂料和特种涂料等几种。

（1）无机涂料　无机涂料是以无机材料为主要成膜物质的涂料。在建筑工程中常用的涂料是碱金属硅酸盐水溶液和胶体二氧化硅的水分散液。用以上两种成膜物，可制成硅酸盐和硅溶胶（胶体二氧化硅）无机涂料，再加入颜料、填料以及各种助剂，具有良好的耐水、耐碱、耐污染、耐气性能。

（2）有机涂料　有机涂料是以高分子化合物为主要成膜物质所组成的涂料。种类甚多，其功能随实际要求而异。较重要的油漆有如下几种。

① 中国漆　又名大漆，是漆树的分泌物，主成分为漆酚，漆酚对皮肤有毒。新从漆树剖出的漆汁含有相当多的水分，称为生漆，脱水后成为深色黏稠状物，称为熟漆。可用桐油等稀释，其本色呈紫黑，古色古香，甚为秀美。

② 色漆　往大漆中加入丹砂、雄（雌）黄、红土、白土等而成，它们通常在较高湿度（70%～80%相对湿度）下氧化成膜，其质地甚好，易干而不裂。还可加二氧化锰、蛋清及氧化铅以催干。这类生漆的干燥需受所含漆酶的催化作用，其适宜温度为20～30℃，湿度为80%。

③ 清漆　即油和树脂配成的成膜物，直接涂饰家具或作为打底用漆。

④ 其他　还有厚漆（清油和颜料调配）、调和漆（清油和树脂加色料，适于涂刷门窗，抗水和耐阳光）、磁漆（树脂加颜料，膜坚韧、光亮）、硝基漆（硝化纤维的丙酮、苯、醇或蓖麻子油溶液，其特点是干得快，化学稳定性好，多用于涂过颜料的木材或金属面上）。

（3）特种涂料

① 发光涂料　在常见的有机或无机涂料中掺入荧光物（如硫化锌或荧光素）而得，涂在墙壁或天花板上，一到天黑就发出明亮的冷光。

用作道路标记，黑夜行车时在车灯的照射下十分醒目。

② 抗水涂料　将硅有机化合物的挥发性溶剂溶液覆盖于玻璃或瓷器制件上，待溶剂挥发后，即成抗水及耐蚀层，由于不沾水，适于微量分析中少量水液的转移。

③ 宇航涂料　其主成分为有机树脂，含有硅、磷、氮、硼等元素，其填料为二氧化硅、云母粉及碳硼纤维，特别是加入易升华物质如氧化硒、硫化汞等。当火箭升空时其外壳和气流摩擦所生的热量可使其温度达几千度，升华物质挥发可带走部分热量，同时有机质分解形成隔热并有抗激光穿透能力的微孔碳化层，从而使火箭外壳耐高温。

另外还有隐形涂料、防中子弹涂料、多功能温控涂料和工程抗蚀涂料（又称工程塑料，主成分为聚四氟乙烯 Teflon）等。

9.4.2　涂料的施工

在多数情况下涂装设计时，涂层体系由底漆、中层漆和面漆构成。底漆对底材和面漆有较高的附着力和粘接力，并有缓蚀防锈作用；中层漆是过渡层，起抗渗作用；面漆则起抵抗腐蚀介质和外部应力的作用，三者构成复合涂层发挥总体效果。

被涂材料表面在涂装前是否经过必要的表面处理，使其达到表面平整光洁，无焊渣、锈蚀、酸碱、水分、油污等污物，是保证涂装的关键。如果被涂物表面有油或水，涂装后有可能难以形成连续涂膜，即使形成了涂膜也容易过早剥落，失去保护和装饰作用。表面除锈的好坏，对涂层的耐久性影响很大。以防腐蚀涂料而言，防腐效果的好坏，60%～70%在于表面处理和施工。人称"四分涂料，六分施工"，可见表面处理和施工的重要性（图9-8）。

随着涂装技术的进步和涂料新品种的涂装要求，目前已有十余种涂装方法。例如刷涂、浸涂、淋涂、辊涂、空气喷涂、高压无气喷涂、静电喷涂、电泳涂装、自泳涂装等。每种方法各有特点和一定的适用范围，应根据涂装对象、技术要求、涂装设备和工艺环境等因素而正确选用，才能收到涂

图9-8　屋顶防水涂料施工

装质量好、效率高、成本低的效果。

油漆在空气中因溶剂易挥发而变稠结膜，干性油则因氧化打开分子中双键聚合而干涸。用漆前应使上漆表面磨平打光，然后上腻打底，并分次涂刷，每次刷前应充分干燥并除去灰尘污物，否则会形成水珠及气泡，并使漆膜不牢、龟裂、起皱，甚至脱落。

涂料被涂覆在物体表面上，由湿膜或干粉堆积膜转化为连续的固体膜的过程需要干燥或固化。一般干燥的方式有三种：自然干燥、加热干燥和高能辐射干燥，其中以自然干燥和加热干燥为主。自然干燥对环境要求比较严格，尤其温度和湿度。一般情况下，涂装的温度应控制在15～30℃，湿度在65％以下为宜，并尽可能避免阴雨天施工。在室内施工时，应注意通风、排污、防火。同一种涂料，烘干漆膜的耐腐性，大多数优于自干漆。高能辐射干燥技术，主要指用紫外线照射和电子束辐射固化有机涂层，是比较新的涂装干燥技术。特点是固化速度极快，干燥过程在几秒至几分钟之内完成，能量利用率和干燥效率非常高，涂装成本低，基本不污染环境。

9.5 粘接材料

9.5.1 化学组成和作用机制

图9-9 胶黏剂

粘接材料通常包括胶黏剂（图9-9）和胶条（均简称为胶），是靠界面作用把不同物料牢固粘接的一类物质。

按化学特征可分无机胶（如硅酸盐、磷酸盐、硼酸盐系列）及有机胶（如天然动物胶、植物胶）及合成胶（如热固性、热塑性树脂及橡胶型系列）等。按应用则可分为粘金属、软材、塑料、橡皮、织物、纸制品、日用品及特种材料胶等。

粘接材料的组成包括黏料（其主要组分是有黏附性的物质）、溶剂（使黏料及其他辅料分散的介质，成液态有利于扩散）、添加剂（用以改善胶料的性能，包括固化剂、增塑剂、增黏剂、着色剂、防腐剂等）和载基（胶条和胶布的片基）等。

胶黏作用是基于：

① 黏附力　胶黏剂与被粘物在黏附界面上存在各种作用力，如吸附作用（分子间力）和化学键合作用（原子间力）等。

② 相溶和扩散　组成相近者相溶，如两块冰压在一起久而会形成一体；组成不同者可扩散，如金与铁经强压，可彼此渗透。

③ 镶嵌　将一种能湿润固体表面的液体渗入两个合拢的、凹凸不平的固体表面之间形成一层液膜，再将液体固化成具有一定力学性能的固体，于是两个固体就被固化了的液体通过锚钩或包结作用连接起来，这就是胶黏剂的镶嵌。这种作用对纸张、织物、皮革等非常显著。

9.5.2 常用胶黏剂

9.5.2.1 日用胶黏剂

日用胶黏剂指通常的家庭用胶，主要有以下几种。

（1）浆糊和化学浆糊　一般浆糊由面粉在开水中分散制成，外加少许防腐剂（水杨酸、苯酚）、防干剂（甘油）和香料；化学浆糊指乙烯-乙酸乙烯共聚物（EVA）或低分子量的聚乙烯，多用于无线装订。

（2）香味办公胶水　以聚乙烯醇甲醛为骨料可制成香味办公胶水。本品具有初黏性好、黏合力强、贮存稳定、使用方便等优点。

（3）白胶（又名乳胶、木工胶）　系聚乙酸乙烯酯，可用水稀释，适于黏合木料。

（4）其他胶　主要有以下几种。

① 万能胶　系脲醛或酚醛树脂，用于粘接硬物如胶合板。

② 瞬干胶　如501胶（聚丙烯酸酯）、502胶（α-氰基丙烯酸乙酯），由亚硫酸盐作阻聚剂（在空气中氧化时即聚合），可溶于乙醇和丙酮，通用性好。

③ 环氧树脂胶　取7份环氧树脂、2份丙酮和1份乙二胺，再掺入少量二氧化钛搅匀而得，适于黏合瓷器、玻璃等，也可用于金属和这些非金属材料的粘接。

④ 粘鞋胶　即氯丁胶或聚氨酯胶。

⑤ 补车胎胶　天然橡胶的有机溶剂（汽油或乙酸戊酯）溶液。

⑥ 防油胶　水玻璃粘接陶瓷、玻璃。

9.5.2.2　粘接技术要点

① 表面去污　除净表面的污物、浮尘、氧化膜，务求露出被粘物的高能表面，增大接触面积。

② 表面化学预处理　改变表面化学结构，例如聚四氟乙烯表面呈惰性，不与胶黏剂作用，但用钠-萘-四氢呋喃溶液处理后，其部分氟原子被"拉"掉，形成碳层，从而有粘接活性。

③ 加入适当溶剂　使胶黏剂充分润湿被粘物（接触角小于90°），并使黏度适中，便于操作。

④ 优化凝固条件　固化过程涉及溶剂挥发、乳液凝聚及化学催化聚合（如α-氰基丙烯酸酯在常温下由阴离子加速聚合和固化）。为防止胶黏剂在固化时体积收缩变形，有时需添加无机填料如氧化硅、氢氧化铝等。

第10章
文体与化学

在各种各样的文化、体育、艺术等活动中，人们天天在接触化学品或应用化学知识，如名目繁多的文化用品、五光十色的彩色照片、引人入胜的书画珍品和神秘离奇的文物考古等。

10.1 文教用品

公元105年我国东汉蔡伦用树皮、麻头制成了纸。造纸术是中国古代四大发明之一，通过丝绸之路传到西方。纸是传播文化、记载历史的重要工具，是经济建设各部门的重要材料。

10.1.1 纸

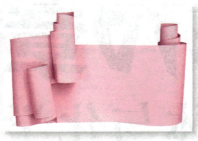

图10-1 纸

造纸工业的原料为植物纤维，一般经过化学制浆（除去木质素）、打浆并加入胶、染料、填料（如松香胶、白陶土、石蜡胶、硫酸铝、滑石粉、硫酸钡）等制成（图10-1）。不同的纸，其原料和制造工艺也不同。细纸（即优质纸）通常用烧碱制浆，木质素和色素除得较干净，经漂白后加入质地好的白色填料。粗纸（如牛皮纸等）用较粗长的木纤维制成，通常用亚硫酸处理，木质素和色素不能去净，故含杂质较多。

纸的实用功能以书写和印刷为主，要求纤维细腻、均匀，填料精致、平整，以防洇水。静电记录纸，以高分子电解质作导电处理剂，将其涂布于基纸的表面，再涂布高电阻记录层而得，也可用吸湿性无机盐作导电处理剂或用食盐浸渍基纸。绘图纸（即玻璃纸）由植物纤维制成木浆，与普通纸不同的是在成浆后用碱浸渍，经二硫化碳磺化处理，类似于人造棉的制作使成薄膜喷出再凝固、水洗、漂白、烘干。因为纤维溶解成胶体溶液，对光线不吸收，加上填料少、不反射，所以呈透明或半透明。照相纸（或称感光纸），涂布溴化银于上等纸面，按胶卷相同的程序感光、显影和定影。防火纸，将普通书写纸经防火处理，即使装文件的铁壳箱处在高温时也不致立即焚毁，适于重要文件的印制。常用的防火剂是溴化物或聚磷酸芳酯，前者遇热分解产生气体，阻止纤维和氧气接触，后者遇火使磷酸盐生成一层玻璃体起隔绝作用，这样就使纸烧不起来。防水纸（俗称蜡光纸、油纸），也是在普通植物纤维纸基上将填料如瓷土、钛白粉、二氧化硅涂布均匀，书写后覆盖石蜡或干性油（如桐油），用于防止重要文件的水浸。合成纸，是将聚丙烯腈、聚酰胺、聚苯乙烯等薄膜加工或将它们渗入木浆，按普通纸成型，再填充合适的物料而制得的。这类纸耐热、耐腐蚀和抗水性能好。用稻秆作原料制得的是草纸，用树皮作原料是宣纸，用木材作原料可得道林纸或新闻纸。

另外还有各种纸制品，主要有餐具（硬纸基做成盘、刀叉、涂布塑料膜）、一次性使用的实验服、袜（专供游泳池和浴室顾客使用，经过特殊加工，袜上端有松紧口，富弹性，不透水，穿着下水对皮肤无刺激性，可防脚癣等皮肤病）、壁纸（布基涂以塑料，可防霉、防潮）等。

10.1.2 墨、墨水和油墨

字之所以能印或写到纸上是由于含有墨或染料的液体可渗进纸张的毛细管。墨汁吸附在纤维的表面，并且起化学反应如碳进入碳链、染料与纤维素的羟基以及醛羰基结合。墨水中的金属配合物如鞣酸亚铁形成羟基配合物等。墨分墨汁、有色墨水和油墨几种。

10.1.2.1 墨

旧时常将炭黑与胶混合制成固体墨，然后加水在砚台上磨成汁，再用于书画。如著名的徽墨，属于文房四宝中的一宝。现时大多制成墨汁或碳素墨水。这是用烟灰或炭黑悬浮在溶有胶性物质的水中制成的。由于碳的化学性质稳定，故字画可长久保存。

10.1.2.2 墨水

凡是用来表现文字或符号的一切液体可统称为墨水（图10-2）。为了满足书写或印刷到其他非纸基质的要求，人们逐渐发明或制造了适合其他用途的各种墨水。一般可根据墨水的用途、组分、色泽、品质和字迹的坚牢程度等加以分类。

图10-2　墨水

（1）常用水写墨水　水写墨水是墨水中最重要的一类，常用的有以下几种。

① 蓝黑墨水（即鞣酸铁墨水）　凡含有单宁酸、没食子酸、硫酸亚铁的墨水均属此类。蓝黑墨水的主要成分是染料、单宁酸、没食子酸及

硫酸亚铁。呈酸性，遇碱全变质。书写后色泽由蓝变黑，字迹悦目、牢固。水浸、日晒不褪色。适宜于灌注高档的钢笔，用于一般文件和文书档案书写，可长期保存。高级蓝黑墨水的色泽更鲜艳稳定，书写流利，且有洁笔作用。这种墨水以色泽鲜艳的酸性墨水蓝染料为着色剂，配以鞣酸铁等制成。

② 纯蓝墨水　纯蓝墨水为染料墨水之一种，色泽纯蓝。以酸性染料为主，用硫酸作稳定剂，并加甘油等辅助原料，用软化水配制而成。对酸性稳定，遇碱性变色。供自来水笔和蘸笔之用，适用于一般书写。字迹鲜艳悦目，尤为青年和学生所喜爱，但不适于书写档案文件。

③ 碳素墨水　碳素墨水亦是染料墨水之一种，其中又有普通碳素墨水和绘图碳素墨水之分，供书写档案之用。字迹坚牢、耐水，永不褪色。绘图碳素墨水供针管笔用。

制备普通碳素墨水时，选符合要求的炭黑，配以一定比例的甘油和乙二醇以及增稠剂（如阿拉伯树胶），搅拌均匀，经过胶体磨研磨，再配以辅助原料。经强烈搅拌后即为成品。绘图碳素墨水制法同一般碳素墨水，但要延长静置期，使杂物下沉，再用两层滤布过滤，方可供 $0.2mm^2$ 以上的针管笔作画图使用。

目前市场上各种笔类日益增多，都有合适的墨水配套。如各种颜色的水彩墨水、针管笔用绘图墨水等，还有供仪表用的记录墨水、供检验纸张施胶专用的标准墨水和供图章打印用的打印墨水等。

10.1.2.3　油墨

油墨，即炭黑或其他色料（如硫化汞）和连接料、填充料、助剂等物质组成的分散物，适合不同书写和印刷要求。油墨是具有一定流动度的浆状胶黏体，可分为液体油墨（溶剂）和浆状油墨（胶、铅印）两类。根据油墨的用途可分为印刷油墨、塑料油墨、玻璃油墨、印铁油墨、导线油墨和贴花油墨等。目前几乎所有的物质，如纸张、塑料、玻璃、木材、布匹、尼龙、皮革和金属等均可用油墨印刷。

常用油墨的配制如下。

① 黑色水基油墨　本品是一种多用途油墨，可用于誊印、铅印、胶印等。还可以经加水混合研磨和过滤后制成书写用墨汁或墨水。

制法是先将黑色油墨、调墨油、薄荷油和炭黑加入一容器中，搅拌均匀；再将漂白粉置于另一容器中，加水2份搅拌混合使漂白粉全溶，滤去不溶物，再加入香精、甘油、华蓝、青莲色源、抹灰、皂化油及3.42份水，充分搅匀；最后将上述两容器中间产物混合，搅拌1小时，加入荧光剂，继续搅拌6小时，即得成品。

② 红色水基油墨　本品用途与黑色水基油墨相同。制法是先将红色油墨、调墨油、汽机油、薄荷油加入到一容器中，搅拌混匀；再将漂白粉加入另一容器中并加水1份进行搅拌。使其全部溶解，滤去不溶物，在溶液中加入香精、甘油、金光红、洋红6B、抹灰、洗发膏及4份水充分混合均匀，最后将上述两个容器的中间产物混合、搅拌、再加入荧光剂搅拌4小时，即得成品。

10.1.3 笔

北宋著名的书画家苏东坡的一句"信手拈来世已惊，三江滚滚笔头倾"，展现出笔锋纵横、笔触万机的画面。我国古代，在文房四宝中"笔"居首位，突出了笔的重要性。在现今社会中，各种各样、多姿多彩的笔不断地帮助人们学习知识、表达思想、促进交流、美化环境。从古代的毛笔到现代的钢笔、铅笔、圆珠笔，以及广为普及的中性笔，无不体现着科技进步。

10.1.3.1 毛笔

我国远在3000多年前的商代就使用毛笔写字绘画（图10-3）。毛笔因制作笔头的原料不同分为羊毫和狼毫两种。羊毫笔真正用山羊毛制作的不多，大多用兔毛制成。狼毫则是用鼬鼠（俗称黄鼠狼）尾巴上的毛制作而成的。羊毫质软、弹性柔弱，适用于写浑厚丰满或潇洒磅礴的字。而狼毫质硬、弹性较强，适应写挺拔刚劲或秀丽齐整的中小楷字。新买的毛笔笔尖上有胶，应用清水把笔毛浸开，将胶质洗净再蘸墨写字。写完字后洗净余墨，把笔毫理得圆拢挺直，套好笔帽放进笔筒。暂不用的毛笔应置于阴凉通风处，最好在靠近笔毛处放置樟脑丸以防虫蛀。

图10-3　毛笔

10.1.3.2 铅笔

常见的铅笔有两种，一是用木材固定铅

笔芯的铅笔；一是把铅笔芯装入细长塑料管并可移动的活动铅笔。不管是怎样的铅笔其核心部分都是铅笔芯。铅笔芯是由石墨掺合一定比例的黏土制成的。当掺入黏土较多时铅笔芯硬度增大，笔上标有Hard的首写字母H。反之则石墨的比例增大，硬度减小，黑色增强，笔上标有Black的首写字母B。儿童学习、写字适用软硬适中的HB铅笔，绘图常用6H铅笔，而2B、6B铅笔常用于画画、涂答题卡。

10.1.3.3 钢笔

图10-4 钢笔

钢笔的笔头是用各含5%～10%的Cr、Ni合金组成的不锈钢制成（图10-4）。在钢笔中，一种是由笔头蘸墨水写字的叫蘸水钢笔；另一种是笔杆中具有贮存墨水装置，写字时流到笔尖的自来水钢笔。钢笔的笔头是合金钢，钢笔头尖端是用机器轧出的便于使用的圆珠体。该种笔的抗腐蚀性能好，但耐磨性能欠佳。钢笔中最上等的是金笔。金笔的笔头用黄金的合金制成。金笔经久耐磨，书写流利、耐腐蚀性强、书写时弹性特别好，是一种很理想的硬笔。我国生产的金笔有两种，一种为14K，含Au 58.33%、Ag 20.835%、Cu 20.835%；另一种为12K，含Au 50%、Ag 25%、Cu 25%，俗称五成金。其次是铱金笔。铱金笔的笔头用铱的合金制成。该笔既有较好的耐腐蚀性和弹性，还有经济耐用的特点，是我国自来水笔中产量最多、销售最广的笔。

10.1.3.4 圆珠笔

圆珠笔是用油墨配成不同的颜料书写的一种笔。笔尖是个小钢珠，把小钢珠嵌入一个小圆柱体形铜制的碗内，后连接装有油墨的塑料管，油墨随钢珠转动由四周流下。该笔比一般钢笔坚固耐用，但如果使用保管不当，往往写不出字来，这主要是因干固的墨油黏结在钢珠周围阻碍油墨流出的缘故。油墨是一种黏性油质，是用胡麻子油、合成松子油（主要含萜烯醇类物质）、矿物油（分馏石油等矿物而得到的油质）、硬胶加入油烟等调制成的。在使用圆珠笔时，不要在有油、有蜡的纸上写字，不然油、蜡嵌入钢珠沿边的铜碗内影响出油而写不出字来。还要避免笔的撞击、暴晒，不用时随手套好笔帽，以防止碰坏笔头、笔杆变形及笔芯漏油而污染物体。如遇天冷或久置未用，笔不出油时，可将笔头放入温水中浸泡片刻后再在纸上划动笔尖，即可写出字来。

10.1.3.5 中性笔

中性笔（图10-5）是目前国际上流行的一种新颖书写工具，1988年起源于日本。中性笔内装的墨水既不同于钢笔水又不同于圆珠笔芯内的油性液体，而是一种有机溶剂。这种有机溶剂的黏稠度比油性笔墨低、比水性笔墨稠，书写时，墨水经过笔尖，便会由半固态转成液态。中性笔墨水最大的优点是每一滴墨水均是使用在笔尖上，不会挥发、漏水，因而出水流畅，书写滑顺，手感舒适。中性笔兼具自来水笔和圆珠笔的优点，书写手感舒适，因此深受人们喜爱，近年来发展迅速，大有取代圆珠笔之势。国内有名的中性笔厂家有上海的晨光、真彩、青岛的白雪和义乌的晨阳制笔等。

图10-5　中性笔

10.1.3.6 粉笔

粉笔由硫酸钙的水合物（俗称生石膏）制成（图10-6）。也可加入各种颜料做成彩色粉笔。在制作过程中把生石膏加热到一定温度使其部分脱水变成熟石膏，然后将热石膏加水搅拌成糊状，灌入模型凝固而成。其主要反应为：

$$2CaSO_4 \cdot 2H_2O = 2CaSO_4 \cdot 1/2H_2O + 3H_2O$$

控制好温度，利用生、熟石膏的互变性质还可制造模型、塑像以及医用石膏绷带等。

图10-6　粉笔

另外，还有用滑石制成的石笔；用高碳脂肪酸、高碳一元脂肪醇和各种颜料配制成的彩色蜡笔；刻蜡纸用的铁笔；电工用的试电笔；绘画用的炭笔、水彩笔、绘画笔、油画笔、排笔；采用不同造型而制成的太空笔、竹节笔、花瓶式笔等；笔壳用不同材料制成的国漆笔，镀金、银笔，景泰蓝笔；以及美容化妆用的眉笔、眼线笔、唇笔等。

10.2 体育用品

在扣人心弦、令人赏心悦目的体育世界中，也处处充满着化学用品与化学知识。

10.2.1 奥运火炬

图10-7 北京奥运祥云火炬

奥林匹克火炬仪式起源于希腊神话中普罗米修斯为人类盗取火种的故事。自1936年第11届奥运会以来，历届开幕式都要举行隆重的"火炬接力"。火炬的常用燃料是丁烷和煤油。

2008年北京奥运会的祥云火炬使用丙烷为燃料（图10-7）。燃烧反应只放出二氧化碳和水，不会对环境造成污染。在燃烧稳定性与外界环境适应性方面达到了新的技术高度，能在每小时65公里的强风和每小时50毫米的大雨情况下保持燃烧。在工艺上采用轻薄高品质铝合金和中空塑件设计，十分轻盈。下半部喷涂高触感塑胶漆，手感舒适，不易滑落。

$$2C_3H_8+10O_2 \xrightarrow{\text{点燃}} 6CO_2+8H_2O$$

10.2.2 运动鞋底和塑胶跑道

图10-8 塑胶跑道

为了满足不同的运动员对运动鞋材料的不同要求，设计师采用最新的化学材料设计出各种性能的运动鞋，颇受青睐。篮球、排球运动员需要有一定弹跳性的鞋，就选用弹性好的顺丁橡胶作鞋底；足球运动员要求鞋能适应快攻快停、坚实耐用，便用强度高的聚氨酯橡胶作底材，并安装上聚氨酯防滑钉；田径运动员要求穿柔软并富有弹性的鞋，就设计高弹性的异戊橡胶作鞋底，以此满足不同运动员的要求。

红棕色的塑胶跑道为田径健儿创造佳绩提供了良好基础（图10-8）。塑胶跑道的构造，好像一块正贴胶粒的海绵乒乓球拍。跑道面上的橡胶颗粒好比是胶粒，塑胶面层就相当于海绵层，而跑道的地基就像球拍的木底板。

橡胶鞋底和塑胶跑道的流行，为体育运动员不断刷新世界纪录，立下汗马功劳。

10.2.3 体育兴奋剂

通常所说的体育兴奋剂不再是单指那些起兴奋作用的药物，而实际上是对禁用药物的统称（图10-9）。

国际奥委会最新公布的兴奋剂包括以下6种。

① 刺激剂　常用的有安菲他明、咖啡因、可卡因、麻黄素等，共40多种。此类药物能通过对神经系统的作用，增强人的精神与体力。

② 麻醉止痛剂　包括吗啡、乙基吗啡、杜冷丁和可卡因等。使用后能使人产生超越体能的幻觉、快感、心理亢奋、降低痛感，使运动员感觉不到受伤的真实情况。

图10-9　体育兴奋剂

③ 阻滞剂　以抑制性为主，1988年起禁用。如心得安、心得宁、心得平、心得舒和心得静，临床上常用于治疗高血压和心律失常。

④ 合成类固醇　最常用的有大力补、康力龙、苯丙酸诺龙、癸酸诺龙等。此类药物通过口服或注射，可增强运动员的肌肉，但又会干扰运动员体内自然激素的平衡。

⑤ 利尿剂　如速尿等药物有稀释尿液的功能。主要用于掩盖或"清洗"体内其他违禁药品的存在，以逃避兴奋剂检查。

⑥ 血液回输技术（又称血液兴奋剂或自血回输）　即从运动员本人体内抽出一定数量的血液，经处理后储备待用，赛前1～7天再将血细胞随生理盐水输回原抽血者体内，目的是增加循环系统中的红细胞数，

借此提高血液的携氧能力。

10.2.4 发令烟雾

在一般的小型田径比赛中，裁判员是根据发令员的发令枪打响后烟雾腾起的瞬间开始计时的。发令枪火药中的药粉含有氧化剂氯酸钾（$KClO_3$）和发烟剂红磷（P）等物质。摩擦产生的高温使氯酸钾迅速分解，产生的氧气马上与红磷发生剧烈的燃烧。燃烧产物是五氧化二磷粉末，在空气中形成白烟。所以计时员就在看到白色烟雾时开始计时。

$$2KClO_3 \xrightarrow{\text{高温}} 2KCl + 3O_2 \uparrow$$
$$4P + 5O_2 \xrightarrow{\text{点燃}} 2P_2O_5$$

10.2.5 神奇撑竿

撑竿跳高作为一项借用器材的运动，撑竿的弹性和长度发挥着关键作用。当今世界的体育竞争很大程度上是科学技术的竞争，而先进材料则是提高体育科学技术水平的重要条件之一。这在撑竿跳高运动的发展过程中得到凸现。

最早的撑竿是"木竿"。因木竿硬而脆，缺乏弹性，当时最好的男子撑竿跳成绩仅2.29米。1932年，日本撑竿跳高名将西田休平利用"竹竿"为撑竿奇迹般地越过4.30米高度。1942年，美国人瓦塔姆利用"合金竿"创造了4.77米的新纪录，一举打破了日本人的"竹竿"优势。20世纪50年代末期出现了用玻璃纤维与有机树脂复合的"玻璃钢"撑竿，以其特有的重量轻、弹性好、强度大等优点，使撑竿跳高记录不断刷新。1960年，美国运动员用玻璃钢竿一举飞过4.98米高度，打破了"人的体能不能超过4.87米的极限"的神话。美国人凭借复合材料的技术优势，垄断了20世纪60年代和70年代20年撑竿跳高项目的最好成绩。80年代，由于多种高性能纤维应用于复合材料撑竿上，撑竿跳的优势开始转向欧洲。1985年前苏联选手布勃卡用新型"碳纤维撑竿"首破6米大关。紧接着人们又征服了一个又一个惊人的高度。

10.2.6 泳衣材料

改进游泳衣的关键有两点：一是水不能从泳衣表面进入，又能使进入泳衣的水流出；二是所用材料要质轻料薄、表面光滑。实验证明：裸泳的阻力要比穿泳衣游大9%。因为好的泳衣能使身体变成流线型，减少因水的阻力带来的身体变形。1976年日本使用美国杜邦公司生产的双向都伸缩的聚氨酯纤维做的一种不用胶层的泳衣，它能防止泳衣被拉长时从缝中流入更多的水。1988年又有新型游泳衣推出，质地薄、表面光滑、伸长性能好，可减少10%的阻力。目前正在研制仿生材料制成的、具有鱼类皮肤特点的超能泳衣。如世界著名泳衣制造商Speedo公司于2007年2月15日推出了当今世界上最高速、最强劲的轻巧型泳衣——鲨鱼皮PRO。有人设想，在泳衣表面涂上相对分子质量为400万的高分子涂料，可减少水的摩擦阻力10%。由此推算，100米自由泳可望缩短2秒时间。

10.3 艺术用品

10.3.1 照相与化学

图 10-10　照相机

照相（摄影）在现代人们日常生活中占有重要地位。除了通常大家熟悉的娱乐摄影以外，电影、X光胶片以及军事侦察、探险考察等多个领域，都要用到照相。照相机如图 10-10 所示。本节简介照相中的有关化学原理和化学物质。

10.3.1.1　银盐的照相化学

（1）潜影　照相底片是在一个片基材料（玻璃或柔软的聚酯）上涂上一层含有分散的卤化银（如 AgBr）的乳剂。当适当波长的光照到乳剂的颗粒上时，AgBr 就发生分解：

$$AgBr \xrightarrow{\text{吸收光}} Ag^+ + Br + e^- \longrightarrow Ag + Br$$

银离子（Ag^+）能与电子结合产生银原子（$Ag^+ + e^- \rightarrow Ag$），在形成自由银原子的卤化银粒子上还会同时生成 Ag_2^+、Ag_2^{2+}、Ag_3^+、Ag_4^{4+} 和 Ag_4^0 等物种。存在于曝光后溴化银颗粒中的这种游离银提供了潜影（即保存在卤化银颗粒中"看不见而又能被显现出来的影像"）。聚集体至少需要有 4 个银原子，即 Ag_4^0，曝过光的 AgBr 颗粒才能被显影。当显影时，Ag_4^0 可以很快地使卤化银粒子还原成大量的银粒而形成黑像。卤化银感光体系能将光对卤化银还原所产生的化学效应扩大 $10^7 \sim 10^{10}$ 倍。这就是卤化银虽然不是对光最敏感的物质却被选为感光材料的原因。在限定的温度、时间等条件下，选择适当的显影剂（还原剂）可以使已曝光的卤化银及时还原成银粒，而未曝光的却不能被还原或极少还原，如此得到负像。

胶片的感光度同颗粒大小及卤化物组成有关。随着乳剂中颗粒增大，胶片的有效感光度也提高。原因在于不管颗粒大小，引发整个颗粒被显影剂还原所需要的银原子数是一样的。感光度数值越大，胶片对光就越敏感。

（2）显影　当曝过光的胶片放入显影液中时，含有银原子核心的颗粒要比不含它们的颗粒还原得更快。在给定的颗粒中，核心越多，反应就越快。温度、显影液浓度、pH值和每个颗粒中核心的总数等因素决定显影的程度和在胶片乳剂中沉积的游离银的密度（黑度）。底片变黑是由于游离银原子（Ag^0）造成的。

显影过程是一个选择性还原的过程，并非任何还原剂都可以充当显影剂。常用的显影剂有 N-甲基对氨基酚（吐米尔）、对苯二酚、对氨基苯酚、对苯二胺、2,4-二氨基苯酚（阿粉）和1-苯基-3-吡唑烷酮（菲尼酮）等。其分子结构特征是必须拥有2个羟基，或2个氨基，或1个羟基和1个氨基。在苯的衍生物中，这些基团又必须处于邻位或对位，而不能是间位等。

显影剂在将银离子还原为金属银时，自身就被氧化为醌。如用对苯二酚作显影液时，反应式如下。每生成2个银原子就有2个氢离子产生：

$$对苯二酚 + 2Ag^+ \rightleftharpoons 醌 + 2Ag^0 + 2H^+$$

由于上述反应是可逆的，不论是氢离子或醌增多都将阻碍显影过程。亚硫酸钠能与醌反应并破坏它回复成对苯二酚的能力。同时氢离子被氢氧根离子（OH^-）有效地中和成水。

$$H^+ + OH^- = H_2O$$

如果显影时间过长或温度高于规定值，则将发生浓厚的"灰雾化"而使底片报废。由于显影反应速度随温度增高而加快，所以，摄影师通常要很仔细地控制显影液的温度。

把胶片放入停显浴中即可使显影过程终止。停显浴通常含有能够降低pH值的弱酸（如醋酸）。停显浴的作用是增加氢离子的数量，这将有效地使对苯二酚转变为醌的反应终止。

（3）定影 如果显影只是在光强最大的地方产生游离银，而对底片不做进一步处理，则把它一拿出暗室，未显影的卤化银就会立刻曝光。此后，几乎任何还原剂都将使底片完全形成灰雾。为了克服这个问题，必须找到一种适当的物质以除去未还原的卤化银。最常用的定影液是硫代硫酸钠溶液，其中的硫代硫酸根离子（$S_2O_3^{2-}$）与银离子形成可溶于水的稳定配合物，因而达到"固定"底片的目的。

$$AgBr(s) + 2S_2O_3^{2-}(aq) = Ag(S_2O_3)_2^{3-}(aq) + Br^-(aq)$$
（难溶盐）（水溶性配合物）

往定影液中加入一些酸是为了中和显影液的碱性,起着停止显影的作用。不过显影液中的酸不可加得过多。如果pH值低于4,会发生如下反应,导致定影剂的分解:

$$S_2O_3^{2-}+H^+ \Longrightarrow HSO_3^-+S\downarrow$$

定影液中的Na_2SO_3会与H^+结合成HSO_3^-。由于HSO_3^-浓度的增大,使定影剂的分解向逆过程移动,抑制Na_2SO_3的分解。因此,在配制定影液时,在加入酸之前必须先溶入一部分Na_2SO_3来保护定影剂。

为了防止感光材料的乳剂层在冲洗过程中过分吸水膨胀,产生脱落现象或易被损伤,在定影液中常加入一些坚膜剂,如明矾等。

一种常用的酸性定影液的配方为:定影剂硫代硫酸钠250克、保护剂无水亚硫酸钠25克、醋酸(28%)48毫升、坚膜剂明矾15克,加水至1000毫升。

10.3.1.2　彩照原理

1935年,美国柯达公司推出世界上第一款多层减色法反转彩色片,标志着摄影的"彩色时代"真正来临。首先表现在时装、广告、婚纱等商业领域,逐步扩展到风光、人像、报道以及艺术创作等领域。

最初的彩色摄影方法是用红、绿、蓝三种不同的滤色片将彩色图像从同一个视角拍成三张底片。再经显影、定影后生成三个负像(负片),然后再经翻转印制成透明的红、绿、蓝三个正像(正片)。分别用红、绿、蓝三色光将三个正像投影到同一白幕上时,便可得到原来的彩色图像。

现代彩色胶片是一种多层结构(图10-11),用一张底片代替原来的三张底片。胶片第一层的乳剂主要是溴化银,它是一种色盲感光材料,即它只对蓝光敏感(故称感蓝层),而对红光和绿光无反应。在感绿层和感红层中加有相应的增感剂,使其分别只对绿色和红色敏感。由于这两层仍然只对蓝光敏感,因此在感蓝层下面要加一个黄滤层来吸收掉蓝光。经曝光和彩色显影后,感蓝层将形成因蓝色光影像而生成的黄色染料图像,感绿层将生成因绿色光影像造成的品红染料图像,感红层将生成因红色光影像造成的青色染料图像。这三层

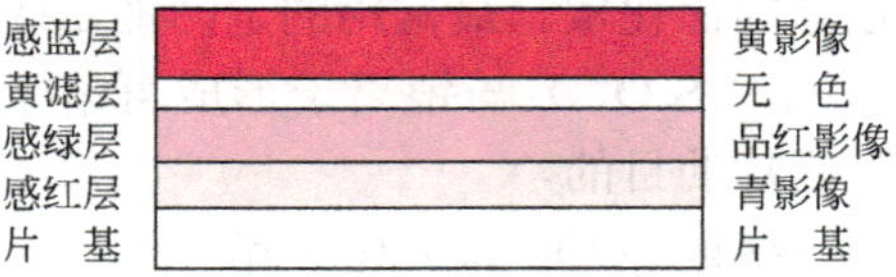

图10-11　彩色胶片的结构

像叠加起来就构成了彩色负片。通过负片再对彩色照相纸进行曝光，经显影后即可得到一张彩色照片。彩色照片的成像原理如图10-12所示。

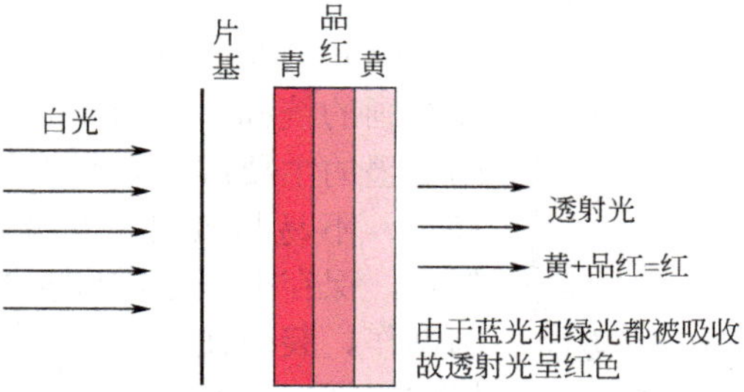

图10-12 彩色照片成像原理

在上述的感光乳剂制备中，需加入一种成色剂，利用显影剂还原卤化银时所生成的氧化物与之作用，就可生成所需的染料。这种显影剂是经过特殊选择和巧妙安排的，其染色正好被安排在所需要的显影部分。以青染料为例。

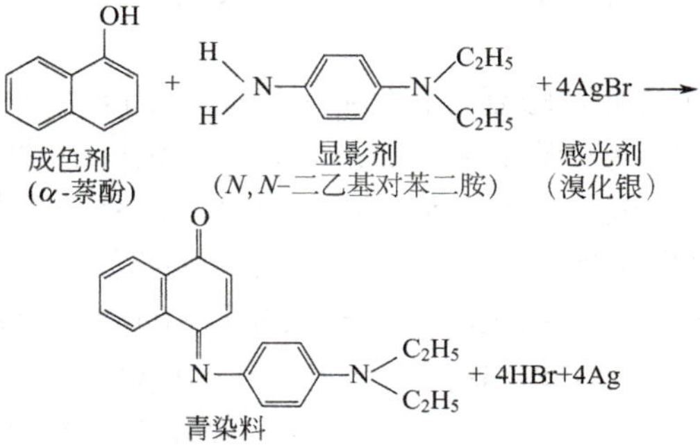

在彩色感光材料中，还有一种称之为反转片的胶片（如幻灯胶片）。这是将感光过的彩色底片先用一般的黑白显影液显影，使各个感光层的溴化银都形成潜影。由于不是用彩色显影剂，所以不会形成染料图像。此后，用水洗或停显方法使显影中止，再将胶片置于白光下均匀曝光。这样，原来未曝光的溴化银就全部被曝光，然后放入彩色显影剂中显影，再经定影、漂白、再定影后，即可出现与原色相同的物体成像了。

10.3.2 书画、古玩

10.3.2.1 书画、邮票等

图10-13 书画

（1）书画 书画（图10-13）就是书法和绘画的统称。书画作品可以长久保存，原因是墨的主要成分为炭黑，其化学性质相当稳定，不易与氧气、水分等发生化学反应。但是，保存书画也需讲究方法。因为传统书画创作、装裱使用的材料皆为有机物质，如树皮造纸、蚕丝织绢。若不善保管，就会发生受潮、虫蛀、褪色、变脆等损坏。

字画最适宜的保存温度为14～18℃，最合适的相对湿度为50%～60%，这样的条件下不利于微生物、霉菌的生长和繁殖。控制湿度，主要用干燥剂变色硅胶或无水氯化钙。控制温度则可用空调调节。要避免温、湿度过高而引起作品质地变脆或发霉、生虫、颜色与墨迹脱落等问题，尤其是盛夏雨季和冬季供暖期间，需及时发现问题以免造成隐患。

利用化学方法可以修复古代油画。假如一幅名贵的油画年代久了，画面上的白云会慢慢灰暗下来，那是因为白色颜料中的铅白与空气中的含硫化合物反应生成了黑色的硫化铅。此时，只要用沾有双氧水的棉球轻轻擦拭，油画即可焕然一新。发生的化学反应为：

$$Pb_3(OH)_2(CO_3)_2 + 3H_2S = 3PbS\downarrow + 4H_2O + 2CO_2\uparrow$$
$$PbS + 4H_2O_2 = PbSO_4 + 4H_2O$$

（2）邮票、火花（火柴盒面图案）、糖纸、商标等 其基质均为纸，收藏中的问题是揭取、去污、修补及保存。为防止撕坏，最好是"水揭"，将目的物浸泡于凉水中，利用遇水收缩的差异将保存品与黏附物分开，取出晾干。这类收藏品的污渍主要有油渍及印泥油，可用棉签蘸汽油擦拭除去；蜡渍则可将其夹于两张吸水纸中间，电熨斗烫片刻即可除去；揭薄或破裂，可用硝酸纤维溶液涂于背面，待溶剂挥发后成膜即可复原；保存时为防止粘连，应充分干燥。为防止返潮，宜在盒内放置爽身粉或硅胶适当吸收水分。为防霉或虫蛀，宜定期通风（但切忌日晒）并夹入防腐纸片（用吸水纸饱吸每毫升酒精含1克百里香酚的溶液阴干而得)。

10.3.2.2 钱币、古玩

古钱币、兵器(刀、箭)的主成分为铜合金及银。收藏中的共同问题是生锈、倒光,原因是生成氧化物(氧化铜)、硫化物(硫化银)、水合物(铜绿,碱式碳酸铜;铁锈,氧化铁、碱式碳酸铁)等。应将它们保存于干燥处。在绝对无水的空气中,即使是活泼的铁放几年也不会生锈。在放置这些珍品的盒中应放些脱水硅胶。如已发黑,可用蘸少许醋酸或氨水的棉球在表面揩擦以除去氧化层,也可用1%的热皂液搓洗后用硫代硫酸钠溶液将其湿润再拭净,即可使之锃亮如新。还可用氢氧化钠与铝或锌与稀硫酸生成的氢气使氧化物还原,待干净后涂油或塑料膜。

10.3.2.3 雕塑

雕塑的主成分为碳酸钙(大理石)或硫酸钙(石膏),硫酸钙在吸水后变成含结晶水的生石膏而硬化成型。大理石品种很多,如"汉白玉"(纯碳酸钙)、"东北红"(含钴)、"紫豆瓣"(含铜或锰)、"海涛"、"艾叶青"(含铁)等。

一般雕塑品以洁白素净为美,切忌用湿抹布揩擦,不宜沾上汁渍油污。如有油垢可用肥皂水加少量氨水浸泡去除;如斑块渗透很深,可挖去外部后用水调合石膏粉填补,干后砂平;如色调仍不一,可将全像加涂一层稀石膏水,办法是取30克生石膏,溶于1000毫升清水中充分搅拌,然后将雕塑品浸入,数分钟后取出,用清水冲洗2遍,风干即可;如不慎断损,可按下法修理:少量熟石膏粉调入适量鸡蛋清,搅拌成浆状,均匀涂在断面上,黏合、扎紧、固定后待完全干燥即得。

10.3.2.4 纪念章、印章、标牌

这是一类金属和瓷质兼备物。金属制品中铜质者易生铜绿,铝质者易生黑斑(由于铝中含某些金属杂质,日久遇空气中硫化氢等作用而成);竹、木质者易受虫蛀生成粉末,最终破坏原件。保存时要注意干燥,用纸或布包妥后,盒中宜放防腐剂(如萘丸等)。

收藏品种极多,著名者有砚台、雨花石、纽扣等。砚为文房之宝,为高级艺术品。如宋代有米芾砚、岳飞砚,均镌有铭文。岳飞砚背镌"持坚、守白"字样,体现主人的英雄品格。

10.3.3 彩色显示

现代生活中的彩色显示主要有彩色显示屏（图10-14）、液晶显示屏和霓虹灯。

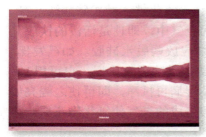

图10-14　彩色显示屏

10.3.3.1　彩色显示屏

分别用氧化钇铕或硫氧钇铕为红色发光物质，用硫化锌镉铜铝为绿色发光物质，用硫化锌银为蓝色发光物质。

10.3.3.2　液晶显示屏

电子显示是电子工业在20世纪末，继微电子和计算机之后的又一次大的发展机会。在目前的平板显示技术中，应用最广泛并已形成生产体系的是液晶显示（LCD）。液晶是由化学家设计、合成的一类具有特定几何结构的有机小分子或高分子化合物。大多数液晶是刚性棒状结构，其基本结构可表示为：

$$R-\bigcirc-X-\bigcirc-R$$

它的中心是刚性的核，核中间有—X"桥"。例如—CH=N—、—N=N—或—N=N(O)—等。两侧由苯环、脂环或杂环组成，形成共轭体系。分子尾端的R基可以是酯基（—$CO_2C_2H_5$）、硝基（—NO_2）、氨基（—NH_2）或卤素（如Cl、Br）等。其分子长度为200～400纳米，宽度为40～50纳米。

物质除了固、液、气三态外，还有第四态——等离子态和第五态——液晶态。所谓"等离子电视"和"液晶电视"其实就是源于这两类新材料。液晶态就是液状晶体态，它仅仅存在于某些特殊的有机化合物中间。从外形看，这种物质像半透明的乳状液体，能自由流动，可是它的分子内部结构却又不同于一般液体，具有像水晶那样的特性。从不同的方向看去，透光程度不一样。人们将具有这种特征的物质叫做液晶。即，液晶同时具备了液体和晶体两种状态的特征。在正常情况下，液晶的分子排列很有秩序，是清晰透明的。但是加上直流电场后，分子的排列就被打乱，其中的一部分液晶变得不透明、颜色加深，因而就能够显示数字或图像。

10.3.3.3 霓虹灯闪烁

在繁华的现代都市，每当夜幕降临，街头的商店橱窗、宾馆酒店招牌，随处都可看到许多五光十色、美丽动人的霓虹灯（图10-15），竞放异彩。霓虹灯实际上是一种气体放电光源。在细长的玻璃管内充入稀有气体，再在管子的两端装上电极，放电时就产生有色光，这就构成了霓虹灯。灯光的颜色与灯管内填充的气体种类和气压有关，也与玻璃管有关。氖气产生红光，氩气射出浅蓝色光，氦气能放出淡紫色光（见表10-1）。如果在灯管内壁再涂上不同的荧光物质，则可得到更多所需要的颜色。

图10-15　霓虹灯

表10-1　稀有气体与灯光颜色之间的关系

气体种类	玻璃管颜色	灯光颜色
氖	无	大红
氖	淡红	深红
氖	淡红	金黄
氩80%，氖20%（体积分数）	淡蓝	蓝
氩80%，氖20%（体积分数）	淡黄	绿
氩50%，氖50%（体积分数）	无	紫

10.4 文物考古

10.4.1 文物考证

图10-16 文物

在人类社会发展的历史长河中，历代先民建造和使用过的具有历史、艺术或科学价值的各种遗存实物形成了我们今天的文物（图10-16）。在文物考证、文物的腐蚀和保护等方面，都涉及和应用着很多化学知识。

1950年，美国芝加哥大学的W.F.Libby教授创立了 ^{14}C 断代法，并因此而荣获诺贝尔化学奖。该法的基本原理建立在活的有机体中 $^{14}C/^{12}C$ 之比保持恒定，而死的有机体中 ^{14}C 的含量由于衰变而逐渐减少这一基础上。我国文物考古工作者应用 ^{14}C 断代法，取得了许多重大成就，其中有些成果甚至改变了旧的观点。如河套人、峙峪人、资阳人和山顶洞人等，原来认为其活动年代为5万年或5万年以上，但应用 ^{14}C 断代法证明其均在4万年以内，甚至山顶洞人可晚到1万多年。这一研究结果表明旧石器晚期文化变迁和进展速度比考古工作者原先想象的要快。再如，在汉代冶铁遗址中曾发现有煤的使用，这一发现使一些考古工作者认为在汉代时就已把煤用于冶铁。后来从铁器中 ^{14}C 的鉴定结果推断，我国在宋代才开始把煤炭用于冶铁。尽管汉代冶铁遗址中发现有煤，但并未用于炼铁。

据文献报道，我国出土古代玻璃（琉璃）的地区已遍及20多个省市。那么这些出土的玻璃究竟是国内烧制的还是由外国传入的呢？这可以通过测定玻璃中铅的含量而确定。化学在判定这些文物的产地上显示了其不可替代的价值。原来，我国唐宋以前的玻璃主要是铅钡玻璃，其成分属 $Na_2O-PbO-BaO-SiO_2$ 系统玻璃，而西方和印度的古代玻璃属于钠钙玻璃类。

20世纪40～50年代，在欧洲古董市场，曾有售价很高的"战国陶俑"出现，人们难辨其真假。后经英国牛津实验室采用热释光技术进行鉴定，证明是近代制作的赝品。热释光方法之所以能推断古陶的年代，这是因为黏土中含有石英、长石、云母等固体结晶颗粒，受黏土中少量长寿命天然放射性物质如 ^{238}U、^{232}Th、^{40}K 等及宇宙射线的作用，一部分电子跃迁到高能级上。当用黏土烧制陶器的时候，这些高能级上的电子以热释光的形式将能量释放又回到低能级。而古陶从烧成时起，重新受其中放射性物质和宇宙射线的作用，低能级电子再一次向高能级跃迁。这样，陶器的烧成时间越长，年代愈久，则积累的能量也就越多。也就是说，古陶的热释光强度与本身受到辐射的时间（即烧成时间）成正比。因此，测量古陶样品的热释光强度，就可以计算出古陶烧成的年代。

1965年在湖北楚墓中出土的越王勾践剑，专家们应用X射线荧光分析法（由于不同元素具有不同的特征X射线荧光，且其强度反映了元素含量）推测该剑剑身由铜锡合金所铸，并经过了硫化处理。

10.4.2　文物的腐蚀与保护

文物腐蚀及损害过程不仅仅是一个化学过程。除去人为因素的破坏，也可能有细菌侵蚀、虫蛀等生物作用，或如变形、开裂等机械因素等。但文物与化学物质作用，是文物发生腐蚀和损害的一个重要因素。

关于文物腐蚀的化学，一个最熟悉的例子就是铁器的腐蚀。这个过程涉及一个众所周知的电池反应：

$$O_2 + 2H_2O + 2Fe = 4OH^- + 2Fe^{2+}$$

还有一个例子就是在某些墓壁画中常可见到其上有一种白膜覆盖。这种现象的发生是由于渗入壁画中溶有二氧化碳的水可缓慢溶解碳酸钙形成碳酸氢钙，经蒸发干燥后又沉淀出碳酸钙凝结在壁画表面之故。

对于纸质文物，酸性环境是有害的。因为纸张在中性或偏碱性时，其耐久性、耐折性等力学性能及抗霉性和化学稳定性都比较好。空气中的氮氧化合物、二氧化硫等都是酸性气体，它们都易使纸质文物的酸性增大，而对纸质文物造成损害。

化学学科在文物保护方面是大有作为的。如苯三氮唑（BTA）是铜及铜合金优良的缓蚀剂，因此可用于青铜器的保护。一般出土的漆木文物都饱含水分，易发生干缩、变形、弯曲、脱皮、干裂，因而可用明矾

[$KAl(SO_4)_2·12H_2O$]法脱水定形。这种方法主要是利用了明矾在不同温度下水溶性差别大的特点。先将饱含水分的漆木文物在浓的明矾溶液中煮沸数小时，这一过程使明矾充分渗入文物内部，然后趁热拿出，冷却时明矾溶解度减小，凝结在木质内部而将其中的多余水分排出。这样既排除了漆木文物中的多余水分，还对文物有加固作用。壁画颜料中的铅白[$Pb_2(OH)_2CO_3$]由于受空气中硫化氢气体的作用而变成黑色的硫化铅，会严重影响画面的色泽。若用过氧化氢处理，就可使黑色的硫化铅氧化成白色的硫酸铅。

第11章
娱乐与化学

在人们的娱乐生活中,有千姿百态、五彩缤纷的化学品,如喜庆节日的烟花爆竹、神奇迷离的舞台烟雾、五花八门的摄影材料、变化莫测的化学魔术和引人入胜的化学工艺品等。

11.1 喜庆用品

11.1.1 鞭炮和爆竹

图 11-1 烟花爆竹

我国人民有一个传统习惯，在喜庆吉日、乔迁开业之时，都要放鞭炮或爆竹（图 11-1），以示庆贺，增添喜庆气氛。

用硬纸做成筒壳，装入火药，并引出导火索（30% 硝酸钾溶液浸过的纸卷），则成为爆竹。将若干小爆竹用导火索连接，则为鞭炮。这实际上是现代炸弹的前身。爆竹内的火药是以 "1 硫 2 硝 3 碳" 的黑色火药为基础发展而来的，一般配方是：硝酸钾（KNO_3）3 克、硫黄（S）2 克、炭粉（C）4.5 克、蔗糖（$C_{12}H_{22}O_{11}$）5 克、镁粉（Mg）1~2 克。其中蔗糖作为气体发生剂以增加响度，镁为发光剂。点燃后的爆炸反应主要是：

$$S+2KNO_3+3C = K_2S+N_2+3CO_2+707 \text{千焦}$$

爆炸反应的特点如下：

① 反应速度极快　如 1 千克硝铵（NH_4NO_3）炸药反应时间为十万分之三秒，功率达 30 万马力（1 马力＝745.700W），比一般气体混合物爆炸快万倍。

② 产生大量热并导致高温　如 1 千克硝铵爆炸时可放出 3850~4932 千焦热量，温度可达 2400~3400℃。

③ 体积急剧膨胀　并有冲击波。如 1 千克硝铵产生 869~963 升气体，远超过一般气体混合物的作用。

④ 低敏感度　即任何炸药只要外界供给一定的起爆能就会引爆，有时极微小的震动就足以达到引爆要求，无需直接点火。例如硝化甘油（硝酸甘油酯）在 160℃时起爆能为 0.2kg·m/cm²。

11.1.2 焰火

节日里施放的焰火（俗称烟火、花炮、礼花）将夜空装点得五颜六色、绚丽多彩（图 11-2）。焰火弹用黑火药作推进剂进行发射，此法也可用作照明弹、信号弹等。

（1）结构组成　由底部和顶端两部分组成。底部为一大爆竹，装黑色火药，爆炸时将顶端推向空中。顶端为一圆球，装有燃烧剂（主要为黑色火药）、助燃剂（主要为铝镁合金和硝酸盐，其中后者分解放出大量氧气助燃）、发光剂（铝粉或镁粉，燃烧时放出白炽光）、发色剂（各种金属盐，产生色彩）、笛音剂（燃烧时发出哨音或美声）。

图11-2　夜空的焰色五彩缤纷

（2）生色原理　焰火弹内装的氧化剂和燃料反应产生闪光，强烈放热，生成的气体迅速膨胀，发出爆炸声。焰火的颜色来源于高温下金属离子的焰色反应，在实验室里可利用焰色反应来鉴定金属离子（见表11-1）。

表11-1　离子的焰色

项目	锂	钠	钾	铷	铯	钙	锶	钡	铜
元素符号	Li	Na	K	Rb	Cs	Ca	Sr	Ba	Cu
焰色	红	黄	紫	紫红	紫红	橙红	红	黄绿	绿

焰色反应的原理是由于金属元素的原子在吸收了黑火药爆炸反应放出的能量后，其处于基态的电子就跃迁到高能量的激发态轨道上；激发态原子继而又通过发出特定波长的光释放过剩的能量跳回基态。因这种光的波长常落在可见区而呈现不同的颜色。如钠盐发出589纳米的黄色光、锶盐发出636～688纳米的红色光等（见表11-2、表11-3）。一些高级焰火中还用硝酸铯（天蓝）、硝酸铷（紫红）、氯化铊（绿）、硝酸铟（蓝靛色）等作发色剂。虽然已知铜盐在高温下可放出420～460纳米的蓝色光，但理想的蓝色焰火制备和贮存都很危险，其原因在于氧化剂氯酸钾与铜盐反应能生成易爆炸的氯酸铜。

表11-2　常见焰色与化学品配方

焰色	配方组成/克
红焰	氯酸钾2.5、硫黄粉2.5、木炭粉1、硝酸锶8
绿焰	氯酸钾3、硫黄粉1.5、木炭粉0.5、硝酸锶6
蓝焰	硫黄粉2、硝酸钾9、三硫化二锑2
黄焰	氯酸钾3、硫黄粉12、木炭粉2、硝酸钠5
白焰	硫黄粉3、木炭粉2、硝酸钾12、镁粉1
紫焰	氯酸钾7、硫黄粉5、硝酸钾7、蔗糖2

表11-3　常用于制造焰火的化学品

氧化剂	燃料	产生特殊效果的物质	特殊效果
硝酸钾	铝粉	硝酸锶，碳酸锶	红色焰火
氯酸钾	镁粉	硝酸钡，氯酸钡	绿色焰火
高氯酸钾	钛粉	碳酸铜，硫酸铜，氧化铜	蓝色焰火
高氯酸铵	炭粉	草酸钠，冰晶石（Na_3AlF_6）	黄色焰火
硝酸钡	硫黄	镁粉，铝粉	白色焰火
氯酸钡	硫化锑	铁屑，炭粉	金色火花
硝酸锶	糊精	铝、镁、铝-镁合金、钛	白色火花
	红色树胶	苯甲酸钾或水杨酸钠	产生哨音
	聚氯乙烯	硝酸钾和硫的混合物	白色烟雾
		氯酸钾、硫和有机染料的混合物	有色烟雾

（3）注意事项　所用药品要研细、干燥（要晾干，不可烘烤）、混匀（在纸上用塑料勺慢搅，不可用玻璃棒捣）。若用"没食子酸与氯酸钾"或"苯甲酸钾与高氯酸钾"混合物作笛音剂，前者音响效果好、吸潮性小，但热稳定性差、摩擦撞击敏感，易爆炸；后者吸湿强、易变质。制作烟火弹的常用氧化剂是高氯酸钾、氯酸钾和硝酸钾。由于钠盐易吸水而潮解，而且反应时产生强烈的黄色光能掩盖或冲淡其他颜色的光，所以一般多使用钾盐而不用钠盐。另外，使用高氯酸钾比氯酸钾要安全些。

11.1.3　烟幕

战场上的烟幕弹、舞台上的神仙境界，均由化学烟雾剂产生。方法很多，主要有以下几种。

（1）乙二醇法　将液态乙二醇（$HOCH_2CH_2OH$，沸点198℃）密封加压，喷到已加热的电热丝后迅速蒸发形成大量蒸气。由于本品吸水性强，故易与空气中水蒸气成雾状。此法近年来普遍用于舞台，加入香料可去异味。

（2）五氧化二磷法　将干燥的五氧化二磷（P_2O_5）喷于空气中，因强烈的吸水而呈雾，如飞机作蓝天写字的特技表演时即用此法。

（3）干冰法　干冰即固体二氧化碳，它有很大的饱和蒸气压，很易升华。升华时会大量吸热（25.23千焦/摩），使其附近空气的温度急剧下降，因此，空气中的水汽就会凝结成雾滴在空中弥漫，犹如仙境的云雾一般。若配上各色灯光，效果更佳。

11.2 化学游戏

11.2.1 万紫千红

先在白纸上用硝酸铋、硫酸亚铁、硫酸铜、硝酸银的稀水溶液画上各种景物（粗看不见痕迹），再用2%铁氰化钾喷雾，即显出彩色图案。原因：上述各种金属成分与铁氰化物反应生成不同颜色的铁氰化物沉淀。如铋，棕色；亚铁，深蓝色；铜，绿色；银，橙色。此法乃纸色层法、薄层色谱法检测（显色）的基础。

11.2.2 火花璀璨

（1）方法 将镁粉、铁粉和少许钴、钾、钡的硝酸盐粉末混合，置于玻璃管中，并将此管一端拉成小口（使粉末能出为度）。将蜡烛竖于一金属盘中点燃。小心地将金属及硝酸盐粉末徐徐撒于烛焰上，立现璀璨的火花。

（2）原理 镁有较强的化学活性，在空气中易氧化，燃烧时剧烈反应发出耀眼白光。常用于制照明弹、镁光灯等。铁也相当活泼，在水汽存在下，高温时燃烧，火星四射。此外，铁粉中有碳粉，燃烧时亦发射火星，各种硝酸盐使火焰着色（即焰色反应）。

（3）注意 玻璃管口不宜太大，否则粉末撒出太多，有时会弄灭烛焰，或烧得太旺使盘底也烧着。

11.2.3 液中火星

用滴管取8毫升浓硫酸加于试管的底部（勿粘管壁），另用量筒将20毫升无水乙醇小心沿管壁加至试管中；往试管中投几粒高锰酸晶体，立即不断产生火星，闪闪发光成焰火状，原因是高锰酸钾（$KMnO_4$）在浓硫酸中生成氧化性更强的七氧化二锰（Mn_2O_7），后者与乙醇作用时发出火星。

11.3 化学魔术

魔术指以敏捷的动作或特殊技巧把真实情况掩盖，使观众感到或有或无、变化莫测，也叫幻术或戏法。化学魔术指以化学变化为基础的表演技巧，现有的化学魔术主要是火和水的不同性质的应用。

11.3.1 火的魔术

11.3.1.1 烧不坏的手帕

将手帕用50％稀酒精溶液浸透，取出后点燃其一角，一边迅速挥动，一边燃烧，待火焰熄灭后，手帕仍完整无损。

原理：酒精（乙醇）燃烧时放出的热量消耗于水的蒸发，同时边烧边挥动加快了热量的散失，故火焰实际温度不高，达不到手帕的燃点。不过，若酒精浓度太高，且挥动不快，则手帕仍可能烧着。

11.3.1.2 手帕包火

将一粒萘球用手帕包好后以镊子夹住，点燃手帕，很快着火，发出红色火焰并有浓烟。燃烧完毕，火焰熄灭，但手帕无损。因为萘是燃点较低的碳氢化合物，易燃且易升华。升华要吸热，燃烧放出的热量刚好消耗在萘的升华上。但要注意手帕要将萘丸裹紧，使氧气不足，且烧的时间不能太长，否则手帕仍能燃着。

11.3.1.3 纸包火

将一小团脱脂棉放入5毫升浓硝酸和10毫升浓硫酸的混合液中浸泡20分钟后取出，用水洗涤至中性，晾干后即成硝酸纤维（火棉）。用一张大纸较松地包住蓬松的硝化纤维，留一个可点火和观察的小孔。再将一烧红的铁丝或木条伸进小孔点燃火棉，此时可看到包住熊熊大火的纸仍安然无损。

原理：由于火棉容易分解放出二氧化碳、二氧化氮和水，速度快，而且蓬松后间隙大，燃烧放出的热量消耗在气体和水蒸气温度的提高上，成为低温火焰，报纸还来不及燃烧时火棉已分解完。当然，如火棉太多，或所纸包得太紧时，仍可烧着。

11.3.2 水的魔术

11.3.2.1 喷烟入瓶

用玻璃瓶盖和布方巾同时盖在瓶子上，表演者远离桌台，点燃一支香烟连吸几口，张口将烟向桌台上的玻璃瓶喷去，打开方巾和瓶盖，瓶中即装满烟雾。

原理：玻璃瓶中预先放约5～10毫升浓盐酸，瓶盖内预先放入5～10毫升浓氨水，揭盖时将两者混合形成氯化铵烟雾。

$$HCl + NH_3 = NH_4Cl \uparrow$$

11.3.2.2 瓶液变色

在250毫升锥形瓶中加入125毫升水，溶入2.5克氢氧化钠及3.0克葡萄糖，再加入0.5毫升0.5%的亚甲基蓝水溶液。此时溶液呈蓝色，摇匀后塞住瓶口，溶液逐渐转为无色。但是，打开瓶塞摇动瓶子，溶液又很快变蓝，再放置又转为无色，蓝色的深度取决于摇动的时间和猛烈程度。如果加塞摇动后再打开瓶塞，还可听到空气进入瓶中的声音，说明摇动时溶液吸收了气体。

原理：亚甲蓝在葡萄糖作用下还原成无色物，而在空气中氧的作用下恢复其蓝色。在此过程中葡萄糖被氧化成葡萄糖酸，亚甲蓝则作为氧化还原指示剂和氧的输送者。

有人用亚甲蓝、葡萄糖、氢氧化镁、铁粉、食盐等混合制成"氧指示剂"，封装在多孔聚乙烯薄膜小袋内，用以检验密封包装是否漏入空气。亚甲蓝具有与血红蛋白相类似的输氧功能，也许可以用它作为"人造血"原料，值得进一步研究。

11.3.2.3 多色"饮料"

取8个高脚玻璃酒杯，分别加入半杯5%硫氰化钾、苯酚、乙酸钠、亚铁氰化钾、硝酸银、硫酸钠、碘化钾、碘化钾淀粉液，在另一茶壶中盛10%三氯化铁溶液，给每只高脚酒杯注入壶中溶液，边加边搅拌，分别得到类似玫瑰酒、可口可乐等不同色液。

原理：酒杯中的各种溶液与铁盐生成不同色泽的配合物或沉淀，硫氰化铁（红）、酚铁配合物（紫）、乙醇铁（褐）、硫化铁（黄）、亚铁氰化铁（蓝）、碘（棕）、碘-淀粉（深蓝）、氯化银（乳白色沉淀）。

11.3.2.4 白纸显字

（1）准备　先将硫氰酸钾（KCNS）、黄血盐（亚铁氰化钾）、水杨酸（邻羟基苯甲酸）、单宁酸4种药品分别用温水溶解，然后根据需要的颜色，用毛笔分别蘸着药液在白纸上写字或画画（每换蘸一次药液都要把毛笔洗净），晾干后白纸上无痕迹；再将三氯化铁溶液装入DDT喷雾器里（若喷雾器是铁制的，用毕须洗净）。

（2）表演　表演者只要把三氯化铁水溶液喷到事先绘有药剂的纸上，就会立即出现原来写好的文字或图画。颜色分别为：硫氰酸钾，红色；黄血盐，绿色；水杨酸，紫色；单宁酸，黑色。颜色的深浅，取决于药品的浓度，可根据经验自行掌握。

11.3.2.5 萘球跳舞

取无色透明的敞口瓶或烧杯1个；小苏打、柠檬酸结晶粉各1汤匙；萘球数枚；清水1杯。表演时先将小苏打、柠檬酸置于瓶底，然后当众加水至将满，将萘球投入其中，它们就会自行上下翻腾，好似跳舞一般。如在表演时，瓶后有彩色灯光照明则效果更佳；如萘球动作缓慢下来，说明药力逐渐减弱，可重新加药后让其继续表演。依上述药量可使表演延续1小时以上。

原理：小苏打与柠檬酸在水中起中和反应，放出二氧化碳气泡使水液上下翻腾。而萘球的密度稍大于水，似沉非沉，故能随水液之运动上下跳起舞来。

11.4 化学工艺品

11.4.1 叶脉书签

图 11-3　叶脉书签

叶脉书签小巧玲珑，雅观大方（图11-3），尤为青少年和读书人喜爱。制作方法如下。

将6份氢氧化钠（NaOH）和6份碳酸钠（Na_2CO_3）溶于100份水中制成强碱溶液；在烧杯中将碱溶液加热至沸，加入新鲜树叶继续煮沸5～10分钟并轻轻搅动，直至树叶上的绿色软物质溶解离去，用镊子夹出叶脉放于清水盆中；用试管刷软软地刷去绿色的软物质部分，直到完全剩下白色叶脉为止，取出，用清水漂洗后晾干；然后喷洒成美丽的图案或染成五颜六色再晾干；经压平后配上柔软的丝织线，便成一枚惹人喜爱的叶脉书签。

11.4.2 水中花园

（1）制作　找一只大烧杯（或者长方形玻璃缸更佳）放在稳固的桌子上，在杯底上（或缸底）铺一层洗净的砂子和白色小石子，再加满20％硅酸钠（水玻璃）溶液（若溶液浑浊应过滤澄清）。

分别将氯化铜、氯化锰、氯化钴、三氯化铁、硫酸镍、氯化锌和氯化钙等固体（黄豆大小）分散洒落在硅酸钠溶液的底部（注意：每颗固体在烧杯底上"各得其所"，切莫混杂）。

（2）原理　绝大多数的硅酸盐都难溶于水，且大多呈现出美丽的颜色。如硅酸铁［$Fe_2(SiO_3)_3$，红棕色］、硅酸钙（$CaSiO_3$，白色）、硅酸铜（$CuSiO_3$，蓝色）、硅酸钴（$CoSiO_3$，紫红色）、硅酸镍（$NiSiO_3$，绿色）、硅酸锰（$MnSiO_3$，肉色）等。

金属离子与硅酸根离子的反应式如下：

$$M^{2+} + SiO_3^{2-} = MSiO_3 \downarrow$$
$$2M^{3+} + 2SiO_3^{2-} = M_2(SiO_3)_3 \downarrow$$

式中，$M^{2+} = Mn^{2+}$、CO^{2+}、Ni^{2+}、Zn^{2+}、Ca^{2+} 等；$M^{3+} = Fe^{3+}$ 等。

当将固态的金属盐投入到含有硅酸根（SiO_3^{2-}）离子的溶液时，原盐开始溶解。表面溶解的金属离子立即与 SiO_3^{2-} 生成具有半透膜性质的硅酸盐膜。由于水分子往膜内渗透，使得膜内渗透压增大，以致顶破膜层，金属离子又外露，再与 SiO_3^{2-} 成膜，如此反复。由于液面压力较小，所以"石笋"往上越长越高，形成五颜六色、形状各异的"奇花异草"。如硅酸钴像蓝色的海草、硅酸铜和硅酸像绿色的小丛林、硅酸铁像红棕色的灵芝，还有硅酸锌、硅酸锰、硅酸钙组成的白色、红色的钟乳石柱，仿佛一座艳丽的"水中花园"（图11-4）。

图11-4　水中花园

11.4.3　独特影像

在瓷碟、瓷杯、瓷片上可以烧制永固人像。现将烧制黑白瓷像的步骤简介如下。

（1）购买或自配感光药水　配方：重铬酸4份、磁粉10份、蜜糖14份、甘油2～3份，将各料分次溶解于50℃热水中（水的分量需经试验而定），经过滤后即得感光药水，贮于棕色瓶中。再选锌板一块，洗净抹干，将感光药水均匀涂于锌板上，烘干，以正底片药膜那一面贴于锌板上，经过适当曝光（日光或人工灯光）后，揭去底片，将锌板置于暗处，使感光药膜回湿。

（2）上色粉　通常选用彩色瓷釉上色粉（俗称低火颜料），用少许新棉花蘸少量色粉，轻轻扫涂全幅锌板，这时黏性多的部分吸色粉较多，反之则较少，于是由吸色粉多少而显现出影像，然后将多余的色粉扫去，在其上涂一层均匀的火棉胶溶液。因胶面极易凝结，涂时最好用倾浇方式，既快速又均匀。放置一定时间后浸于清水中，锌片上的感光药水即能溶解，使带有色药的火棉胶膜脱离板面。

（3）成品　将这片薄膜片洗净贴于瓷片或瓷板上烘干，置于炉中烧之，即得永固瓷像。此种瓷像之色素已与瓷碟之釉起化学反应，通常在1000℃以内不致变色，1300℃以内不致失去原像。

欲得理想的瓷像，首先要有一幅清晰的底片；其次是要制成一幅完美的胶膜；第三是用火时要掌握适当的温度和时间，操作较复杂，需从实际中积累经验。

11.4.4　石膏像

图11-5　石膏像

石膏像洁白雅致，令人喜爱（图11-5）。

制作石膏像首先要选好模具，一般都用乳胶制成。其特点是质地软，弹性大，不易裂开或折断。同时，要选择图案条纹清晰光滑，造型准确、无孔、易于揭取的模具。在制作时应备细瓷碗、搅拌用具、削刀、毛笔、水桶等工具。原料通常选用熟石膏粉，水只要清洁无杂质即可。

制作方法：将熟石膏粉按比例加水拌和成糊状，浇灌到模具里，然后凝固成形、取出阴干。先将模具合口对齐用铁夹上下固定，然后左手将模具倒口提起，右手用碗在水桶舀半斤水，加入150克熟石膏粉，搅拌成稀糊状后全部浇灌于模具里；再腾出右手握紧另一端铁夹处，反复转动到厚薄均匀、初步凝固为止。然后再用石膏粉200克第二次浇灌转匀，并及时将碗里剩的较稠的粉料用手指刮下涂抹到底座四周，放5～10分钟左右就可打开模具，取出塑像。初起的塑像底座往往不平，可用小刀切削。如发现像上有气孔或缺陷处，可用毛笔尖沾水粘上粉末填补抹光，以得到满意的石膏像。如需要彩色塑像，可调制色料，用笔上彩或喷涂上色。

11.4.5　人工斑竹及字画

用斑竹制成的家具古色古香，惹人喜爱。因天然斑竹材料难得，价格较贵。故可用化学方法使普通竹制品变为斑竹制品，可达"乱真"的境界。

制作方法:把经筛过的细泥用稀硫酸拌成浓浆状的酸泥,随意撒在普通竹制品上,然后将撒上酸泥的竹制品放在微火上慢慢烘干,待水分几乎蒸干、酸泥开始脱落时,用水洗去竹制品上的泥土,则普通竹制品就变成雅致美观的斑竹制品了。其竹上的斑点,有的深棕色,有的淡棕色,似天然斑竹一般。若用这种酸泥在竹具上题字、绘画,再经烘烤,则竹制品上就会留下美丽的字画。

原理:酸泥在火上烘烤,由于一部分水蒸发,稀硫酸即变成浓硫酸,表现出很强的脱水性,能使竹中的纤维素炭化,留下炭化焦点,导致竹面出现深、浅棕色的斑点。其反应式为:

$$(C_6H_{10}O_5)_n \xrightarrow{\text{浓}H_2SO_4} 5nH_2O+6nC$$

11.4.6　电镀鲜花

电镀鲜花可长久保留鲜花妖艳的姿态,成为永不凋谢的贵金属饰物。在新加坡、中国香港和泰国等国家和地区,镀金鲜花已成为一种极其时髦的装饰工艺品。它为美术工艺品开辟了新市场,使家庭装饰更色彩缤纷。既适于工厂生产,也适于个人自制。制作方法大致如下。

(1) 设备与材料　镀槽(批量生产)或玻璃器皿(试验用或单朵电镀)、6伏电源、电流表、裸铜线(直径在1.0～1.5毫米)、蒸馏水、浓硫酸铜溶液、铜棒、稀氯化亚锡、稀硫酸、纯酒精、浓度36%的甲醛溶液、浓度4%的氨水、浓度4%的硝酸银溶液。溶液量的多少,依所镀鲜花量而定。

(2) 镀前预处理

① 优选一朵质地较硬、艳丽完好的鲜花与绿叶,放在浓肥皂水中浸泡20～30分钟;取出后用清水漂洗干净,并将清水沥净,再放入酒精液中浸泡10分钟。

② 经酒精浸泡后的鲜花,再放入稀氯化亚锡(还原剂)溶液中浸泡30秒后,取出放入蒸馏水中漂洗干净。

③ 同时在另一烧杯或玻璃器皿中放入浓度为4%的硝酸银溶液(体积视所镀鲜花大小而定,以浸没鲜花为准)。然后逐滴滴入浓度4%的氨水至最初产生的沉淀恰好溶解为止,形成银氨溶液。

④ 将鲜花从蒸馏水中取出沥干后放入银氨溶液中,滴入浓度36%

的甲醛溶液（1升银氨溶液，滴甲醛溶液120滴）；待镀鲜花在银氨溶液中浸泡2～3分钟后取出，并用清水漂洗干净，则鲜花与绿叶呈银白色。

（3）电镀鲜花　批量生产时电镀装置为镀槽，试验性或单朵电镀时，可采用玻璃器皿。电镀装置如图11-6所示。

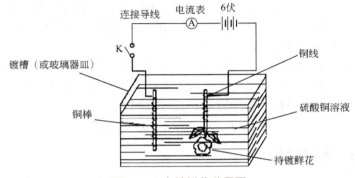

图11-6　电镀鲜花装置图

① 在镀槽或玻璃器皿内放入可以浸没欲镀鲜花的浓硫酸铜溶液，并加入少量的稀硫酸。

② 将经镀前处理的鲜花，在其花梗部分缠绕上裸铜线，作为阴极浸入硫酸铜溶液中。

③ 将铜棒也放入硫酸铜溶液内，作为电镀的阳极。

④ 在6伏直流电路中串一只电流表，接通电路。

⑤ 调节鲜花与铜棒之间的距离，使电流控制在0.6～1安之间。

⑥ 电镀3～4分钟，然后取出，经清水漂洗干净，便得到经久不衰、可长期保存的镀铜花朵。

经电镀好的鲜花，应放置在透明的器皿中罩起来，以防灰尘污染。如果在器皿内放上电子控制的闪烁彩灯，可使电镀鲜花更加光彩夺目。若在透明罩上开几个小孔，内装香料，则电镀鲜花将芳香扑鼻。

此法不仅能镀鲜花，还能镀各种形状的昆虫、植物或水果等；不仅能镀铜，还能镀铬、锌、镍、铑、银、金等。

11.4.7　玻璃蚀刻

所谓玻璃蚀刻就是用化学蚀刻剂在玻璃上"刻写"字画。玻璃蚀刻技术已广泛应用于日常生活用品。如在玻璃上刻画山水、誓言、题词、姓名等作为纪念品或旅游商品,很受欢迎(图11-7)。

11.4.7.1 材料和工具

材料和工具玻璃、氢氟酸、石蜡、刮刀、聚乙烯塑料容器。

11.4.7.2 操作要领

① 先将石蜡加热熔化后均匀地倒在干净的玻璃上,形成薄薄的一层石蜡。如果是小块玻璃或玻璃容器,亦可以直接在石蜡液体中浸一下,提起滴干。

图11-7　玻璃蚀刻

② 根据所设计的图画,用钢刮刀在涂了薄薄一层石蜡的玻璃上雕刻,刮去石蜡层,绘制成各种图案、图画或书写文字。

③ 将1∶5浓度的氢氟酸水溶液倒在绘有图画的玻璃上进行腐蚀。氢氟酸能腐蚀暴露出的玻璃(发生化学反应 $SiO_2+4HF = SiF_4\uparrow +2H_2O$),而被石蜡盖住的玻璃则不会腐蚀。刻花的深浅可用腐蚀时间的长短来控制。如果是小块玻璃或玻璃器皿,开始时又是完全浸入石蜡处理过的,则在绘好画后可将其全部浸入氢氟酸中。

④ 腐蚀后用流水冲去剩余的氢氟酸,再刮去石蜡,用汽油和水擦洗干净即得成品。

如果在腐蚀处根据画的需要涂上各种颜料或涂料、油漆等,装入木框并在上面放一张纸,再加压木板,则更美观。如果不涂色彩而在石蜡全部清除干净后,再在玻璃腐蚀的那面镀上银,使成为一面刻有图画或写有文字的镜子,更有风味。

正因为氢氟酸能与玻璃发生反应,所以氢氟酸要用聚乙烯塑料容器盛装。由于氢氟酸有毒,并有强腐蚀性,制作须在通风处小心进行。

实际操作中常常用复合蚀刻剂代替氢氟酸。玻璃蚀刻剂配方(质量百分比):氟化铵15%、甘油40%、草酸8%、硫酸钡15%、硫酸铵10%、盐水12%。

用毛笔蘸此剂在玻璃上书写文字、绘画图案,大约2分钟后即可呈现出所书写文字或描绘图案。可用于玻璃平板及各种玻璃制品上美化加工,既简化蚀刻工艺,又提高人身安全。

参考文献

[1] 唐有祺，王夔．化学与社会．北京：高等教育出版社，1997．
[2] 周天泽．现代生活化学．北京：北京师范大学出版社，1993．
[3] 崔结，杨金田．日用化学知识与技术．北京：兵器工业出版社，1994．
[4] 王明华，周永秋，王彦广，许莉．化学与现代文明．杭州：浙江大学出版社，2002．
[5] 沈坤华．化学与社会．宁波：宁波出版社，2001．
[6] 陈敏．寻找身边的科学·化学篇．乌鲁木齐：新疆人民出版社，2002．
[7] 白丝木．创造发明1000例·化学卷．桂林：广西师范大学出版社，2001．
[8] 陈世铭．吸烟、酗酒及药物滥用的危害与戒除．北京：化学工业出版社，2000．
[9] 刘君卓等．居住环境和公共场所有害因素及其防治．北京：化学工业出版社，2000．
[10] 高鹤娟等．食物中的有害物质．北京：化学工业出版社，2000．
[11] 王昕，李建桥，吕子珍．包含健康与食品文化．北京：化学工业出版社，2003．
[12] 衣宝廉．燃料电池．北京：化学工业出版社，2000．
[13] 刘旦初．化学与人类．第2版．上海：复旦大学出版社，2006．
[14] 钟平，余小春．化学与人类．杭州：浙江大学出版社，2005．
[15] 蔡炳新，王玉枝，汪秋安．化学与人类社会．长沙：湖南大学出版社，2005．
[16] 江家发．现代生活化学．合肥：安徽人民出版社，2006．